NOTIONS

D'AGRICULTURE

A L'USAGE DES ÉLÈVES DES ÉCOLES RURALES
ET DES AGRICULTEURS PRATICIENS

PAR

F. MASURE

ANCIEN ÉLÈVE DE L'ÉCOLE NORMALE SUPÉRIEURE
INSPECTEUR D'ACADÉMIE — OFFICIER DE L'INSTRUCTION PUBLIQUE
CHEVALIER DE LA LÉGION D'HONNEUR — MEMBRE DES SOCIÉTÉS D'AGRICULTURE ET DES SCIENCES
D'ANGERS, BAR-LE-DUC, CAEN, FOIX, LA ROCHELLE, LILLE, ORLÉANS, POITIERS, ETC.
LAURÉAT DES CONCOURS RÉGIONAUX

***

DEUXIÈME ÉDITION, REVUE ET CORRIGÉE

***

PARIS

CHEZ CH. BLÉRIOT, ÉDITEUR

QUAI DES GRANDS-AUGUSTINS, 55

—

1873

AVANT-PROPOS

Ces leçons sont destinées spécialement aux élèves des écoles primaires. Elles ont pour objet de leur faciliter l'intelligence des travaux de l'agriculture. Elles sont extraites de nos *Éléments de Chimie appliquée à l'agriculture*.

Dans notre pensée, l'enseignement agricole ne peut porter de fruits qu'à la condition d'être fondé sur l'expérimentation et sur la pratique. Le livre d'agriculture qu'un enfant lit ou apprend ne doit être qu'un résumé de ce qu'il aura vu de ses yeux et touché de ses mains.

Il est donc nécessaire que le maître exécute, avant ou pendant la leçon, les expériences qui s'y rapportent et qu'il fasse, avec les élèves, les excursions qui s'y rattachent.

S'il possède un champ d'expériences, il faut qu'aidé de ses élèves, il y cultive, d'une manière méthodique et rationnelle, les principales espèces de plantes agricoles.

Pour répondre à ces besoins de l'enseignement agricole, nous avons indiqué :

Des *expériences* à exécuter, des *excursions* à faire et des *cultures* à pratiquer.

Nous y avons ajouté la description des procédés les plus simples de l'analyse des terres arables, des amendements et des engrais. Nous ne saurions trop engager les maîtres à s'exercer à ces expériences dont la plupart sont faciles et qui toutes sont importantes.

Nous avons dû conserver les expressions de la chimie. Elles sont expliquées à la fin du livre dans un petit *Dictionnaire Agricole*.

Nous espérons que les agriculteurs trouveront dans cet ouvrage les moyens de se rappeler les principes de leur art. Nous les prions de noushonorer de leurs conseils et de nous aider à perfectionner notre œuvre, s'ils la croient utile à l'enseignement agricole.

Nous adressons nos sincères remercîments aux agriculteurs distingués qui ont ouvert généreusement les trésors de leur savoir et de leur expérience en nousdonnant de précieux renseignements sur les procédés de leur pratique agricole.

Que MM. Boussingault, l'éminent agronome de l'Alsace ;

Baucarne-Leroux, président du comice agricole de Lille ;

Laurent, de Saverdun, président de la Société d'agriculture de l'Ariége ;

Menard, de Huppemeau (Loir-et-Cher), lauréat de la prime d'honneur ;

Dreux, président du comice agricole de Châteaudun (Eure-et-Loir) ;

Noblet, de Château-Renard (Loiret) ;

reçoivent ici l'expression de notre profonde et respectueuse reconnaissance.

Bar-le-Duc, juin 1873.

F. MASURE.

NOTIONS D'AGRICULTURE

THÉORIQUE ET PRATIQUE (1)

PREMIÈRE PARTIE
PLANTES AGRICOLES

PREMIÈRE SECTION — TERRES ARABLES

CHAPITRE PREMIER
CONDITIONS PHYSIQUES ET CHIMIQUES DE LA FERTILITÉ DES TERRES ARABLES

1. **Conditions de fertilisation des terres.** Pour obtenir d'abondantes et fructueuses récoltes, les agriculteurs ont trois conditions à remplir :

1° Améliorer leurs terres par les amendements, quand le fonds en a besoin ;

2° Préparer le sol à recevoir les plantes, par les labours et par les autres opérations de la culture ;

3° Fertiliser la terre, en y renouvelant les engrais nécessaires à l'alimentation des plantes agricoles.

Pour pratiquer ces opérations avec intelligence, il faut connaître les conditions essentielles de la fertilité des terres arables.

Les terres sont fertiles à condition de satisfaire à tous les besoins de la végétation, c'est-à-dire à condition que les plantes cultivées trouvent dans le sol tout ce qui est nécessaire et utile à l'accomplissement de leurs fonctions.

2. **Fonctions des plantes.** Les principales fonctions de la vie souterraine des plantes sont :

1° Des fonctions que remplit la plante elle-même, savoir : la germination des graines, la ramification des racines dans le sol, l'adhérence des racines à la terre et l'absorption des matières alimentaires ;

<hr>

(1) Les notions d'agriculture que nous donnons ici sont de simples résumés de l'ouvrage complet et détaillé que nous avons publié à l'usage des écoles normales primaires et des instituteurs primaires. *Leçons élémentaires d'agriculture* par F. MASURE. (*Librairie agricole de la maison Rustique*, 26, rue Jacob.)

2° Des fonctions secondaires, mais nécessaires à l'alimentation végétale, savoir : La décomposition des engrais, produite par la *nitrification* et par la *fermentation*, et la conservation des produits utiles de cette décomposition.

3. Conditions nécessaires à l'accomplissement de ces fonctions.

1° Pour que les graines germent, le sol doit être *perméable* à l'*air*, à l'*humidité* et à la *chaleur;*

2° Pour que les racines se ramifient facilement, la terre doit être *meuble ;*

3° Pour qu'elles s'y fixent, elle doit être *tenace ;*

4° Pour que les produits alimentaires soient absorbés, le sol doit contenir une quantité d'eau suffisante pour les dissoudre ;

5° La nitrification qui s'établit dans la masse des engrais résulte des actions chimiques des sels alcalins, carbonates de *potasse* et de *chaux*, et de l'influence de l'*air*, de l'*humidité* et de la *chaleur;*

6° La fermentation des engrais s'accomplit régulièrement par l'action chimique des *ferments*, des *matières azotées fermentescibles*, des *phosphates* et des *sels de chaux* et de *magnésie*, avec le concours de l'*air*, de l'*humidité* et de la *chaleur;*

7° Enfin, la *conservation* des produits de la décomposition des engrais est une des propriétés des éléments terreux du sol et particulièrement de l'argile.

4. Qualités agricoles des terres arables. Elles peuvent être physiques ou chimiques.

Les *qualités physiques* d'une terre arable sont :

1° L'*aération* (1) qui est nécessaire à la germination, à la nitrification et à la décomposition des engrais ;

2° L'*humidité* qui concourt à ces mêmes fonctions et qui de plus fournit l'eau nécessaire pour dissoudre les matières alimentaires des plantes ;

3° La *chaleur* qui concourt à la germination, à la nitrification et à la décomposition des engrais ;

4° La *perméabilité* qui est utile directement à la ramification des racines et indirectement à la germination et à la décomposition des engrais. La perméabilité est une des principales qualités physiques des terres, car elle favorise l'accès de l'air, de la

(1) Par aération, il faut entendre non pas l'arrivée de l'air dans le sol, mais la condensation de son élément actif, l'oxygène, au sein de la masse terreuse.

chaleur et de l'eau sans lesquels aucun acte de la végétation souterraine n'est possible ;

5° La *ténacité* qui permet aux racines de fixer solidement la plante dans le sol ;

6° Enfin, la propriété de *conserver* les produits utiles de la décomposition des engrais.

Les *qualités chimiques* d'une terre sont :

1° D'être riche en engrais de toute sorte, organiques et minéraux ;

2° D'être riche en *matières azotées* qui sont nécessaires à la fois à la nitrification et à la fermentation des engrais ;

3° D'être riche en *carbonate de chaux* qui concourt aux mêmes fonctions ;

4° D'être riche en *phosphates* et en sels de *magnésie* et de *chaux* qui favorisent spécialement la fermentation des engrais ;

5° Enfin, d'être riche en *sels de potasse ou de soude* nécessaires à la nitrification.

Pour donner à une terre, par la culture, les qualités agricoles qui lui sont nécessaires, il faut, avant tout, savoir quels sont ses qualités et ses défauts naturels.

C'est ce qu'apprend l'étude de leur constitution élémentaire.

CHAPITRE II

CONSTITUTION ÉLÉMENTAIRE DES TERRES ARABLES — CLASSIFICATION AGRICOLE DES TERRES

I

SOL ET SOUS-SOL — LEUR ROLE

5. On appelle *terres* ou *sédiments terreux* les parties du globe dont la matière est assez divisée pour pouvoir être facilement entamée au couteau.

On appelle *terres arables* les sédiments terreux de la surface du globe. Leur épaisseur peut varier depuis quelques centimètres seulement jusqu'à des profondeurs de plusieurs mètres. Un terrain n'est propre à l'agriculture que si sa couche arable a plus d'un décimètre d'épaisseur.

6. **Détermination de l'épaisseur d'une terre arable.**

Excursion 1. Le maître armé d'une bêche et d'une pioche conduira ses élèves dans un champ, et choisira plusieurs points d'une valeur moyenne.

EXPÉR. 1. En chaque point, il béchera et fouillera la terre jusqu'à ce qu'il rencontre une couche géologique bien caractérisée, telle qu'une assise compacte de pierres ou un banc crayeux, ou une couche de marne, etc., etc. Il en prendra la profondeur et connaîtra ainsi l'épaisseur de la couche arable en chaque point choisi.

Le premier fer de bêche enlèvera le sol, c'est-à-dire la couche travaillée par la charrue; au-dessous se trouve le sous-sol, qui peut être formé de terre de même nature ou bien être la couche géologique sur laquelle repose la couche arable.

7. Sol. On appelle *sol arable* la partie de la terre arable travaillée par la charrue. L'épaisseur du sol dépend donc de la profondeur à laquelle se font les labours. Il importe de l'augmenter le plus possible, si la couche arable est assez profonde ; car, en général, la valeur agricole d'une terre est proportionnée à l'épaisseur du sol.

8. Sous-sol. On appelle *sous-sol* la couche qui est au-dessous du sol. La terre du sous-sol a la même nature que celle du sol quand l'épaisseur de la terre arable dépasse la profondeur des labours. Si les labours attaquent la couche arable tout entière, le terrain géologique sous-jacent est le sous-sol; il a, dans ce cas, une constitution différente de celle du sol.

9. Rôle capital du sol dans la végétation. Dans le sol s'accomplissent les principaux actes qui intéressent la végétation, savoir : la germination des graines, la ramification des racines, la nitrification des matières azotées, la fermentation des engrais organiques, la conservation des produits de ces décompositions et enfin l'absorption des matières alimentaires par les racines.

En conséquence, les sols arables doivent remplir toutes les conditions de fertilité des terres arables (§ 3) et posséder toutes les qualités agricoles (§ 4) favorables à la végétation.

10. Principaux rôles du sous-sol. Un sous-sol peut influer *directement* sur la végétation en fournissant aux racines qui peuvent y parvenir les matières alimentaires qu'il contient, et *indirectement* en modifiant les qualités physiques du sol.

11. Influences du sous-sol sur la nutrition des plantes.

EXPÉR. 2. — EXCURS. 2. Le maître, muni d'une pioche, creusera profondément une terre en pleine végétation, et montrera sur place les racines passant du sol dans les sous-sols.

Les racines des plantes se ramifient principalement dans le sol, mais elles pénètrent aussi dans les sous-sols. Nous avons constaté nous-même que les racines-mères du blé pénètrent les sous-sols terreux à plus d'un mètre de profondeur. Chacun sait que les racines de la luzerne et des autres plantes de la famille des légumineuses pénètrent les sous-sols perméables à plusieurs mètres de profondeur.

Les sous-sols fournissent aux plantes 1° les engrais minéraux qu'ils contiennent; 2° les produits des décompositions des engrais organiques que les pluies y ont entraînés en s'infiltrant du sol dans les couches sous-jacentes.

12. Influence du sous-sol sur les propriétés physiques du sol. On divise à ce point de vue les sous-sols en deux classes : Les *sous-sols perméables* qui laissent infiltrer les eaux de pluie et les *sous-sols imperméables* qui les arrêtent.

1° Les *sous-sols perméables*, en favorisant l'infiltration des eaux de pluie, diminuent l'humidité naturelle du sol, le rendent plus perméable et par suite plus chaud et mieux aéré.

13. 2° Les *sous-sols imperméables* en retenant les eaux de pluie dans le sol le rendent toujours plus humide et plus froid. Dans ce cas, l'aération est insuffisante, la décomposition des engrais est interrompue, la putréfaction envahit le terrain. Cette influence fatale est grave quand le terrain est horizontal et surtout quand il est dans un bas-fond. Elle n'a pas d'importance quand la pente du terrain est suffisante pour faire écouler le trop plein des eaux pluviales.

II

CONSTITUTION ÉLÉMENTAIRE DES TERRES ARABLES — PROPRIÉTÉS
AGRICOLES DE LEURS ÉLÉMENTS

14. Éléments des terres arables. Les propriétés agricoles d'une terre arable dépendent de la *nature* et des *proportions* de ses éléments constitutifs. Les éléments agricoles d'une terre arable sont le *sable,* l'*argile,* le *calcaire* et le *terreau.* Ce sont ces éléments qui lui donnent ses qualités agricoles.

15. On y trouve, en outre, des graviers, des cailloux, des pierres et autres fragments volumineux qui influent sur les qualités foncières de la terre quand ils sont assez abondants, et quelquefois d'autres minéraux, tels que l'oxyde de fer et la magnésie, qui peuvent aussi modifier les propriétés de la terre.

16. Séparation des éléments des terres.

Expér. 3.   On prendra 10 grammes de terre débarrassée de ses pierres et de ses cailloux et on la délaiera dans l'eau.

On agitera la masse avec une baguette. On laissera déposer les grains sableux et on décantera l'eau trouble dans un bocal.

On mettra de l'eau claire pour recommencer l'expérience ; après 10 ou 15 opérations semblables, on aura séparé du sable toutes les parties argileuses ; celles-ci se déposeront au fond du bocal. Le lendemain on décantera l'eau et on versera dans un verre le dépôt argileux.

1.

Expér. 4. On versera sur le sable de l'acide chlorhydrique étendu d'eau. Une effervescence se dégagera, accusant la présence du calcaire.

On fera la même opération sur le dépôt argileux. L'effervescence prouvera la présence du *calcaire pulvérulent* dans la terre analysée.

5. Les dépôts sableux et argileux seront chacun jetés sur un filtre et lavés à l'eau pour faire partir l'excès d'acide, on les fait ensuite sécher au soleil.

6. On les grillera l'un après l'autre dans une cuiller de fer. Les matières organiques qu'ils contiennent deviennent d'abord rouges de feu, puis achèvent de brûler. Ce phénomène accuse la présence du terreau accumulé sur le sable et sur l'argile.

Le sable grillé est du sable siliceux.

Le dépôt argileux est, après le grillage, de l'argile calcinée.

17. Sable, sa nature, ses qualités agricoles.

On appelle *sable* l'ensemble des grains indélayables dans l'eau; ils tombent rapidement en dépôt au fond d'un verre plein d'eau quand on y délaie la terre..

Le plus souvent ces grains sont du quartz ou silice pure. Quelquefois ce sont des grains de roches primitives, composés de silicates à base d'alumine, de chaux, de magnésie, de fer, de potasse ou de soude. Enfin souvent on trouve des grains calcaires formés de carbonate de chaux; ces grains ont les mêmes propriétés physiques que les grains siliceux; on leur donne le nom de *sable calcaire*.

Qualités agricoles des sables. Les sables donnent aux terres deux qualités :

1° Ils les rendent meubles et par suite *perméables* à l'air, à l'eau et à la chaleur.

2° Ils concentrent et conservent la chaleur solaire. Le sable calcaire jouit au plus haut point de cette propriété.

18. Argile, sa nature, ses qualités agricoles. L'argile est l'ensemble des matières terreuses, délayables dans l'eau et ne faisant pas effervescence avec les acides.

L'argile est formée principalement de silicate d'alumine, mais elle peut contenir en outre des silicates de potasse, de soude, de chaux, de magnésie et de fer (voyez ch. XXVI, sect. III).

Qualités agricoles de l'argile.

1° Elle condense l'oxygène de l'air (*aération*).

2° Elle retient l'eau et rend le sol *humide*.

3° Elle donne au sol la *ténacité*.

4° Elle *conserve* les produits utiles de la décomposition des engrais organiques.

5° Enfin elle est riche en sels alcalins (en sels de potasse surtout) et en silicates assimilables.

Remarque. — Le sable et l'argile sont les *éléments physiques* des terres; car ils leur donnent toutes leurs qualités physiques. Leur mélange intime constitue le *fonds* du terrain.

Le calcaire et le terreau en sont les éléments chimiques.

19. **Calcaire, sa nature, ses qualités agricoles.** On appelle calcaire l'ensemble des matières terreuses qui font effervescence dans les acides et s'y dissolvent (§ 16).

Le calcaire a pour base essentielle le carbonate de chaux, mais on y trouve aussi des phosphates, des sulfates et autres sels de chaux et de magnésie.

Le calcaire peut se trouver dans le sol à 3 états différents : 1º à l'état de pierres, qui ne sont guère que des embarras pour l'agriculteur ; 2º à l'état de grains sableux dont les propriétés physiques sont analogues à celles du sable siliceux ; 3º à l'état pulvérulent où il a des propriétés agricoles spéciales de la plus grande importance.

Qualités agricoles du calcaire pulvérulent.

1º Il fournit aux plantes des engrais minéraux, des phosphates et des sulfates de chaux et de magnésie.

2º Ces principes minéraux sont en outre les éléments nécessaires de la décomposition des engrais organiques.

20. **Terreau, sa nature, ses propriétés agricoles.** Le terreau est l'ensemble des matières d'origine organique que contient une terre. Dans le grillage de la terre (§ 16, exp. 6) ces matières sont brûlées ; il ne reste que leurs cendres.

Il provient des débris de plantes et des engrais qu'on emploie pour fertiliser le sol.

Qualités agricoles du terreau. Le terreau est un fonds de réserve d'engrais de toute espèce, organiques et minéraux. C'est évidemment la première de toutes les qualités agricoles.

21. **Importance relative des éléments des terres.** En résumé, les quatre éléments principaux des terres, le sable, l'argile, le calcaire et le terreau donnent aux sols arables les qualités que chacun d'eux possède, le sable en donne deux, l'argile cinq, le calcaire deux, et le terreau une seule.

L'argile est donc *l'élément dominateur* des terres arables, le calcaire, le sable et le terreau n'ont relativement qu'une importance secondaire.

III

CLASSIFICATION AGRICOLE DES TERRES ARABLES

22. **Nature des éléments dans une terre parfaite.** Une terre parfaite serait celle qui posséderait toutes les qualités agri-

coles (§ 4). Une terre n'est pas parfaite si elle ne contient pas les quatre éléments.

1° Si elle n'a pas assez de sable, elle est trop peu perméable et trop froide.

2° Si elle n'a pas assez d'argile, elle est trop peu aérable, trop sèche, trop peu tenace, et elle laisse dissiper les engrais.

3° Si elle n'a pas assez de calcaire, les décompositions des engrais ne se font pas régulièrement et la putréfaction peut envahir le sol.

4° Enfin si elle est pauvre en terreau, les plantes souffrent de la faim.

23. Proportion des éléments dans une terre parfaite. L'expérience nous a montré (1) qu'une terre possède toutes les qualités agricoles quand elle est formée :

De 50 à 70 °/₀ de sable (siliceux ou calcaire),

De 20 à 30 °/₀ d'argile,

De 5 à 10 °/₀ de calcaire pulvérulent,

De 5 à 10 °/₀ de terreau.

Elle contient alors assez de sable pour être perméable et chaude ; assez d'argile pour être aérable, humide, tenace, conservatrice des engrais et favorable à la nitrification ; assez de calcaire pour fournir des engrais calcaires et pour décomposer les engrais organiques ; assez de terreau pour suffire aux besoins alimentaires des plantes. Elle possède toutes les qualités agricoles. L'agriculteur n'a plus qu'à entretenir sa fertilité naturelle par les soins de la culture et par l'emploi judicieux des engrais.

On donne à ces terres le nom de terres franches, limons (loams des Anglais). Elles constituent une première classe de terres. Sa composition sert de base à la classification des autres.

24. Classification des terres arables (2). On divise les autres espèces de terres en deux groupes appelés embranchements.

Un premier groupe comprend les terres *argileuses*. Ce sont celles où dominent les propriétés de l'argile. Dans ce cas la terre contient plus de 30°/₀ d'argile.

Un deuxième groupe comprend les terres *non argileuses*. Ce sont celles où les propriétés du sable ou d'un des autres élé-

(1) MASURE. — *Leçons élémentaires d'agriculture*, 2ᵉ vol., page 293 et suivantes.
(2) MASURE. — *Leçons élémentaires d'agriculture*, 2ᵉ vol., liv. IV, chap. IV.

ments dominent celles de l'argile. Dans ce cas la terre contient moins de 20% d'argile.

Ces embranchements se divisent en dix classes fondées sur la composition élémentaire des terres.

25. **Tableau de la composition élémentaire des différentes classes de terres arables.**

EMBRANCHEMENTS	CLASSES	ARGILE	SABLE	CALCAIRE PULVÉRULENT	TERREAU
BASE DU CLASSEMENT	I — TERRES FRANCHES Les éléments se font équilibre	20 à 30 %	50 à 70 %	5 à 10 %	5 à 10 %
TERRES ARGILEUSES ayant plus de 30 % d'argile — Les propriétés de l'argile dominent celles des autres éléments.	II — TERRES ARGILEUSES L'argile domine seul	plus de 40	moins de 50	moins de 5	5 à 10
	III — TERRES ARGILO-SABLEUSES L'argile domine et après elle le sable	plus de 30	50 à 70	moins de 5	5 à 10
	IV — TERRES ARGILO-CALCAIRES L'argile domine et après elle le calcaire pulvérul nt	plus de 30	moins de 50 (où le calcaire abonde)	5 à 10	5 à 10
	V — TERRES ARGILO-HUMIFÈRES L'argile domine et après elle le terreau	plus de 30	moins de 50	moins de 5	plus de 10
TERRES NON ARGILEUSES ayant moins de 20% d'argile — Les propriétés de l'argile sont dominées par celles du sable ou des autres éléments.	VI — TERRES SABLEUSES Le sable domine seul	moins de 10	plus de 80	moins de 5	5 à 10
	VII — TERRES SABLO-ARGILEUSES Le sable domine et après lui l'argile	10 à 20	plus de 70	moins de 5	5 à 10
	VIII — TERRES SABLO-CALCAIRES Le sable domine et après lui le calcaire pulvérulent	moins de 10	plus de 70	5 à 10	5 à 10
	IX — TERRES SABLO-HUMIFÈRES Le sable domine et après lui le terreau	moins de 10	plus de 70 (où le calcaire est abondant)	moins de 5	plus de 10
	X — TERRES CALCAIRES Le calcaire pulvérulent domine seul	moins de 10	50 à 70 (où le calcaire domine)	plus de 10	5 à 10
	XI — TERRES HUMIFERES Le terreau domine seul	moins de 10	moins de 50	moins de 5	plus de 20

D'après cette classification, pour connaître avec précision la classe à laquelle appartient une terre arable, il faut déterminer les proportions centésimales de ses éléments.

26. Analyse physique des terres arables.

EXCURS. 3. *Prise des échantillons.* On choisit une partie du champ qui ait une valeur moyenne : on réunit en tas 10 ou 12 pelletées de terre, prise avec une bêche dans un rayon de quelques mètres; sur le tas on prélève environ 1 kilogr. de terre.

EXPÉR. 7. *Séparation des pierres et graviers.* On sépare à la main les pierres et tous les fragments un peu volumineux. On met le reste sécher au soleil ou dans un four.

On prend 100 gr. de terre, pour en séparer les graviers, on la délaie dans l'eau, et on la verse sur un passe-bouillon, à fond de toile métallique, placé sur un bocal.

La terre fine passe, les graviers restent; on les lave à grande eau sur le passe-bouillon jusqu'à ce que l'eau de lavage soit parfaitement claire; les graviers sont séchés et pesés.

8. *Préparation de la terre à soumettre à la lévigation.* On laisse déposer la terre dans un bocal pendant 24 heures, on décante l'eau et on laisse sécher la terre au soleil. On achève la dessication d'une partie de la terre (15 à 20 gr.) dans une étuve. On en pèse exactement 10 gr. pour les soumettre à la lévigation.

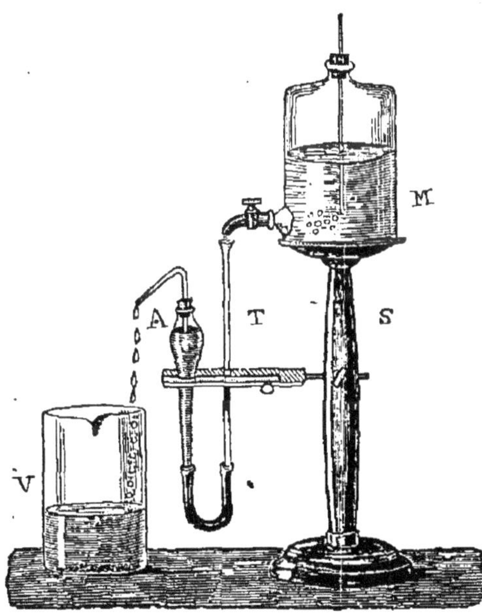

Fig. 1. — Appareil de Masure pour la lévigation des terres arables.

EXPÉR. 9. *Préparation des expériences.* On montera l'appareil (fig. 1) composé d'un vase de Mariotte M rempli d'eau et posé sur un support S; d'un tube-entonnoir T relié à une allonge de cornue par un tube de caoutchouc C. L'allonge A sera fermé par un bouchon muni d'un petit siphon pour conduire les eaux de lévigation dans un grand bocal en verre V.

A côté, on dressera sur des flacons deux entonnoirs munis de leurs filtres préalablement desséchés à l'étuve et pesés exactement.

10. *Lévigation.* L'appareil étant monté, on délaie les 10 gr. de terre dans un
verre d'eau qu'on verse ensuite dans l'allonge, on rince le verre à plusieurs reprises en mettant les eaux du lavage dans l'allonge. On ferme
l'allonge. On fait écouler l'eau du vase de Mariotte avec une vitesse
capable de remplir l'allonge en deux minutes. L'argile et le calcaire
pulvérulent sont entraînés par le courant d'eau jusque dans le bocal, le sable reste dans l'allonge. L'opération est terminée quand le sable est bien
net et sans trouble argileux.

11. *Pesée des parties sableuses et argileuses.* L'eau chargée de sable est immédiatement versée de l'allonge dans un grand verre ; il suffit de renverser le tube-entonnoir au-dessus du verre. Le sable est ensuite déposé
sur un des filtres.

On attend au lendemain pour décanter l'eau du bocal et verser le dépôt
argileux sur le 2e filtre. Le bocal est rincé avec soin.

On fait sécher (d'abord à l'air, puis à l'étuve) les deux filtres et on les pèse.

On retranche de chacun le poids du filtre et on a ainsi le poids de la partie
sableuse et le poids de la partie argileuse.

La somme de ces deux poids doit être égale à 10 grammes.

12. *Séparation et dosage des sables siliceux et calcaires.* On remet le
filtre à sable sur son entonnoir ; on y verse un peu d'eau pour le détén-
dre, puis de l'eau accidulée par 1/4 d'acide chlorhydrique. Le calcaire se
décompose et se dissout. On achève par un lavage à grande eau.

On dessèche de nouveau et on pèse le filtre chargé de sable siliceux.

On connaît ainsi le poids du sable calcaire et le poids du sable siliceux.
encore chargé de terreau.

13. *Séparation et dosage du calcaire pulvérulent et de l'argile.* On fait des
opérations semblables sur le filtre chargé des parties argileuses et on
obtient le poids du calcaire pulvérulent et de l'argile encore cnarhée de
terreau.

14. *Dosage du terreau.* On prendra la moitié ou une fraction connue de sable.
On la grillera dans une cuiller de fer, la perte du poids sera le poids du
terreau accumulé sur la partie du sable qu'on a grillée. On calculera en
conséquence le poids total du terreau. On le retranchera du poids du
sable siliceux pour avoir le poids exact de ce dernier. –

On fera pour l'argile les mêmes opérations et les mêmes calculs. Le poids
total du terreau est la somme des poids accumulés sur le sable et sur
l'argile.

CHAPITRE III

QUALITÉS ET DÉFAUTS DES DIFFÉRENTES CLASSES DE TERRES
— AMENDEMENTS ET OPÉRATIONS DE CULTURE QUI CON-
VIENNENT A CHACUNE D'ELLES.

Toute terre doit être préparée à recevoir les plantes agricoles
par des opérations propres à corriger ses défauts, et à favoriser
l'influence de ses qualités.

Pour cultiver rationellement les terres il faut savoir en
déterminer la classe et en reconnaître les défauts et les qualités.

I

CLASSE DES TERRES FRANCHES

27. Caractères spécifiques.

Expér. 15. La terre peut se tasser dans la main en la pressant entre les doigts.
16. La terre fait effervescence avec l'eau accidulée par l'acide chlorbydrique.

28. Qualités. La terre est, à un degré convenable, aérable, humide et chaude, meuble, mais tenace; elle conserve bien les produits de la décomposition des engrais organiques.

Elle est riche en engrais minéraux et en engrais organiques, pourvu qu'elle soit entretenue en bon état de culture.

29. Défauts. Les terres franches n'ont par elles-mêmes aucun défaut, mais des circonstances extérieures peuvent en faire naître; tels sont le climat de la contrée, la position topographique du terrain, la nature des sous-sols et le mauvais état de culture (voyez sect. xii),

30. Amendements. Les terres franches n'ont pas besoin d'amendements, à moins qu'elles n'aient des défauts dus aux causes qu'on vient d'indiquer.

31. Procédés de culture. Les labours, hersages, roulages et autres opérations mécaniques ainsi que les semailles et les fumures seront pratiqués d'après la nature et les besoins spéciaux de chaque espèce de plantes cultivées.

II

CLASSE DES TERRES ARGILEUSES PROPREMENT DITES

Dans cette classe se rangent les terres appelées vulgairement *terres à potier, terres à briques*, etc.

32. Caractères spécifiques.

Expér. 17. Elles forment, quand elles sont mouillées, une pâte plastique, se pétrissant sous les doigts.
18. La pâte durcit à l'air; à cet état elle se coupe au couteau et ne peut se briser qu'à coups de marteau.
19. L'eau acidulée fait peu ou point effervescence.

33. Qualités. Les terres glaiseuses sont très-aérables, retiennent l'humidité, sont tenaces et conservent parfaitement les produits de la décomposition des engrais. Elles sont foncièrement riches en sels de potasse et en silice assimilable. Un bon état de culture entretient leur richesse en engrais.

34. Défauts. Les terres glaiseuses sont trop compactes, et par suite trop peu perméables aux agents atmosphériques. Elles restent longtemps couvertes d'eaux pluviales, et sont trop froides. Elles sont pauvres en calcaire et par suite en phosphates et autres sels de chaux et de magnésie.

35. Amendements. Le drainage intérieur est toujours utile et souvent nécessaire.

L'*écobuage* est l'amendement le plus propre à combattre leur compacité excessive.

Les *marnages à fortes doses* (50 à 100 mètres cubes à l'hectare) et les *chaulages à fortes doses* (50 à 100 hectolitres) donnent à la terre un peu de perméabilité et l'enrichissent de sels calcaires. On peut les amender encore avec des plâtras de démolition et avec des phosphates.

36. Procédés de culture (1). Pour combattre la compacité, les labours seront répétés le plus souvent possible. Les labours de défoncement seront exécutés de préférence après les dégels. Les labours ordinaires seront faits en billons dirigés suivant la pente du terrain.

Lés binages et les hersages seront aussi répétés le plus souvent possible pour ouvrir un accès à l'air et à la chaleur.

Fumures. On devra préférer les fumiers longs qui contribuent à diviser le sol, ils devront être enterrés peu profondément.

Semailles. Le dernier labour doit être fait peu de temps avant les semailles. On sème sur ce labour et on enterre à la herse. Si on emploie le semoir, il faut le régler de manière à enterrer la semence peu profondément.

III

CLASSE DES TERRES ARGILO-SABLEUSES

Dans cette classe se rangent les terres qu'on appelle vulgairement *glaises maigres, glaises sableuses, terres fortes, terres à blé, etc.*

37. Caractères spécifiques.

Expér. 20. La terre mouillée se met en pâte en la pétrissant dans la paume de la main. La pâte, durcie à l'air, s'égrène quand on la coupe au couteau.

21. La terre fait peu ou point effervescence avec les acides.

38. Qualités. Les terres argilo-sableuses sont aérables, humides, tenaces et conservatrices des engrais. Elles sont riches en sels de potasse et en silice soluble.

39. Défauts. Elles sont trop compactes, pas assez perméables, souvent trop mouillées et toujours trop froides. Elles sont pauvres en calcaire et par suite en phosphates et en autres sels de chaux et de magnésie.

(1) Dans ce chapitre, nous *indiquerons* seulement la nature des amendements et des procédés de culture qui conviennent à chaque classe de terres; les chapitres suivants seront consacrés à l'étude spéciale des amendements et des opérations de la culture.

40. Amendements. On égouttera le terrain par un système de fossés et de rigoles à ciel ouvert.

On marnera le sol à la dose de 30 à 50 mètres cubes à l'hectare, ou bien on le chaulera à la dose de 30 à 40 hectolitres.

Les phosphates sont aussi de bons amendements pour ces terres.

41. Procédés de culture. Les *labours*, les *binages* et les *hersages* seront assez souvent répétés, afin de diminuer la compacité trop grande de la terre. Les roulages seront plus rares.

Fumures. Les fumiers de ferme seront préférés à tout autre engrais; on les enterrera par un labour peu profond.

Semailles. Les semences seront répandues par des labours faits récemment et enterrées à la herse.

IV

CLASSE DES TERRES ARGILO-CALCAIRES

Dans cette classe se rangent les terres qu'on appelle vulgairement *glaises blanches, glaises marneuses, terres à trèfle, terres à luzerne, etc.*

42. Caractères spécifiques.

Expér. 22. La terre est blanchâtre; elle peut se pétrir assez bien dans la main quand elle est mouillée, mais elle s'égrène facilement dans l'opération.

23. La terre durcie se brise facilement sous les doigts, sans l'aide d'un marteau.

24. Elle fait avec l'eau acidulée une très-vive effervescence.

43. Qualités. Elles sont aérables, humides, tenaces et conservent assez bien les produits de la décomposition des engrais.

Elles sont foncièrement riches en engrais minéraux de toute sorte, en sels de potasse, de chaux et de magnésie, et en phosphates, silicates, sulfates et chlorures.

Elles peuvent devenir riches en engrais organiques si on les fume généreusement.

44. Défauts. Leurs seuls défauts sont d'être trop peu perméables à l'air, à l'eau et à la chaleur et par suite un peu froides et surtout trop humides.

45. Amendements. Le drainage extérieur par des rigoles et des fossés à ciel ouvert est l'amendement le plus favorable aux terres argilo-calcaires. On peut employer aussi le terreautage, c'est-à-dire l'apport de terre végétale riche en terreau.

Les charrées leur conviennent également.

46. Procédés de culture. On doit pratiquer dans les terres argilo-calcaires les labours, hersages, roulages et autres opérations de culture, de la même manière que dans les terres argilo-sableuses (§ 21).

V

CLASSE DES TERRES ARGILO-HUMIFÈRES

Dans cette classe se rangent les *glaises noires* qu'on trouve souvent dans les bas-fonds marécageux.

47. Caractères spécifiques.

Expér. 25. La terre est noire, elle répand une odeur fétide quand on la délaie.

Quand elle est mouillée, elle se pétrit dans la main et-sous les doigts aussi bien que la glaise.

26. La pâte, durcie à l'air, se coupe au couteau et ne peut se briser qu'au marteau.

27. Elle fait peu ou point effervescence avec l'eau accidulée.

48. Qualités. Les terres argilo-humifères sont aérables et tenaces. Elles sont humides et conservent bien les produits de-la décomposition des engrais. Enfin elles sont riches en terreau, en potasse et en silice assimilable.

49. Défauts. Elles sont aussi compactes que les glaises et ont comme elles les défauts d'être trop peu perméables, trop humides et trop froides.

De plus, l'excès de terreau inerte qu'elles contiennent les rend insalubres.

Enfin, elles sont pauvres en phosphates et autres sels calcaires et magnésiens.

50. Amendements. Le *drainage* intérieur est indispensable pour assainir le terrain.

L'écobuage est son auxiliaire le plus utile.

Il faut d'abord chauler ces terres à fortes doses (50 à 100 hectolitres à l'hectare), puis 7 à 8 ans après les marner à dose de 50 à 100 mètres cubes.

Les phosphates employés seuls ou mélangés au fumier ont également de bons effets dans ces terres.

51. Procédés de culture. Les opérations mécaniques de la culture doivent être les mêmes que dans les terres argileuses.

Fumures. Les engrais actifs tels que les guanos et les poudrettes sont préférables aux fumiers. Les engrais chimiques font merveille dans ces terres.

On peut les employer seuls ; on les répand comme des grains de semence et on les enterre par un labour léger.

Semailles. Les graines sont semées sur ce labour et enterrées à la herse.

VI

CLASSE DES TERRES SABLEUSES PROPREMENT DITES

Les terrains de *sables friables*, terres à sapinières, terres à *sarrasin*, appartiennent à cette classe.

52. Caractères spécifiques.

Expér. 28. La terre s'égrène quand on veut la mettre en pâte.
 29. Les labours ne font pas naître de mottes.
 30. La terre fait peu ou point effervescence avec les acides.

53. Qualités. Les terres sableuses sont meubles et perméables à l'air, à l'eau et à la chaleur ; elles sont chaudes et favorisent les décompositions des engrais.

54. Défauts. Elles sont peu aérables (1) ; elles manquent de ténacité, sèchent trop vite et laissent perdre les produits de la décomposition des engrais. Enfin elles sont pauvres en engrais de toute espèce, en engrais calcaires et alcalins aussi bien qu'en matières organiques.

55. Amendements. Le drainage est généralement inutile dans les terres sableuses ; l'irrigation est au contraire un puissant moyen de les fertiliser.

Quand le sous-sol est assez argileux, il est bon de le mélanger au sol par des labours profonds.

Les marnages à dose moyenne de 40 mètres cubes à l'hectare sont nécessaires pour enrichir le sol de calcaire. Ils sont toujours préférables aux chaulages.

Les phosphates et les charrées riches en sels de potasse sont utiles également ; mais il importe de les employer mélangés au fumier de ferme.

56. Procédés de culture. Les labours doivent être peu fréquents dans les terres sableuses afin de ne pas dessécher le sol ; il importe de les pratiquer profondément.

Les binages et hersages ne doivent être donnés que pour détruire les mauvaises herbes et enterrer les semences.

Les roulages au contraire doivent être souvent répétés, car ils tassent le sol toujours trop meuble. Il faut rouler après chaque labour, et rouler encore quand les plantes ont levé.

Fumures. Les fumiers de ferme bien faits, gras et courts, sont les engrais qui conviennent le mieux. Il est bon de les enrichir

---

(1) Il est utile de rappeler ici que par *aération* on entend la condensation de l'oxygène de l'air et non la perméabilité à l'air et aux agents atmosphériques.

de phosphates et de charrées. On doit fumer à petites doses et renouveler souvent les fumures.

Semailles. Les semences doivent être enterrées profondément. Les blés et autres grains d'hiver seront enterrés à la charrue, et, quand les plantes sont sorties de terre, on tassera le sol par un roulage. Les plantes de printemps seront semées sur labour récent et enterrées à la herse suivie du rouleau.

VII
CLASSE DES TERRES SABLO-ARGILEUSES

Dans cette classe se rangent les terrains appelés vulgairement *sables consistants, terres légères, terres à seigle, etc.*

57. Caractères spécifiques.

Expér. 31. La terre mouillée pétrie entre les mains peut se mettre en mottes.

32. Les mottes durcies s'égrènent, quand on les presse entre les doigts.

33. La terre fait peu ou point effervescence avec les acides.

58. Qualités. Ces terres sont meubles et par suite perméables aux agents atmosphériques. Elles sont assez chaudes et favorables à la décomposition des engrais.

59. Défauts. Elles sont, comme les terres sableuses, trop peu aérables, trop sèches et sans grande ténacité. Elles conservent mal les produits de la décomposition des engrais.

Elles sont généralement pauvres en matières azotées, en phosphates, en sels calcaires et en sels alcalins.

60. Amendements. Les défauts des terres argilo-sableuses sont les mêmes que ceux des terres sableuses proprement dites, par conséquent les mêmes amendements leur conviennent.

61. Procédés de culture. On ménagera les labours, les binages, les hersages et toutes les opérations qui divisent la terre. Au contraire, on multipliera les roulages qui la tassent et la rendent plus compacte.

Fumures. Le fumier de ferme enrichi de phosphates, de charrées et de sels calcaires est l'engrais qui convient le mieux aux terres sableuses. Les fumures se feront à fortes doses et seront renouvelées souvent. Les engrais doivent être enterrés assez profondément.

Semailles. Pour ensemencer les terres sablo-argileuses, en blé ou en seigle, il convient d'enterrer une première partie de la semence par un labour léger ; on sème le reste par-dessus et on l'enterre à la herse.

Les céréales de printemps et les prairies doivent être semées entièrement sur labour et enterrées à la herse.

VIII

CLASSE DES TERRES SABLO-CALCAIRES

Dans cette classe se rangent les terrains *crayeux* et ceux qu'on appelle *terres blanches, terres à sainfoin, etc.*

62. Caractères spécifiques.

> 34. La terre est de couleur blanche, elle ne peut que difficilement se tasser entre les mains.
>
> 35. Les mottes durcies s'égrènent entre les doigts.
>
> 36. Elle fait une très-vive effervescence avec les acides.

63. Qualités. Les terres sablo-calcaires sont meubles et par suite perméables aux agents atmosphériques. Elles sont très-chaudes. Ce sont des terres riches en sels calcaires et en phosphates.

64. Défauts. Elles sont peu aérables, trop sèches, et pas assez tenaces. Elles accélèrent la décomposition des engrais organiques et par conséquent sont généralement pauvres en matières azotées.

65. Amendements. L'irrigation est l'amendement le plus propre à l'amélioration dé ces terrains.

Le terreautage avec des terres argileuses riches en matières organiques y produit de bons effets.

66. Procédés de culture. Les opérations mécaniques à faire sont les mêmes que pour les terres sableuses (§ 55).

Fumures. Le fumier de ferme bien fait doit être dans ces terres la base des fumures.

Les engrais qui conviennent spécialement sont les purins, les gadoues et autres engrais liquides donnés en arrosage. Les engrais verts font également bon effet.

Semailles. On doit les pratiquer comme dans les terres sablo-argileuses (§ 61).

IX

CLASSE DES TERRES SABLO HUMIFÈRES

Dans cette classe se rangent les terrains appelés vulgairement *sables noirs, terres de bruyère, terres de jardinier, etc.*

67. Caractères physiques.

> EXPÉR. 37. La terre mouillée se tasse très-difficilement dans la main et s'égrène au moindre obstacle.
>
> 38. Elle est couleur de suie et exhale une odeur fétide et putride pendant qu'on la délaie dans l'eau.
>
> 39. Elle fait peu ou point effervescence avec les acides.

68. Qualités. Les terres sablo-humifères sont très-aérables, assez humides et assez chaudes. Elles sont très-meubles et par suite très-perméables aux agents atmosphériques. Enfin, elles sont riches en matières organiques.

69. **Défauts.** Les terres sablo-humifères manquent de ténacité, elles s'échauffent et se dessèchent rapidement.

L'excès de terreau inerte qu'elles contiennent les rend insalubres; c'est là leur défaut capital.

70. **Amendements.** Le drainage et l'écobuage sont utiles pour combattre l'insalubrité des terres sablo-humifères.

Le marnage est leur amendement par excellence; le chaulage y produit aussi de bons effets.

Les phosphates sont, dans ces terres, les meilleurs excitants de la décomposition du vieux terreau.

71. **Procédés de culture.** Les opérations à faire sont celles que nous avons indiquées pour les terres sableuses (§ 55.)

Fumures. Les guanos et autres engrais concentrés y réussissent aussi bien que le fumier et doivent alterner avec lui.

X

CLASSE DES TERRES CALCAIRES PROPREMENT DITES

Dans cette classe se rangent les *terres blanches*, les *terres marneuses* ou *marnes terreuses*, les *paluds du midi de la France*, etc.

72. **Caractères spécifiques.**

Expér. 40. La terre est blanche. Quand elle est mouillée, elle se tasse dans la main en blanchissant les doigts.

41. Les mottes durcies au soleil se délitent en temps de pluie.

42. La terre fait vivement effervescence avec les acides.

73. **Qualités.** Les terres calcaires sont humides et chaudes; elles sont assez perméables aux agents atmosphériques; elles sont assez tenaces bien qu'elles soient meubles.

Elles sont particulièrement riches en calcaires et en phosphates et autres sels de chaux et de magnésie.

74. **Défauts.** Les terres calcaires sont peu aérables, elles conservent mal les produits de la décomposition des engrais.

Elles sont généralement pauvres en matières azotées, car elles les épuisent rapidement. Enfin il est rare qu'elles soient riches en sels alcalins.

75. **Amendements.** Les irrigations leur sont favorables pendant les sécheresses prolongées.

Les terreautages avec des terres argilo-sableuses, riches en matières organiques en sont les meilleurs amendements.

76. **Procédés de culture.** Les labours, binages et hersages

doivent être ménagés. Les roulages sont au contraire utiles pour tasser la terre et rechausser les jeunes plantes.

Fumures. Les fumiers de ferme sont les meilleurs engrais pour les terres calcaires. On doit fumer peu et souvent, tous les ans autant que possible.

Semailles. Les blés et autres grains d'automne doivent être semés moitié en dessous et moitié en dessus (§ 61).

Les graines semées au printemps doivent être enfoncées assez profondément et répandues au semoir plutôt qu'à la herse.

XI

CLASSE DES TERRES HUMIFÈRES PROPREMENT DITES

77. Dans cette classe se rangent les *terres de marécages* et d'anciennes tourbières; elles ne sont propres à l'agriculture que si elles ont moins de 20 % de matières organiques.

78. Quand elles en ont une plus forte porportion, il est nécessaire d'en détruire l'excès par *l'écobuage*.

Elles rentrent alors soit dans la classe des terres argilo-humifères, quand l'argile y domine; soit dans la classe des terres sablo-humifères, quand c'est le sable qui est prédominant.

On les traitera dans l'un ou l'autre cas comme nous l'avons dit aux sections v ou x de ce chapitre.

XII

INFLUENCES SECONDAIRES EXERCÉES SUR LES QUALITÉS ET SUR LES DÉFAUTS DES TERRES ARABLES

79. Les qualités et les défauts d'une terre dépendent *directement* de sa nature, suivant les lois qui viennent d'être exposées; elles dépendent *indirectement* de l'influence de causes extérieures dont les principales sont : le climat de la contrée, la position topographique du terrain, la nature du sous-sol et l'état de culture antérieur.

80. **Influence du climat.** Le climat d'une contrée est caractérisé principalement par l'intensité de la chaleur solaire et par la fréquence et l'abondance des pluies; ainsi, les régions du Sud de la France sont plus chaudes, celles du Nord sont plus froides; les régions de l'Ouest sont plus humides, celles de l'Est sont plus sèches.

Le climat de la contrée peut en conséquence faire varier le degré de la chaleur et de l'humidité des terres arables; il faut en tenir compte dans le choix des amendements et des procédés de culture.

81. Influence de la position topographique. Un terrain peut être dans un bas-fond, dans une plaine ou sur un coteau. Cette situation fait varier l'influence des *pluies* et du *soleil* sur les terres arables.

1º *Influence des pluies.* Dans les bas-fonds, les eaux de pluie s'accumulent, et rendent la terre plus humide. En plaine, les pluies restent sans trouver d'écoulement, les terres sont longtemps à sécher. Sur un coteau au contraire, les eaux coulent suivant la pente, les terres sont plus sèches.

2º *Influence du soleil.* Sur les coteaux du Midi et de l'Ouest les effets du soleil sont plus grands qu'en plaine ; ils sont plus faibles au contraire sur les coteaux de l'Est et du Nord.

On doit en conséquence modifier les amendements et les procédés de culture de chaque classe de terres d'après sa position topographique.

82. Influences du sous-sol. Les sous-sols influent sur les propriétés du sol par leur perméabilité (§ 12) ou par leur imperméabilité (§ 13).

1º Les sous-sols *perméables* favorisent l'écoulement des eaux pluviales, et rendent ainsi le sol moins humide, plus perméable à l'air et à la chaleur.

2º Les sous-sols *imperméables* retiennent les pluies dans le sol, et en rendent la terre plus humide, plus froide, plus lente dans la décomposition de ses engrais. Il peut en résulter même que le sol reste longtemps couvert d'eau. Dans ce cas, la putréfaction peut envahir le terrain et la terre devenir insalubre pour les plantes agricoles.

Il faut tenir compte de ces influences dans le choix des amendements et des procédés de culture des terres arables.

83. Influence de l'état de culture antérieur.

1º *Terres de landes et de bruyères.* Si le sol est abandonné depuis longtemps aux plantes sauvages, aux joncs, aux bruyères, etc., il est devenu insalubre. Il a besoin de recevoir des amendements et des soins particuliers avant d'être livré à l'agriculture (voyez défrichement des landes).

84. 2º Si la terre est depuis longtemps cultivée, elle est saine, mais elle peut avoir été épuisée en matières fertilisantes, tant organiques que minérales. Il faut d'abord l'améliorer en lui donnant l'excédant d'engrais qui lui manque. Il faut ensuite entretenir sa fertilité en lui restituant les engrais que les récoltes lui font perdre (voyez chapitre vii).

CHAPITRE IV

AMENDEMENTS DES TERRES ARABLES

I

AMÉLIORATION DES TERRES ARABLES PAR LES AMENDEMENTS DIVERSES SORTES D'AMENDEMENTS

85. On appelle *amendements* (1) en agriculture les opérations qui ont pour effet de modifier d'une manière permanente une ou plusieurs des propriétés agricoles des terres arables..

Le but des amendements est de corriger les défauts naturels des terres et de favoriser les effets de leurs qualités.

Les amendements peuvent être mécaniques, physiques ou chimiques.

86. Les *amendements mécaniques* résultent d'opérations faites sur le sol sans apporter d'éléments nouveaux.

Les principaux sont le drainage, les irrigations et l'écobuage.

Les labours et autres opérations mécaniques faites sur le sol modifient également les propriétés agricoles des terres; mais elles n'ont que des effets passagers et ne sont pas par conséquent des amendements proprement dits.

87. Les *amendements physiques* consistent à donner à la terre un ou plusieurs de ses *éléments physiques* : sable, argile, calcaire ou terreau, en quantité suffisante pour modifier les propriétés physiques du sol. Ainsi le marnage et le chaulage sont des amendements calcaires.

88. Les *amendements chimiques* consistent à introduire dans le sol des matières capables de modifier ses propriétés chimiques, c'est-à-dire d'influer sur la nitrification et sur la fermentation des engrais. Tels sont par ex. les apports de phosphates ou de charrées.

II

DRAINAGE EXTÉRIEUR

89. **But du drainage.** Le drainage a pour but de faire écouler

---

(1) Souvent on donne le nom *d'amendements* non-seulement à l'opération faite sur le terrain, au marnage et au chaulage, par exemple ; mais à la matière qu'on mélange au sol, ainsi on dit que la marne et la chaux sont des amendements calcaires.

du sol l'excès d'eau qu'il peut contenir. On y parvient de deux manières : 1º au moyen de fossés et de rigoles d'écoulement pratiqués à ciel ouvert *(drainage extérieur)* ; 2º par un système de tuyaux établis sous terre *(drainage intérieur.)* Ce dernier mode porte plus particulièrement le nom de *drainage.*

90. Drainage extérieur.

Excurs. 4. Le maître conduira ses élèves sur un terrain où ce système est établi dans de bonnes conditions.

> Il leur en expliquera sur place les dispositions principales et leur fera remarquer surtout le rapport de la direction générale des rigoles et des fossés avec les pentes du terrain.

Ce système consiste à établir à la surface du sol, sur les limites qui séparent les champs ou les parties importantes d'un même terrain, des fossés creusés à demeure, qui vont déboucher dans le ruisseau le plus voisin, ou dans un étang, ou dans un réservoir établi dans ce but.

Dans le champ, on creuse à la charrue, suivant les pentes du terrain, des rigoles dirigées vers les fossés et on laboure le champ en billons dont les sillons aillent vers les rigoles.

91. Effets du drainage extérieur.

Ce système facilite la circulation du trop plein des eaux ; en effet, elles s'égouttent des billons dans les sillons, et de là s'écoulent dans les rigoles et dans les fossés jusqu'aux réservoirs.

92. **Avantages et inconvénients.** Les *avantages* de l'écoulement de l'eau sont de corriger l'excès d'humidité du terrain ; or, ce défaut occasionne la putréfaction des engrais organiques et rend le sol insalubre ; l'écoulement de l'excès d'eau a donc pour effet d'assainir les terres trop mouillées.

Les *inconvénients* des rigoles creusées au milieu des champs sont de nuire aux opérations mécaniques de la culture.

93. **Terres à drainer.** Les rigoles et les fossés pratiqués à ciel ouvert conviennent spécialement aux terrains qui sont naturellement assez meubles, comme les terres sableuses. Il a l'avantage de ne pas trop les dessécher, car il laisse dans les sous-sols une forte partie des eaux pluviales.

III·

DRAINAGE INTÉRIEUR

94. Travaux de drainage.

Excurs. 5. Si des travaux de drainage se font dans le voisinage, le maître en profitera pour les faire visiter à ses élèves.

> Il leur expliquera sur place les opérations faites ou à faire et en fera ressortir les avantages. Il fera remarquer en particulier que la direction des tuyaux suit la pente du terrain.

Pour drainer un terrain, on établit à l'intérieur de la terre, à la profondeur d'environ 1 mètre, un système de tuyaux poreux en terre cuite. Les plus gros (CC fig. 2) appelés tuyaux collecteurs suivent les pentes générales du terrain dans les parties

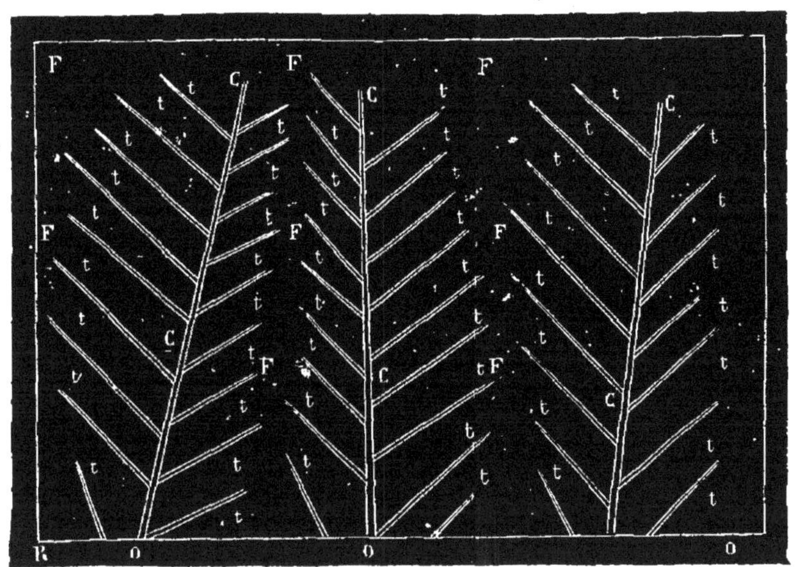

Fig. 2.

basses. Ces tuyaux débouchent dans un tuyau unique OOO conduisant les eaux à un réservoir R , à l'étang ou au ruisseau le plus voisin.

Des lignes de faîte (FF) partent des tuyaux (tt) plus petits appelés drains dirigés suivant la pente du terrain vers les tuyaux collecteurs. Les drains un peu moins profonds que les collecteurs sont espacés de 10 mètres environ.

Le système de distribution des drains varie nécessairement d'un champ à l'autre, car il dépend des hauts et des bas que présente le terrain. Dans tous les cas il doit présenter les pentes nécessaires à l'écoulement de l'eau dans les drains.

95. Effets du drainage intérieur.

Le maître se procurera un tuyau de drainage. Il en bouchera une extrémité.

Expér. 43. Dans une première expérience, il le remplira d'eau et constatera que l'eau passe à travers le tuyau.

44. Dans une deuxième expérience, il placera ce tuyau dans un baquet d'eau en bouchant l'extrémité plongée sous l'eau, et en laissant l'autre ouverte ; le tuyau se remplira d'eau.

45. Dans une troisième expérience, il entourera de terre un tuyau, légèrement incliné. Il arrosera la terre et constatera que l'eau sort du tuyau et que par conséquent ce tuyau absorbe l'eau de la terre.

Les tuyaux de drainage agissent comme des suçoirs, ils aspirent et absorbent l'eau de la terre qui les entoure. La couche de terre asséchée attire à son tour l'eau de la couche voisine, et ainsi de proche en proche; cet effet se fait sentir au loin, quelquefois à plus de 5 mètres de distance.

Pour ces causes, le drainage est un moyen de dessèchement beaucoup plus puissant que le système de rigoles et de fossés à ciel ouvert.

96. Terres à drainer. Le drainage produit de bons effets dans tous les terrains trop mouillés ou trop humides.

Il est nécessaire dans les terres qui contiennent un excès de terreau et où, par conséquent, l'humidité peut engendrer une putréfaction fatale aux plantes agricoles.

Il est utile dans tous les sols où domine l'argile et qui par suite sont généralement trop compacts et trop humides.

IV
IRRIGATIONS

97. But de l'irrigation. L'irrigation consiste à faire circuler l'eau d'une rivière, d'un étang ou d'un réservoir artificiel à travers les champs cultivés, dans des rigoles d'où elles vont

Fig. 3.

s'infiltrer dans le sol. C'est un système d'arrosage propre aux terres arables.

2.

98. Pratique des irrigations. La première condition pour irriguer les terres est d'avoir de l'eau disponible. Pour pratiquer l'irrigation, on fait le nivellement du terrain afin d'y tracer le cours d'un ruisseau RRR (fig. 3) qui conduise l'eau du réservoir dans le champ, en serpentant le long des lignes de faîte et en y suivant la pente la plus faible, de manière à conduire l'eau dans la plus grande partie du terrain.

On trace ensuite à la bêche ou simplement à la charrue des rigoles r, r, r, partant du ruisseau principal et distribuant l'eau dans les diverses parties du champ.

Les directions qu'il convient de donner aux rigoles dépendent des pentes du terrain.

Excurs. 6. Le maître fera visiter à ses élèves un terrain irrigué, au moment de la distribution des eaux. Il leur expliquera sur place les dispositions prises pour assurer l'arrosage complet du terrain.

Expér. 46. Il pratiquera un petit système d'irrigation dans son jardin.

99. Avantages de l'irrigation. L'effet général de l'irrigation est de *répandre de l'eau dans le sol* à l'époque où elle est le plus utile à la végétation.

L'opération devient un *colmatage* lorsque les eaux d'irrigation apportent avec elles des limons (terres assez fines pour être entraînées par l'eau) chargés de matières organiques, de sels alcalins et calcaires et d'autres matières alimentaires des plantes. Les meilleures eaux de colmatage sont celles qui sont le plus limoneuses et le plus riches en engrais organiques et minéraux.

100. Terres à irriguer. Les irrigations sont utiles dans toutes les terres, excepté dans les sols qui sont trop mouillés.

Elles sont particulièrement favorables aux terres sableuses trop sèches et trop chaudes.

V

ÉCOBUAGE

101. Pratique de l'écobuage. L'écobuage est une opération qui consiste à calciner une partie de la couche supérieure du sol et à la mélanger ensuite à la terre.

Excurs. 7. Le maître profitera d'une occasion favorable pour faire assister ses élèves à l'écobuage d'un terrain.

Pour calciner une terre, on en découpe la couche supérieure en tranches au moyen de *l'écobue* ou *tranche-gazon*. On fait dessécher les tranches au soleil, puis on les range autour et au-dessus de petits tas de bois sec, et on y met le feu. Quand la combustion est achevée, la terre est répandue sur le sol et enterrée à la charrue.

102. Effets de l'écobuage.

Exér. 47. Le maître découpera dans son jardin quelques tranches de terre recouver-
tes d'un gazon assez épais. Il les fera dessécher au soleil, puis y mettra
le feu à l'aide d'un peu de paille.

48. Il constatera 1º que la terre devient alcaline, c'est-à-dire que l'eau de lessive
de cette terre verdit les fleurs de violettes.

49. 2º Que la terre est plus sableuse, plus sèche qu'avant la calcination.

L'effet principal de l'écobuage est de détruire l'excès de terreau.

La matière organique brûlée laisse des cendres qui se composent de sels minéraux utiles à la végétation.

Cet effet a deux avantages : 1º de détruire un terreau inerte
et souvent insalubre ; 2º d'enrichir le sol de sels très-actifs qui
revivifient la partie du terreau qui n'a pas été brûlée.

Un deuxième effet de l'écobuage est de calciner l'argile
et de la changer en une espèce de sable très-meuble, très-
chaud et riche en sels alcalins favorables à la nitrification.

103. **Terres à écobuer.** L'écobuage est utile aux terres où
l'argile domine, car il en diminue la compacité excessive. Il est
utile surtout dans les sols dont le terreau est acide et putride.

Il serait indispensable dans les terres qui contiennent un grand
excès de terreau, dans les terres humifères par exemple.

Il serait nuisible dans les terres sableuses, parce qu'il les assè-
cherait et dans toutes celles qui n'ont pas trop de terreau, car
il les appauvrirait.

VI

DES AMENDEMENTS PHYSIQUES
AMENDEMENTS SABLEUX, ARGILEUX ET HUMIFÈRES

104. **Amendements sableux.** Ils consisteraient à mélanger aux
sols des terres sableuses en proportions assez fortes pour modifier leurs propriétés physiques.

Cette opération nécessiterait l'apport de masses considérables
de sable ; elle n'est pas économiquement praticable.

Les sables de mer qu'on emploie en Normandie et en Bretagne sont de bons amendements ; mais ils agissent par les sels
alcalins et calcaires qu'ils contiennent et non par le sable lui-
même ; ce sont des amendements chimiques.

105. **Amendements argileux.** Ils consistent à mélanger aux
sols, des terres argileuses, des glaises par exemple.

En général cette opération est impraticable, 1º parce que les
glaises se mêlent difficilement au sol ; 2º parce qu'il faudrait
apporter trop de terre glaise pour modifier sensiblement les
propriétés d'un sol sableux.

106. Amendements par les sous-sols argileux. Les *amendements argileux* ne sont possibles que dans les cas où les sols sableux reposent sur des sous-sols argileux et où la profondeur de la couche argileuse est assez faible pour être atteinte par la charrue.

Dans ce cas on pratique un labour de défoncement pour ramener la couche argileuse à la surface, et, par des labours répétés, on mélange l'argile au sable. Le sol devient ainsi plus favorable à la végétation des plantes agricoles.

107. Amendements humifères. Ils consistent dans l'apport de terres riches en terreau ; on leur donne en Beauce le nom de *Terreautages*.

On se sert dans ce cas de terres de jardin, ou de terres accumulées par les labours à la lisière des champs. On les dépose en tas dans les terrains qu'on veut amender, afin qu'elles s'aèrent complétement et que la nitrification s'y établisse. On les répand ensuite sur le sol, et on les incorpore à la terre par les labours et les hersages.

108. Effets des terreautages. Les effets principaux sont de favoriser la nitrification des matières azotées et d'enrichir le sol d'une terre végétale de bonne qualité.

Ils conviennent dans toutes les terres dont des cultures épuisantes ont abaissé le degré de fertilité.

Ils sont particulièrement favorables à l'établissement des prairies artificielles.

109. Amendements calcaires. Les amendements physiques les plus importants sont les amendements calcaires, tels que les marnages et les chaulages. Il n'est pas nécessaire, en effet, d'apporter des masses très-considérables de calcaire pour modifier sensiblement les propriétés agricoles d'un sol ; de sorte qu'on peut toujours pratiquer économiquement ces opérations.

Leur importance relative est telle qu'aux yeux de la plupart des agriculteurs il n'y aurait d'amendements des terres que les *marnages* et les *chaulages*.

VII

DES MARNES ET DES MARNAGES

110. Nature des marnes. On appelle *marnes* des sédiments ou roches calcaires qui ont la propriété de se *déliter*, c'est-à-dire de se réduire en poussière terreuse par l'action de l'air et de la pluie.

Une marne est d'autant meilleure pour l'agriculture qu'elle se résout plus facilement en poussière, car c'est à cet état seulement qu'elle peut s'incorporer à une terre, et amender ses propriétés agricoles. Les pierres ne pourraient que nuire aux opérations de la culture.

111: **Richesse des marnes.** La valeur agricole d'une marne est proportionnelle à la quantité de *calcaire pulvérulent* qu'elle contient (1). Le calcaire sableux qui s'y trouve mélangé agit physiquement comme sable, mais peu ou point chimiquement. Pour estimer la richesse d'une marne, il faut en conséquence déterminer, par l'analyse, la proportion centésimale de son calcaire pulvérulent.

112. **Essai des marnes.**

113. **Variétés principales des marnes — terres auxquelles elles conviennent.** Au point de vue agricole, on peut distinguer les cinq variétés suivantes.

1º Les *marnes calcaires* sont celles qui contiennent plus de 40 %, de calcaire pulvérulent, c'est la variété la plus riche. Elle convient à toutes les terres où le calcaire, fait défaut et spécialement aux terres argileuses.

2º Les *marnes crayeuses* sont celles qui sont riches en sable calcaire ; elles conviennent aux terres argilo-humifères.

3º Les *marnes sableuses* sont celles qui contiennent beau-

(1) Ce principe agricole est dû au comte de Gasparin.

coup de sable siliceux ; elles conviennent aux terres argilo-sableuses.

4° Les *marnes argileuses* sont celles qui contiennent beaucoup d'argile ; elles conviennent aux terres sableuses.

5° Les *marnes terreuses* ou terres marneuses sont celles qui contiennent à la fois beaucoup de sable et d'argile, et au plus 20 % de calcaire pulvérulent. Elles conviennent aux terres humifères.

114. Pratique des marnages.

EXCURS. 8. Le maître fera assister ses élèves à des opérations de marnage.

La marne est conduite aux champs à l'automme et mise en petits tas sur le sol ; elle passe l'hiver à cet état et se délite peu à peu sous l'influence des pluies et des gelées. Au printemps, on la répand à la pelle, on passe la herse, et on enterre à la charrue.

La dose de marne à employer dépend de la nature du terrain, mais surtout de la proportion de calcaire pulvérulent que contient déjà la terre et de celle que renferme la marne. En général, une terre qui ne contient pas plus de 2 % de calcaire pulvérulent peut être améliorée par le marnage.

115. Effets des marnages. La marne agit de trois manières :

1° Comme *amendement physique*, elle diminue la compacité excessive des terres argileuses ; elle rend plus humides les terres sableuses ;

2° Comme *amendement chimique*, elle favorise les décompositions des engrais organiques et par son carbonate de chaux et par les phosphates et les sels de magnésie qu'elle contient :

3° Comme *engrais*, elle enrichit le sol de chaux, de magnésie et de phosphates.

116. Sables de mer. Dans quelques contrées, en Normandie et en Bretagne, on emploie, au lieu de marne, des sables de mer riches en calcaire connus sous les noms de *tanque, trez, merl*.

Leurs effets sont semblables à ceux des terres marneuses ; ils agissent en outre par les chlorures alcalins et les autres sels minéraux qu'ils peuvent contenir.

VIII

DE LA CHAUX ET DU CHAULAGE

117. De la chaux, ses propriétés agricoles. La chaux est le produit de la calcination de la pierre à chaux.

Toutes les variétés de chaux peuvent être employées au chaulage des terres ; mais on ne fait pas servir les chaux hydrauliques à cet usage, à cause de leur prix très-élevé.

Les chaux ordinaires contiennent de 90 à 98 % de chaux pure. La chaux agit sur les terres non-seulement par la chaux pure dont elle est formée, mais en outre par les phosphates et par les sels de potasse et de magnésie qu'elle peut contenir. Il est utile en conséquence de doser ces éléments dans les chaux qu'on emploie en agriculture.

118. **Pratique des chaulages.**

Excurs. 9. Le maître fera assister ses élèves à des opérations du chaulage des terres.

On fait sur le sol des tas de terre : on y met des pierres de chaux vive et on les recouvre de terre. Sous l'influence des pluies, la chaux s'éteint et se délite au milieu de cette terre. On répand ensuite les tas à la pelle, on achève de mêler la chaux à la terre par un bon coup de herse, et on enterre par un labour peu profond.

119. **Effets agricoles des chaulages.** D'après les différents effets agricoles de la chaux dans les terres arables, les chaulages agissent de trois manières.

1º Les chaulages sont des *amendements physiques* lorsque les doses de chaux sont assez fortes (80 à 100 hectolitres à l'hectare); ces chaulages conviennent aux terres humifères, aux terres argilo-humifères et aux terres argileuses proprement dites.

2º A la dose de 20 à 40 hectolitres à l'hectare, les chaulages sont des *amendements chimiques* : 1º la chaux neutralise l'acidité du vieux terreau ; 2º elle est un élément de la nitrification ; 3º elle active la fermentation des engrais. Comme amendements chimiques, les chaulages conviennent à toutes les terres argileuses et surtout aux terres qui contiennent un excès de terreau.

3º Enfin les chaulages fournissent, outre la chaux, de la magnésie, de la potasse et des phosphates. Ils sont utiles sous ce rapport à toutes les terres qui manquent de calcaire.

IX

AMENDEMENTS CHIMIQUES DES TERRES ARABLES FAVORABLES

A LA NITRIFICATION

120. **Amendements chimiques.** On amende chimiquement les terres arables lorsqu'on mélange au sol des matières capables de modifier les propriétés chimiques, dont dépend la

décomposition des engrais organiques. On peut les diviser en deux groupes : 1° les matières qui influent sur la nitrification, 2° celles qui influent sur la fermentation.

121. Amendements de la nitrification. La nitrification consiste dans la transformation chimique des matières azotées en azotates. Les alcalis, potasse et soude, chaux et magnésie, sont les bases de ces azotates. La nitrification n'est possible dans un sol que s'il contient ces bases, soit à l'état libre, soit à l'état de carbonates.

En conséquence, toutes les matières riches en sels alcalins sont des amendements chimiques pour la nitrification. Les principales sont les chaux et les marnes (sect. VII et VIII), les plâtras et les terres de démolition, les cendres et les charrées.

122. Terres qui demandent des amendements alcalins. Les amendements alcalins conviennent spécialement aux terres pauvres en calcaire et surtout aux terres humifères dont elles neutralisent l'acidité si funeste aux plantes agricoles.

123. Plâtras. Les vieux plâtras et les terres de démolition des bâtiments sont riches surtout en sels calcaires, mais contiennent aussi de la chaux à demi carbonatée, particulièrement favorable à la nitrification. Souvent même ces matériaux sont déjà à demi salpêtrés quand on les emploie. En outre, ils agissent comme amendements chimiques de la fermentation et comme engrais calcaires. Ils conviennent spécialement dans les terres qui sont pauvres en calcaire pulvérulent. On les emploie de la même manière que les marnes.

124. Charrées. Les charrées sont les résidus de cendres lessivées, elles sont riches en carbonate de chaux pulvérulent et en sels de potasse. Elles contiennent aussi des phosphates.

125. Effets des charrées. Les charrées agissent surtout sur la nitrification, mais elles favorisent également la fermentation des matières végétales, enfin leurs sels sont des engrais minéraux particulièrement riches en potasse.

126. Usage pratique.

Excurs. 10. Le maître fera assister ses élèves aux opérations de l'emploi des charrées.

On emploie les charrées à la dose de 20 à 30 hectolitres; on choisit une journée où la terre soit sèche; on décharge la charrée en petits tas; on la répand à la pelle; on la mêle à la terre par un ou deux coups de herse; et on l'enterre par un labour léger.

127. Cendres de provenances diverses. On emploie aussi,

au lieu de charrées, les cendres de houille, les cendres de tourbe, les cendres de plantes marines. Leurs effets dans le sol sont les mêmes. On les emploie à l'amendement des mêmes espèces de terres et on les emploie de la même manière. L'écobuage des terres n'est qu'un mode particulier de pratiquer les amendements alcalins.

X
AMENDEMENTS CHIMIQUES FAVORABLES AUX FERMENTATIONS DES ENGRAIS ORGANIQUES — PHOSPHATES

128. La décomposition des matières organiques est due surtout à des fermentations.

Les agents chimiques de ces fermentations sont, d'après M. Pasteur : 1° des matières azotées fermentescibles; 2° des phosphates; 3° des sels de chaux et de magnésie.

Les matières azotées sont les engrais par excellence ; elles ne peuvent être considérées comme des amendements. Nous ne devons parler ici que des phosphates et des sels de magnésie et de chaux.

129. **Variétés de phosphates.** On emploie au phosphatage des terres arables le noir animal et les phosphates fossiles. Ce sont les amendements chimiques les plus importants ; grâce à leur emploi, on a pu livrer à l'agriculture les landes incultes de la Sologne, de la Bretagne et de plusieurs autres contrées sableuses.

Ils agissent surtout par le phosphate de chaux qu'ils contiennnent. Leur valeur agricole est sensiblement proportionnelle à la quantité de ces phosphates. Le noir animal agit en outre par les matières azotées provenant de son emploi à l'extraction et au raffinage des sucres.

Le dosage de l'azote des noirs se fait d'après la méthode générale des chimistes. Le dosage du phosphate de chaux peut être pratiqué, dans les matières qui en contiennent de fortes proportions, d'une manière simple et suffisamment précise pour les besoins de l'agriculture ; nous allons l'indiquer.

130. **Essai des phosphates par la méthode de Davy.**

Ces expériences importantes devront être faites par le maître devant les élèves.

EXPÉR. 59. 1° On fera dessécher complétement à 100° la matière à analyser, on en pèsera 10 grammes. S'il s'agit d'un noir on les grillera complétement dans une cuiller de fer ; s'il s'agit d'un phosphate fossile, le grillage est inutile.

60. 2° On attaquera la matière par l'acide chlorhydrique étendu d'eau et bouillant. Les phosphates seront dissous ainsi que les sels de chaux et d'autres bases. Le résidu sera de la silice, de l'argile et du charbon. On le séparera sur un filtre et on le lavera. La détermination de son poids n'a pas une grande importance.

61. 3o La liqueur sera neutralisée par l'ammoniaque additionnée de chlorhydrate d'ammoniaque , les phosphates seront précipités et avec eux
un peu d'oxyde de fer et d'alumine ; la magnésie, la chaux et les alcalis
resteront en dissolution.

62. 4o Le précipité sera recueilli sur un filtre de poids connu.
On fera dessécher à 100° et on pèsera ; l'excès de poids donnera sensiblement le poids des phosphates, s'il s'agit d'un noir animal.

63. 5o S'il s'agit d'un phosphate fossile, l'oxyde de fer qui se trouve mélangé
au phosphate peut induire l'opérateur en erreur. Dans ce cas, on remet
le filtre sur son entonnoir et on le traite à froid par l'acide chlorhydrique
étendu d'eau. Les phosphates se dissolvent et l'oxyde de fer reste. On
en prend le poids pour le retrancher du précédent. La différence donne
le poids des phosphates.

131. Effets des phosphates. Les phosphates ont trois effets
principaux dans les terres arables :

1° Ils neutralisent l'acidité du vieux terreau et revivifient ses
ferments ;

2° Ils favorisent les fermentations par le phosphate de chaux
et par les sels de magnésie qu'ils contiennent ;

3° Enfin ce sont des engrais ; car l'acide phosphorique, la
chaux et la magnésie sont des éléments minéraux des plantes.

132. Terres auxquelles conviennent les phosphates. Les phosphatages accroissent la fertilité de toutes les terres qui contiennent moins de 1 millième de leur poids de phosphates. Les
phosphates conviennent spécialement aux terres déboisées, aux
landes incultes et à tous les sols qui contiennent du terreau
acide.

133. Pratique des phosphatages.

Excurs. 11. Les élèves assisteront au phosphatage d'une lande. Le maître leur en expliquera sur place les opérations.

On emploie les noirs de raffinerie à la dose de 5 à 6 hectolitres
par hectare, et les phosphates fossiles à la dose de 500 à 600 kil.

On sème les phosphates sur les champs récemment labourés,
on les mêle à la terre par un ou deux coups de herse et on
les enterre par un labour superficiel.

. Souvent on sème les graines en même temps que le phosphate et on les enterre ensemble.

Superphosphates. En Angleterre, avant d'employer les phosphates on les attaque par l'acide sulfurique. Par cette opération, on les rend plus solubles et immédiatement assimilables,
mais on diminue la durée de leur influence dans le terrain.

CHAPITRE V

OPÉRATIONS MÉCANIQUES DE LA CULTURE DES TERRES

134. Pour qu'une terre soit féconde, il faut qu'elle ait été préparée à recevoir les plantes par le travail mécanique du sol.

Les principales opérations de la culture sont les labours, les hersages, les roulages, les binages et les buttages.

I

LABOURS

135. Charrues.

Excurs. 12 (1). Le maître conduira ses élèves chez un ou plusieurs agriculteurs pour leur faire étudier les charrues en usage dans la contrée. Il leur montrera les pièces principales et leur en expliquera les effets.

139. Opérations du labourage.

Excurs. 13. Le maître conduira ses élèves dans les champs cultivés, leur expliquera sur place les opérations du labourage et les effets de la charrue sur la terre.
Il insistera pour leur faire comprendre :
Comment le contre découpe verticalement la tranche de terre ;
Comment le soc la coupe horizontalement et la soulève ;
Comment enfin le versoir ou oreille la renverse sens dessus dessous.
Expér. 64. Le maître bêchera, devant ses élèves, un carré de son jardin, en ayant soin de bien retourner la tranche de terre et de la diviser.
Chaque élève à son tour s'exercera au maniement de la bêche.

137. **Effets des labours.** On pratique les labours dans les jardins avec la *bêche*, dans les vignes avec la *houe*, dans les champs avec la *charrue*.

Les principaux effets des labours sont :

1° De ramener à la surface les parties profondes du sol,

2° D'ameublir la terre,

3° D'enfouir les amendements, les engrais et les semences.

Les parties profondes du sol ramenées à la surface s'aèrent peu à peu, c'est-à-dire qu'elles condensent l'oxygène de l'air. En outre, elles reçoivent et concentrent la chaleur solaire.

Le sol entièrement ameubli devient plus perméable à l'eau et à l'air, et par suite plus favorable aux phénomènes de la végétation souterraine.

On pratique dans les terres arables trois sortes de labours.

138. Labours de défoncement.

Excurs. 14. Les élèves assisteront à une opération de défoncement à la charrue. On leur expliquera sur place le travail exécuté.

---

(1) Plusieurs des excursions que nous recommandons dans ce chapitre peuvent être faites en une seule fois, bien que nous ayons dû les indiquer chacune à sa place et par numéro d'ordre. Les élèves devront faire une relation écrite de chaque excursion.

Dans ce cas la terre est remuée à de grandes profondeurs, au moins à 30 ou 35 centimètres et quelquefois jusqu'à 40 et même 50 centimètres. Il faut, pour cela, de fortes charrues.

Charrues sous-sol. On emploie quelquefois deux charrues, la première qui laboure a 25 ou 30 centimètres, la deuxième (dite charrue-sous-sol) qui, passant dans le sillon de la première, pénètre à 15 ou 20 centimètres plus bas.

Les labours de défoncement sont pratiqués comme premier labour, pour arracher et enterrer les mauvaises herbes et pour aérer les parties les plus profondes du sol.

Ils sont nécessaires pour défricher les landes et les terres incultes, et pour déraciner les prairies artificielles qu'on veut détruire.

139. Labours ordinaires.

EXCURS. 15. Le maître conduira ses élèves aux champs pour leur montrer comment on enterre le fumier. Il mesurera la profondeur et la largeur des raies et leur expliquera les effets du travail. Il fouillera la terre récemment labourée et fera voir comment le fumier est réparti dans le sol.

Dans les labours ordinaires, la terre est remuée à la profondeur de 15 à 25 centimètres, au moyen des charrues à roues, ou des araires.

Ces labours sont pratiqués après ceux de défoncement, ou comme premier labour quand le défoncement n'est pas nécessaire. Ils servent surtout à enterrer les fumiers.

140. Labours superficiels.

EXCURS. 16. Le maître fera voir à ses élèves un labour superficiel servant à enfouir un engrais pulvérulent, ou des semences de blé ou de seigle.
Il expliquera sur place le travail, et, fouillant un peu la terre, montrera la répartition des semences en lignes dans les raies du labour.

Dans les labours superficiels, la terre n'est attaquée qu'à la profondeur de la main, de 8 à 12 centimètres.

Les charrues les plus légères conviennent pour ce travail.

Ces labours sont donnés en dernier pour préparer la terre à recevoir les semailles. Les labours superficiels servent encore à enfouir les engrais pulvérulents et les semences des céréales d'automne dans les terres sableuses.

II

HERSAGES

141. Herses.

EXCURS. 17. Le maître conduira ses élèves chez un ou plusieurs agriculteurs, il leur montrera les herses en usage dans la localité et leur en expliquera le mécanisme.

142. Opération du hersage.

143. Effets du hersage.

Le hersage exerce trois effets principaux :

1º Il brise les mottes et divise la terre ;

2º Il arrache les herbes coupées par la charrue ;

3º Il mêle au sol les semences, les engrais et les amendements qu'on répand à sa surface.

144. Application des hersages.

1º On herse les terres après les labours, pour en briser les mottes ; on conduit dans ce cas la herse suivant la direction des sillons, ou en travers, ou obliquement selon qu'on veut agir moins ou plus fortement.

Si les mottes ont résisté à ce premier hersage, on fait passer le rouleau pour les écraser, et on herse de nouveau.

2º On herse encore après les binages pour arracher les mauvaises herbes que la charrue ou la houe ont coupées ; il importe dans ce cas de herser en tournant en rond.

3º On herse les champs après y avoir répandu de la marne, de la chaux ou tout autre amendement, afin de distribuer plus uniformément la matière à la surface, avant de l'enterrer.

4º Enfin on herse pour enterrer les semences répandues à la volée dans les champs récemment labourés.

III

ROULAGE

145. Rouleaux.

146. Opération du roulage.

147. Effets du roulage.

Les effets du roulage sont :

1º De tasser le sol et d'égaliser sa surface ;

2º De briser les mottes en les écrasant. Les rouleaux armés de dents de fer conviennent particulièrement à ce travail.

148. Application des roulages. 1° Les roulages sont pratiqués pour écraser et briser les mottes ; ils sont dans ce cas précédés et suivis d'un hersage.

2° On roule après les semailles pour égaliser la surface du sol. Les roulages suivent alors les hersages ou les labours qui ont servi à enterrer la semence.

3° Les roulages servent au printemps à rechausser les plantes dont les dégels ont soulevé les racines.

4° Les roulages sont indispensables après chaque labour dans les terres sableuses trop meubles ; ils ont l'avantage de *tasser* la partie supérieure du sol.

IV

BINAGES OU SARCLAGES

149. But. Le binage ou sarclage est une opération qui a pour objet de détruire les mauvaises herbes et d'ameublir le sol pendant la végétation des plantes.

150. Instruments de binage et de sarclage. Ce sont les binettes, les serfouettes et les houes à mains ou à cheval.

Excurs. 21. Le maître conduira ses élèves chez les agriculteurs qui possèdent des instruments de binage et de sarclage. Il leur montrera les binettes, les serfouettes, les houes à main et les houes à cheval usitées dans la contrée et leur en expliquera le mécanisme et le travail.

151. Sarclage des plantes en végétation.

Excurs. 22. Le maître conduira ses élèves dans une vigne et dans un champ de betteraves, de colza ou de toute autre plante sarclée, à l'époque où sont pratiquées les opérations du binage.
Il leur en montrera le travail et leur en expliquera les effets.

Expér. 67. Muni d'une binette de jardinier, le maître détruira devant ses élèves les mauvaises herbes des carrés de légumes de son jardin, et leur fera exécuter ce travail sous sa direction.

152. Effets des sarclages. Ces effets sont : 1° de couper les mauvaises herbes, 2° d'ameublir la partie supérieure du sol en ouvrant un accès facile à l'air, à la chaleur et à la pluie.

153. But des binages. Les binages ou sarclages ont pour but spécial d'enlever les herbes parasites dans les vignes, dans les betteraves, carottes, pommes de terre et autres racines, enfin dans les colzas et dans la plupart des plantes industrielles.

A cet effet, ces plantes sont disposées en lignes assez espacées pour donner passage à la charrue vigneronne ou à la houe à cheval, ou tout au moins aux ouvriers armés de leur instrument de binage.

154. Binage des terres en jachères. — Extirpateurs.

Excurs. 23. Le maître conduira ses élèves chez un agriculteur qui possède un extirpateur pour leur en expliquer les dispositions. Il leur fera voir le travail de cet instrument.

On donne quelquefois le nom de binage aux labours faits sur jachère pour enlever les mauvaises herbes et ameublir la couche supérieure du sol.

Au lieu de pratiquer ces labours avec une charrue, on emploie quelquefois sous les noms d'*extirpateur, charrue-herse,* etc., des espèces de houes à cheval à plusieurs socs dont l'avantage est d'exécuter rapidement le binage.

V

BUTTAGE

155. But. Le buttage a pour but d'accumuler la terre aux pieds des plantes en pleine végétation.

Dans les vignobles, le buttage est pratiqué avec la houe à main, au moment même où on bine la vigne. On butte les plantes sarclées avec des instruments spéciaux appelés *buttoirs*.

156. Instruments de buttage.

Excurs. 24. Le maître ira montrer es buttoirs à ses élèves chez les agriculteurs qui en possèdent et leur en expliquera le mécanisme.

157. Opération du buttage.

Excurs. 25. Le maître conduira ses élèves aux champs pour les faire assister à une opération de buttage et leur montrer le travail du buttoir.

158. Époque du buttage. On butte les vignes et la plupart des plantes sarclées telles que les pommes de terre, le maïs, le colza, etc. On fait ce travail immédiatement après le binage.

159. Effets du buttage. En accumulant la terre végétale aux pieds des plantes, on met une plus grande quantité d'engrais à la portée des racines. Souvent il en résulte la formation de racines adventives qui prennent ce surcroît de nourriture; la végétation devient plus vigoureuse et la récolte plus belle.

160. Remarque générale. Les opérations mécaniques de la culture, les labours, les hersages, les roulages, les binages et les buttages sont pratiqués pour satisfaire aux besoins particuliers des plantes. Cependant il est bon de modifier l'ordre et le nombre de ces opérations d'après la nature du terrain.

161. Cultures spéciales. Le défrichement des terres incultes, la mise en culture des terrains boisés et le déroquage des prés et prairies permanentes exigent des opérations spéciales.

VI

DÉFRICHEMENTS

162. Défrichement des landes et bruyères.

Excurs. 26. Le maître profitera des opérations de ce genre qui se feront dans la contrée pour y faire assister ses élèves, et leur en expliquer les détails.

La première opération à faire consiste à détruire les mauvaises herbes qui recouvrent le terrain ; on les coupe ou on les arrache, on les fait sécher et on les brûle. On en profite pour *pratiquer l'écobuage* quand le sol en a besoin.

163. **Drainage.** On exécute les travaux de drainage s'ils sont utiles à l'assainissement du terrain.

164. **Défoncement.** On prépare ensuite le sol à la culture par un défoncement du terrain que l'on pratique à la profondeur de 20, 30 ou 40 centimètres suivant sa nature géologique.

Le défoncement s'opère à la charrue, si la terre n'est pas trop dure ; à la pioche, si le sol est dur et rocailleux. Dans ce dernier cas, il importe d'enlever les pierres et les gros cailloux.

Le défoncement doit être pratiqué avant l'hiver pour donner à la terre le temps d'être aérée.

165. **Amendements.** On donne à la terre les amendements qui lui conviennent, des phosphates d'abord, puis de la chaux, et enfin de la marne.

166. **Mise en culture.** On commence la culture par la pomme de terre, le seigle ou l'avoine sans employer de fumier.

167. **Aménagement.** Pendant les années suivantes, on continue l'emploi des amendements minéraux, puis on y ajoute des engrais organiques, et enfin du fumier. On fait varier les espèces cultivées de manière à faire entrer peu à peu la terre dans la rotation des cultures.

VII

MISE EN CULTURE DES TERRAINS BOISÉS

168. **Déboisement.**

EXCURS. 27. Le maître profitera des déboisements qui pourraient se faire dans son voisinage pour faire assister ses élèves à ces opérations et leur en expliquer sur place les détails.

169. **Enlèvement du bois et des souches.** Après avoir retiré du champ les bois de vente, on défoncera la terre à chaque pied pour enlever les souches ; on les utilise au chauffage.

170. **Défoncement du sol.** Les sols boisés sont le plus souvent défoncés à bras d'homme, afin de pouvoir purger le sol des racines et des gros débris organiques. Cependant on emploie quelquefois à ce travail des charrues spéciales.

Le labour de défoncement est suivi d'un labour ordinaire pour achever de déraciner le terrain, et de hersages pour ramasser les racines.

171. **Amendement.** Le chaulage est l'amendement le plus fa-

vorable aux sols déboisés ; car la chaux en détruit l'acidité qui est funeste aux plantes agricoles. Cinq ou six ans après, on marne le terrain, s'il n'est pas assez calcaire de sa nature.

172. **Mise en culture.** On y cultive d'abord du seigle ou des pommes de terre. Dès la deuxième année, la terre peut être mise en assolement.

VIII
DÉFRICHEMENT OU DÉROQUAGE DES PRAIRIES

173. Opération du défrichement.

Excuns. 28. Le maître fera voir à ses élèves les opérations du défrichement d'un pré naturel et celles du déroquage d'une luzernière.

174. **Défrichement des prés.** Les opérations de culture à faire et les amendements à employer sont les mêmes que ceux de la mise en culture des landes (sect. vii).

175. **Déroquage des prairies artificielles.** Le sainfoin, le trèfle et les autres prairies qui ne durent que deux ou trois ans sont déroqués par un simple labour de défoncement, et rentrent immédiatement dans la rotation.

176. Les *luzernières* exigent plus de travail.

Un labour de défoncement est pratiqué à l'aide d'une forte charrue ; un ou deux ouvriers la suivent pour arracher, couper, ramasser et recueillir les plus grosses racines.

On donne en travers un labour ordinaire qui soulève de nouvelles racines, et un ou deux coups de herse pour les ramasser.

177. **Mise en culture.** Aucun *amendement* ni même aucun *engrais* ne sont utiles après les prairies.

Le terrain prend place immédiatement dans l'assolement par la culture du blé ou de toute autre céréale. On fume à la deuxième rotation.

SECONDE SECTION — ALIMENTATION VÉGÉTALE

CHAPITRE VI
CONDITIONS CHIMIQUES DE LA FERTILITÉ DES TERRES ARABLES

178. Pour acquérir un haut degré de fertilité, les terres arables doivent avant tout être *amendées* chacune suivant ses besoins. Il faut ensuite les préparer à recevoir les plantes par

des opérations mécaniques *appropriées à leur nature*. Enfin il est nécessaire que le sol contienne des engrais en proportions suffisantes pour les besoins de l'alimentation des plantes qu'on lui confie. Les deux premières conditions de fertilité ont été examinées dans la première section de ce chapitre ; la troisième condition fera l'objet de cette seconde section.

179. Les matières qui servent à l'alimentation des plantes sont : 1° les engrais qui leur fournissent les éléments dont elles sont formées à leur maturité ; 2° les matières qui leur donnent des éléments qui ne font que passer dans la plante pendant la durée de son existence ; 3° les agents qui, dans le sol, servent à la décomposition des engrais.

Considérons d'abord les deux dernières catégories de corps.

I

ÉLÉMENTS DE PASSAGE DES PLANTES ET AGENTS DE LA DÉCOMPOSITION DES ENGRAIS

180. **Éléments de passage.** Les éléments de passage sont ceux qui, après être entrés dans la plante, en sortent pendant sa végétation. Tels sont le carbone, et les éléments de l'eau, oxygène et hydrogène.

Les feuilles et les parties vertes exhalent de l'acide carbonique pendant la nuit, de l'oxygène pendant le jour et de la vapeur d'eau jour et nuit. Les quantités de ces éléments qu'elles perdent ainsi sont incalculables ; mais l'agriculteur n'a pas à s'en préoccuper, car l'atmosphère est pour les plantes une source inépuisable d'acide carbonique, d'oxygène et d'eau.

181. **Agents de la décomposition des engrais.** Les matières qui concourent à la décomposition des engrais sont :

1° Les agents de la fermentation, savoir les matières azotées fermentescibles et des sels minéraux (phosphates et sels de chaux et de magnésie) ;

2° Les agents de la nitrification, savoir : des carbonates à base alcaline (potasse, soude, ammoniaque, chaux et magnésie).

L'eau et l'oxygène de l'air concourent à la fois aux nitrifications et à la fermentation.

Tous ces corps font partie des matières du sol qui fournissent les aliments fixes des plantes ; ces matières sont à la fois des engrais minéraux et des agents de la décomposition des engrais organiques.

182. **Conclusion.** Il résulte de là que le sol n'a pas besoin de

fournir aux plantes des matières autres que celles qui peuvent fournir les éléments organiques et minéraux trouvés dans les récoltes .

Il y a plus, il faut encore retrancher de ces matières celles que leur fournit l'atmosphère elle-même.

II
ÉLÉMENTS DES MATIÈRES VÉGÉTALES

183. Les plantes sont formées d'éléments organiques et d'éléments minéraux.

Les éléments *organiques* sont ceux qu'on rencontre surtout chez les êtres organisés (animaux et plantes). Ils ont pour caractère commun de brûler à l'air en se changeant en gaz et en vapeurs qui s'échappent dans l'atmosphère.

Les éléments *minéraux* des plantes sont des sels semblables à ceux dont sont formés les minéraux de la terre. Quand on brûle complétement une plante, ses éléments minéraux restent comme résidu et forment les cendres.

184. **Proportions de l'eau et des cendres dans les plantes agricoles.**

Expér. 68. Le maître prendra une matière végétale, par exemple des grains de blé réduits en farine. Il en prendra un poids exact de 10 gr.

69. Il les fera dessécher dans une étuve ou dans un four; la perte de poids sera le poids de l'eau.

70. Il les fera brûler dans une cuiller de fer chauffée à blanc; il aura directement le poids des cendres et par différence le poids des matières organiques.

Des expériences analogues aux précédentes, faites avec précision, ont démontré que les *proportions de l'eau* sont de 15 à 20 % dans les graines de céréales, et de 20 à 30 % dans leur paille. Elles sont de 70 à 80 % dans les prairies vertes, et de 80 à 90 % dans les racines fourragères. Les proportions des cendres pour 100 gr. des matières complétement desséchées varient de 2, 5 à 4 gr. pour les graines des céréales et de 4 à 7 gr. pour leurs feuilles ; de 6 à 8 gr. pour le foin des prairies ; de 4 à 6 gr. pour les racines.

185. **Nature des éléments organiques.**

Expér. 71. On chauffera fortement dans une capsule de porcelaine recouverte d'un entonnoir en verre, une matière végétale bien desséchée, de la fécule de pomme de terre par exemple.

On verra se former sur l'entonnoir de la rosée accusant la présence de l'eau et par suite l'existence de l'oxygène et de l'hydrogène dans la matière végétale ; du charbon restera comme résidu.

Les éléments organiques qu'on rencontre dans toutes les matières végétales sans exception sont le carbone, l'oxygène et l'hydrogène ; quelques-unes contiennent en outre de l'azote.

On reconnaît la présence de l'azote dans une matière organique par la formation du gaz ammoniac que fait naître sa calcination avec la chaux ou la potasse.

Fig. 4.

Exréa. 72. On prendra une matière azotée, du tabac ou de la farine par exemple ; on en fera une pâte avec de la chaux et on la chauffera fortement dans un tube de verre (fig. 4) recouvert d'un papier de tournesol rougi ou d'une fleur de violette. Le papier bleuit, ou la violette verdit, accusant la formation du gaz ammoniac et par suite la présence de l'azote dans la matière analysée.

186. Proportions des éléments organiques dans les principales plantes agricoles. Voici d'après M. Boussingault (1), les proportions du carbone, de l'oxygène, de l'hydrogène, de l'azote et des cendres dans 100 parties en poids des matières végétales préalablement desséchées.

PLANTES AGRICOLES	Carbone	Oxygène	Hydrogène	Azote	Cendres
Grains de blé	46,10	43,40	5,80	2,29	2,43
— seigle	46,35	44,21	5,38	2,25	2,37
— avoine	50,32	37,14	6,32	2,24	3,93
Pailles de blé	48,48	38,79	5,41	0,35	6,97
— seigle	49,98	40,56	5,58	0,30	3,63
— avoine	49,93	39,28	5,32	0,38	5,09
Tiges de topinambours..........	45,66	45,72	5,43	0,43	2,76
Foin de trèfle	47,53	37,96	4,69	2,06	7,76
Paille de pois	45,80	35,57	5,00	2,31	11,32
Graine de pois...............	46,06	40,53	6,09	3,80	3,14
Racines de betteraves	42,75	43,58	5,77	1,66	6,24
— navets............	42,80	42,40	5,54	1,68	7,58
Tubercules de pommes de terre .	43,72	44,88	6,00	1,50	3,96
— topinambours	43,02	43,56	5,91	1,57	5,94

(1) Gasparin. *Cours d'agriculture*, 1er vol., page 694.

187. Remarques. 1º Ces résultats nous montrent que le carbone, l'oxygène et l'hydrogène sont les éléments de beaucoup les plus abondants dans les plantes de toute espèce.

Les proportions de ces éléments varient peu même d'une espèce à l'autre ; il suffit donc de les connaître en général. Il est inutile pour la pratique agricole de les doser dans chaque espèce de plante.

188. 2º L'oxygène et l'hydrogène sont dans les plantes à peu près dans les proportions suivant lesquelles ils forment l'eau (8 d'oxygène pour 1 d'hydrogène). De sorte qu'on peut dire que la *plus grande masse des matières végétales se compose de carbone et des éléments de l'eau*.

189. 3º Les proportions de l'azote sont très-faibles.

4º Les proportions des sels minéraux sont également faibles, de sorte qu'on peut dire que *Dieu a fait les plantes avec du charbon, de l'eau, un peu de sels et des ferments azotés.*

190. 5º Quoiqu'en faibles proportions dans les plantes, les matières azotées et les sels minéraux sont les éléments qui jouent les rôles les plus importants dans leur alimentation et en particulier dans la décomposition des engrais.

Les proportions d'azote varient de 0,30 à 3,80. Les proportions de chacun des éléments (acides et bases) des sels végétaux varient dans des limites aussi considérables. C'est pourquoi il est utile, pour l'agriculteur, de doser l'azote des produits végétaux, de reconnaître la nature des acides et des bases de leurs cendres et d'en déterminer les proportions pour chaque espèce de plantes qu'il cultive ; mais ces essais exigent le talent d'un chimiste exercé et les ressources d'un laboratoire bien monté. Nous n'en parlerons pas ici.

191. Nature des cendres.

Les cendres des végétaux sont des *sels minéraux* dont les acides sont : les acides *carbonique, phosphorique, sulfurique, chlorhydrique* et *silicique ;* dont les bases sont la *potasse* et la *soude,* la *chaux* et la *magnésie, l'oxyde de fer* et *l'alumine.*

Les plantes agricoles ont été analysées avec le plus grand soin par les chimistes les plus habiles de France, d'Allemagne et d'Angleterre. Nous avons réuni dans le tableau suivant les résultats de leurs recherches ; ces nombres font foi dans la science agricole.

TABLEAU

DES PROPORTIONS DE L'AZOTE ET DES ÉLÉMENTS MINÉRAUX DANS LES PRODUITS DES PRINCIPALES PLANTES AGRICOLES

POIDS DES ÉLÉMENTS POUR 100 GRAMMES DE MATIÈRES SÈCHES·

			AZOTE	ÉLÉMENTS ACIDES			ÉLÉMENTS TERREUX		ÉLÉMENTS BASIQUES			
				ACIDE phospho-rique	ACIDE sulfuri-que	ACIDE chlorhy-drique	Silice	Oxyde de fer et alumine	ALCALIS-TERRES		ALCALIS	
									Magnésie	Chaux	Soude	Potasse
CÉRÉALES ET SARRAZIN.	GRAINES ALIMENTAIRES de l'homme et du bétail.	Blé	2,29	1,14	0,02	traces	0,03	»	0,30	0,07	traces	0,72
		Seigle	2,25	1,14	0,02	»	0,02	0,03	0,24	0,14	0,21	0,56
		Orge	2,02	0,98	0,01	»	0,48	0,03	0,15	0,04	0,21	0,66
		Avoine	2,00	0,59	0,04	0,02	2,12	0,05	0,31	0,15	»	0,51
		Maïs	2,00	1,38	0,03	traces	0,02	traces	0,16	0,02	»	0,33
		Sarrazin	2,40	0,78	0,02	0,01	0,25	0,02	0,15	0,12	0,20	0,10
		Moyenne	2,16	1,00	0,02	0,005	0,48	0,02	0,23	0,09	0,10	0,48
	PAILLES pour litières.	Blé	0,35	0,22	0,07	0,04	4,71	0,07	0,34	0,59	0,02	0,64
		Seigle	0,30	0,03	0,17	0,02	2,30	0,02	»	0,18	0,11	0,32
		Orge	0,30	0,06	0,12	0,07	3,85	0,18	0,07	0,55	0,05	0,18
		Avoine	0,38	0,16	0,22	0,25	2,08	0,11	0,16	0,44	0,22	0,97
		Maïs	0,24	0,45	0,05	0,13	2,19	0,06	0,53	0,63	0,84	0,74
		Sarrazin	0,54	0,29	0,22	0,09	0,14	0,07	1,29	0,70	0,06	0,34
		Moyenne	0,35	0,20	0,14	0,10	2,54	0,08	0,47	0,52	0,21	0,53
LÉGUMINEUSES	GRAINES. Aliments de l'homme	Fèves	5,50	1,06	0,05	0,02	0,02	»	0,27	0,16	»	1,42
		Lentilles	4,40	0,87	traces	0,10	0,03	0,05	0,06	0,15	0,32	0,83
	GRAINES. Aliments du bétail.	Pois	3,80	0,94	0,15	0,03	0,05	traces	0,37	0,31	0,08	1,11
		Vesces	5,13	1,15	0,12	0,04	0,04	traces	0,25	0,14	0,03	0,91
		Moyenne	4,70	1,00	0,08	0,04	0,03	0,01	0,23	0,19	0,10	1,06
	FANES. Litières.	Fèves	2,31	0,23	0,04	0,08	0,22	0,02	0,21	0,64	»	1,75
		Lentilles	1,18	0,37	0,03	0,04	0,53	0,03	0,16	1,57	0,03	0,52
	FANES. Aliments du bétail.	Pois	2,10	0,52	0,14	0,01	1,20	0,18	0,75	2,00	traces	0,52
		Vesces	1,20	0,27	0,12	0,08	0,44	0,03	0,32	1,92	0,05	1,77
		Moyenne	1,69	0,34	0,08	0,05	0,59	0,06	0,36	1,53	0,02	1,14
	FOIN. Aliments du bétail.	Sainfoin	2,00	1,80	0,12	0,14	0,08	0,23	0,61	2,23	0,46	1,48
		Luzerne	2,35	1,00	0,31	0,23	0,26	0,02	0,27	3,73	0,47	0,94
		Trèfle	2,06	0,49	0,19	0,20	0,41	0,02	0,49	1,92	0,04	2,07
		Moyenne	2,13	1,09	0,20	0,19	0,25	0,09	0,44	2,62	0,32	1,49
FOURRAGES RACINES	TUBERCULES ou RACINES. Aliments du bétail.	Pom. de terre	1,50	0,44	0,28	0,10	0,22	0,02	0,21	0,07	traces	2,01
		Topinambours	1,57	0,64	0,13	0,09	0,77	0,31	0,11	0,14	traces	2,64
		Betteraves	1,66	0,37	0,10	0,32	0,50	0,16	0,27	0,44	0,37	2,43
		Moyenne	1,57	0,48	0,17	0,17	0,49	0,16	0,19	0,21	0,12	2,36
Fumier normal d'après M. Boussingault			2,00	0,966	0,612	0,193	3,00	1,964	1,159	2,769	0,300	2,212

192. Remarque. Il ne faut pas considérer les nombres du tableau comme représentant la composition invariable des matières végétales. En effet, les proportions des éléments des plantes agricoles dépendent de la nature et de la composition du terrain qui les a nourries; elles dépendent même, chaque année, de l'abondance et de la valeur de la récolte dont la réussite est elle-même subordonnée à l'influence des conditions météorologiques des saisons.

Cependant, ces résultats sont utiles à consulter, car ils font connaître en moyenne, et comparativement, la composition chimique des divers produits agricoles, des grains, des foins, des pailles et des racines alimentaires. Ce sont les bases les plus solides qu'on puisse prendre pour calculer (Voyez section iv) les poids des différents éléments que les terres arables doivent fournir aux plantes et qu'il faut, par conséquent, leur restituer pour entretenir la fertilité du sol.

Pour faciliter la solution de cette dernière question, nous avons ajouté au tableau la composition des fumiers d'après M. Boussingault.

III

ALIMENTS FOURNIS AUX PLANTES PAR L'ATMOSPHÈRE

193. L'air atmosphérique sec et pur est formé : en volumes de 79, 2 d'azote et 20, 8 d'oxygène; en poids de 77 d'azote et 23 d'oxygène.

L'air des couches inférieures de l'atmosphère contient en outre de 1, 5 à 3 % en poids de vapeur d'eau, suivant son degré d'humidité, de 6 à 8 dix-millièmes en poids de gaz acide carbonique et des traces sensibles de sels ammoniacaux et nitrates. Ces différents éléments contribuent, les uns directement, les autres indirectement, à la nutrition des plantes.

194. Rôles de l'acide carbonique de l'atmosphère. Pendant le jour, l'acide carbonique de l'air pénètre dans les feuilles, y est décomposé, et son carbone entre dans la composition de la sève élaborée ; c'est le phénomène de la nutrition des plantes dans l'air atmosphérique.

L'atmosphère peut ainsi fournir aux plantes des quantités indéfinies de carbone, car l'acide carbonique qu'il perd dans cet acte est remplacé par celui que produit la respiration des

animaux de toute. espèce, et par celui qui provient de la décomposition des matières organiques elles-mêmes.

Les plantes pourraient donc puiser dans l'atmosphère tout le
carbone dont elles ont besoin, sans avoir recours à celui que
contient le sol.

195. Rôle de l'acide carbonique du sol. L'acide carbonique
produit dans la décomposition des engrais, est toujours abondant dans les terres arables ; la plus grande partie se dégage
dans l'air où il est pris par les feuilles ; le reste se dissout dans
l'eau de pluie, et pénètre à cet état dans la plante. Grâce à
cet acide carbonique, l'eau de pluie peut dissoudre les sels calcaires, carbonates et phosphates, et les faire pénétrer dans la
plante.

196. Rôles de l'oxygène. 1° L'air pénètre à l'intérieur des
feuilles, et là son oxygène concourt activement à l'élaboration
de la sève qui va nourrir toutes les parties de la plante ;

2° L'oxygène de l'air agit encore sur les matières organiques
du sol dans la nitrification de l'ammoniaque et des matières azotées ; c'est l'élément essentiel des nitrates

3° L'oxygène est aussi l'agent de toutes les fermentations des
engrais, c'est pour cette double raison que l'aération du sol
par les labours et par les autres opérations mécaniques de l'agriculture est une des principales conditions de la fertilisation des
terres arables.

197. Rôles de la vapeur d'eau. La vapeur d'eau se forme en
nuages et les nuages se résolvent en pluies. L'eau de pluie est un
agent nécessaire de la végétation.

1° Elle décompose les engrais organiques ; 2° dans ce travail
elle fournit sa substance elle-même, c'est à dire son oxygène et
son hydrogène ; 3° l'eau dissout l'humus produit dans la décomposition des engrais ; elle dissout aussi les sels solubles de la
terre ; 4° elle est absorbée par les racines et fait pénétrer avec
elle dans la plante l'humus et les sels qu'elle a dissous.

L'atmosphère est la source unique de l'eau qui sert à la végétation, le sol la reçoit directement des pluies, indirectement
des sources souterraines et des rivières.

198. Rôles de l'azote atmosphérique. L'azote de l'air n'est pas
assimilé par les plantes, cet élément ne peut, quand il est isolé,
servir à l'alimentation végétale. M. Boussingault a, par les expériences les plus complètes, démontré péremptoirement que les

légumineuses elles-mêmes, les pois et les trèfles, qui sont riches en matières azotées, n'ont pas plus que les céréales le pouvoir d'assimiler l'azote de l'air atmosphérique.

L'azote de l'air intervient dans la végétation, mais indirectement. M. Boussingault et M. Barral ont trouvé de notables quantités d'azotate d'ammoniaque dans l'eau des pluies d'orage et de la grêle, dans l'eau des pluies ordinaires et de la neige, dans la rosée et dans les brouillards.

Ces eaux, répandues dans le sol arable, l'enrichissent ainsi d'azote assimilable par les plantes.

.D'après M. Barral (1), on peut estimer à 20 kil. par hectare et par an la quantité d'azote d'origine atmosphérique, que les eaux pluviales donnent aux terres arables. C'est autant à retrancher de la quantité d'azote que doivent leur fournir les engrais du sol.

199. **Composés azotés de l'atmosphère.** Les composés azotés qu'on trouve dans l'atmosphère sont des nitrates et des sels ammoniacaux. Le plus important est le nitrate d'ammoniaque.

A ce sel se joignent dans la couche inférieure de l'atmosphère, du carbonate et de l'acétate d'ammoniaque (2) qui se dégagent sans cesse des engrais en décomposition.

M. Boussingault, et après lui M. Ville, ont démontré que ces composés de l'azote sont absorbés directement par les feuilles. Les légumineuses absorbent les vapeurs ammoniacales en quantités beaucoup plus grandes que les céréales.

On peut estimer à 7 kilog. seulement le poids de l'azote provenant des nitrates atmosphériques que les plantes assimilent directement; ce qui porte à 27 kil., par hectare et par an, la quantité d'azote que les plantes peuvent tirer de l'atmosphère.

200. **Présence des sels dans l'atmosphère.** Enfin il est possible que l'eau qui s'évapore des mers et des terres contienne des sels minéraux (carbonates, silicates, sulfates, phosphates et chlorures à bases de potasse, de soude, de chaux, de magnésie, d'alumine et d'oxyde de fer) en suspension ou en dissolution dans l'eau liquide que la vapeur entraîne; mais ces sels sont en proportions tellement faibles qu'on n'a pas pu jusqu'ici les doser, ni même reconnaître avec certitude leur genre

---

(1) GASPARIN. *Cours d'agriculture*, tome VI, page 101.
(2) GASPARIN. *Cours d'agriculture*, tome VI, page 37.

et leur espèce. Il est sage, en conséquence, de raisonner comme si l'atmosphère ne fournissait aucun de ces sels aux plantes, ni directement ni indirectement.

201. Éléments fournis par l'atmosphère. En résumé, l'atmosphère peut fournir aux plantes tout l'oxygène, tout le carbone, toute l'eau dont elles ont besoin ; il fournit en outre à la végétation environ 27 kil. d'azote par hectare et par an.

Le sol arable doit fournir pour sa part le *complément d'azote nécessaire et tous les sels minéraux.*

IV

ÉLÉMENTS FOURNIS PAR LA TERRE

202. Quantités à fournir. La terre fournit concurremment avec l'atmosphère le carbone, l'oxygène et l'hydrogène qui proviennent de la décomposition des engrais.

Elle doit fournir seule une partie de l'azote et tous les sels minéraux qui se trouveront dans les récoltes qu'elle nourrit.

Les quantités d'azote et de chacun des éléments acides et basiques que les récoltes enlèvent aux terres arables dépendent do la nature des plantes cultivées. Les nombres du tableau (page 50) vont nous servir à calculer le poids de l'azote et des éléments minéraux enlevés au sol d'un hectare par les différentes espèces de récoltes.

Ces quantités dépendent aussi des rendements ; elles sont sensiblement proportionnelles aux poids des grains, des pailles, des foins, des fanes ou des racines récoltés (1).

Nous ferons ces calculs en supposant les rendements indiqués dans la deuxième colonne du tableau suivant (page 56).

204. Principe des proportions des éléments de fertilité. La terre arable doit fournir aux plantes cultivées les poids de l'azote et des éléments minéraux inscrits au tableau (page 56). Mais pour leur donner ces éléments, il ne suffirait pas que la terre possédât seulement ces quantités, car les racines quelque ramifiées qu'elles soient, ne peuvent absorber toutes les matières fertilisantes qui se trouvent dans une terre. Il faut donc que le sol arable contienne des proportions d'azote , de

---

(1) Il faudrait faire un calcul pour chaque cas particulier si on voulait connaître avec précision ce que les récoltes prennent à la terre, et ce qu'il faut par suite lui rendre en engrais. C'est impossible ici, mais il est nécessaire de le faire pour des rendements moyens afin d'en déduire le poids d'engrais à employer pour la culture des diverses espèces de plantes.

203. Tableau des poids d'azote et des éléments minéraux enlevés aux terres arables par les récoltes (calcul pour un hectare).

ÉLÉMENTS MINÉRAUX

	RENDEMENT en kil. de MATIÈRES SÈCHES		AZOTE en kil. (1)	ACIDES			TERREUX		BASIQUES			
				Phospho-rique	Sulfuri-que	Chlorhy-drique	Silice	Oxyde de fer et alumine	Magnésie	Chaux	Soude	Potasse
CÉRÉALES ET SARRASIN												
Blé	grain	1400 k	13,4	21,1	2,0	1,0	114,1	1,7	13,6	15,1	0,5	25,4
	paille	2400										
Seigle	grain	1300	14,0	16,1	6,9	0,8	89,7	1,0	3,1	8,8	7,0	19,7
	paille	3900										
Orge	grain	1500	12,3	17,5	3,7	2,1	122,7	5,8	4,3	17,1	3,3	13,8
	paille	3000										
Avoine	grain	1400	12,4	11,6	5,2	5,5	73,4	2,9	7,7	11,3	6,6	36,2
	paille	3000										
Maïs	grain	2700	34,9	52.1	2,5	4,3	72,8	2,0	21,8	23,0	27,7	33,3
	paille	3300										
Sarrasin	grain	900	2,1	10,6	2,8	1,2	4,0	1,0	16,8	9,5	2,3	5,2
	paille	1200										
LÉGUMINEUSES A GRAINES												
Fèves	grain	2400 k	158,1	30,7	2,1	2,3	5,5	0,3	11,3	18,6	»»	74,3
	fanes	2300										
Lentilles	grain	1000	35,9	14,6	0,5	1,6	8,8	1,0	3,2	26,6	3,7	16,6
	fanes	1600										
Pois	grain	1000	84,5	27,5	6,4	0,6	42,5	5,3	29,9	73,1	0,8	29,2
	fanes	3500										
Vesces	grain	1000	57,9	19,1	3,6	2,6	3,9	0,8	11,5	55,2	1,7	41,0
	fanes	2800										
PRAIRIES ARTIFICIELLES												
Sainfoin		5000 k	73,0	90,0	6,0	7,0	4,0	11,5	30,5	111,5	23,0	74,0
Luzerne		7000	137,5	70,0	21,7	16,1	18,2	1,4	18,9	261,1	33,9	65,8
Trèfle		6000	96,6	29,4	11,4	12,0	24,6	1,2	29,4	115,2	2,4	124,2
RACINES												
Pommes de terre		5000 k	48,0	22,0	14,0	5,0	11,0	1,0	10,5	3,5	traces	100,5
Topinambours		6200	70,3	39,6	8,1	5,6	47,7	19,2	6,8	8,7	traces	163,7
Betteraves		6000	72.6	22,2	6,0	19,2	30,0	9,6	16,2	26,4	22,2	145,8

(1) On a retranché 27 kil. du poids total d'azote contenu dans la récolte. La différence inscrite dans la colonne exprime le poids d'azote fourni par le sol.

phosphates et de chaque élément minéral, beaucoup plus grandes que celles que les plantes doivent puiser. Les agronomes n'ont pas encore déterminé ces *proportions* avec précision. Cependant on sait déjà que pour qu'une terre arable atteigne son maximum de fertilité, il faut qu'elle contienne, d'après M. Paul de Gasparin, au moins 5 dix-millièmes de son poids d'acide phosphorique et probablement autant de potasse; et, d'après M. Masure, au moins 1 millième d'azote et 2 centièmes de calcaire pulvérulent (1).

205. **Amélioration des terres arables par les excédants d'engrais.** D'après ces bases, toutes les fois qu'un sol arable contiendra moins de 0,001 (1 millième de son poids) d'azote et moins de 0,0005 de chaque élément minéral, acide phosphorique, potasse, etc., *on augmentera la fertilité* de la terre en lui donnant des engrais qui contiennent ces éléments en quantités plus grandes que celles que pourront lui prendre les plantes qu'on y cultivera.

L'excédant s'ajoutera au fonds de réserve du sol et élèvera son degré de fertilité Lorsque, par suite de ce régime améliorant, le sol possédera chaque élément de fertilisation en quantité suffisante, on se contentera *d'entretenir sa fertilité* en lui restituant exactement, mais sans excès, les éléments que la végétation lui fait perdre (§ 207.)

206. **Utilité de l'analyse chimique des terres arables.** L'analyse chimique des terres a pour but de déterminer les proportions des éléments des matières alimentaires qu'elle contient, afin de savoir si elles sont en quantité suffisante pour les besoins de la végétation, c'est-à-dire si elles ont au moins 0,001 d'azote, au moins 0, 02 de calcaire pulvérulent, au moins 0,0005 d'acide phosphorique et de chaque élément minéral important.

Ces expériences sont du ressort de la chimie pure.

207. **Entretien de la fertilité des terres arables par la restitution des engrais.** Lorsqu'une terre est naturellement fertile ou qu'elle a pu atteindre son maximum de fertilité par l'apport des suppléments d'engrais qui lui manquent (§ 205), il ne reste plus qu'à entretenir sa fertilité en lui restituant tous les éléments de fertilité que les récoltes lui font perdre.

_____

(1) Cette proportion de calcaire peut paraître au premier abord très-considérable ; il faut songer que cet élément n'agit pas seulement comme engrais, mais encore comme amendement physique et comme amendement chimique.

Cette restitution se fait au moyen du fumier et des engrais organiques ou minéraux. D'une part le tableau (§ 203) fait connaître, pour les principales espèces de plantes de grande culture, les poids des éléments pris par les récoltes qu'on doit faire; d'autre part (§ 215) on connaît la composition des engrais que l'on emploie; on calcule en conséquence les quantités d'engrais à employer pour faire au sol une restitution complète. Il est clair que c'est, pour l'agriculteur, un calcul à faire dans chaque cas particulier. Nous en donnerons des exemples dans le chapitre xiv, en traitant la question des assolements.

CHAPITRE VII

DU FUMIER ET DES ENGRAIS

I

DU FUMIER DE FERME

208. On appelle *engrais* en agriculture toute matière qui, enfouie dans le sol, peut fournir aux plantes les éléments organiques ou minéraux dont elles sont formées.

Le plus important de tous les engrais est le fumier de ferme.

209. **Fabrication du fumier.**

Excurs. 29. Le maître conduira ses élèves à la ferme la plus voisine et leur montrera comment on y fait les fumiers.

On met sous les animaux les longues pailles des céréales. Quand cette litière est salie, on la réunit en tas.

On peut se servir aussi comme litière des tiges d'autres plantes, colza, sarrasin, etc., et toute autre matière végétale assez flexible pour que les animaux puissent s'y coucher et assez spongieuse pour absorber leurs urines.

210. **Principes de la bonne confection des fumiers.** Les tas du fumier doivent subir un commencement de fermentation.

Cette fermentation est favorisée par l'humidité et par la chaleur; une aération excessive serait nuisible aux fumiers de ferme; aussi doit-on les tasser assez fortement pour que l'air ne pénètre pas librement dans la masse.

On obtient ce résultat en étalant bien le fumier dans la cour et en faisant passer les animaux sur le tas.

211. Arrosage des fumiers. Dans un fumier bien tassé la fermentation suffit pour entretenir un degré de chaleur convenable; l'humidité seule peut être insuffisante; pour y remédier on doit, en temps de sécheresse, arroser le fumier avec du purin ou de l'eau.

A côté du tas doit être disposée une fosse étanche destinée à recevoir les eaux qui pourraient s'écouler du tas. Ce jus de fumier s'appelle *purin*.

212. Conservation des produits utiles des fumiers. Deux causes peuvent faire perdre au fumier ses produits utiles, la sécheresse extrême ou les pluies trop abondantes.

1° En temps de sécheresse la chaleur fait dégager du fumier des gaz ammoniacaux; cette perte est faible si le fumier est bien tassé, on l'atténue encore en arrosant le tas.

2° En temps de grande pluie, le fumier est lavé et quelquefois on voit couler son jus en dehors de la cour à fumier.

On diminue cette perte en empêchant la pluie, qui tombe des toits voisins, d'arriver au fumier ; il suffit pour cela d'entourer la fosse à fumier d'un petit talus qui empêche les eaux d'égout d'y pénétrer.

Enfin on prévient la perte du jus de fumier en le recueillant dans la fosse à purin.

213. Emploi des fumiers.

Excurs. 30. Le maître conduira ses élèves dans un champ au moment des fumures. Il leur fera écarter quelques tas de fumier.

Expér. 73. Il leur montrera la profondeur à laquelle le fumier est enterré en fouillant la terre où la charrue a déjà passé pour enterrer le fumier.

Quand le fumier est fait, c'est-à-dire en bon état de fermentation, il est conduit aux champs et déposé en petits tas.

Le fumier est ensuite écarté de manière à couvrir aussi régulièrement que possible la surface du champ. Enfin on l'enterre par un labour ordinaire.

Il est important d'enterrer le fumier le plus tôt possible. En effet, la sécheresse ferait évaporer une partie des gaz ammoniacaux ; les pluies abondantes feraient sortir de la masse les matières sucrées et salines et ce fumier lavé fermenterait plus difficilement dans la terre.

214. Nature du fumier. Le fumier se compose : 1° des matières végétales qui ont servi de litières, 2° des déjections des animaux. A la ferme, il a subi en tas une première fermentation dont l'avantage principal est de développer les ferments nécessaires aux décompositions qui doivent avoir |lieu dans le sol arable.

215. Composition chimique élémentaire des fumiers.

Tous les fumiers contiennent les mêmes éléments organiques et minéraux, mais les proportions de ces éléments varient avec la nature et l'abondance des litières, et avec l'espèce et le régime des animaux qui ont sali ces litières.

Le fumier pris pour type par M. Boussingault contient 79, 3 % d'eau, et 100 parties en poids de matières sèches renferment 35, 8 de carbone, 25, 8 d'oxygène, 4, 2 d'hydrogène. Les proportions d'azote et des éléments minéraux sont celles que nous avons inscrites au tableau (page 50).

216. Importance du fumier dans l'économie agricole. Le fumier a trois avantages principaux sur les autres engrais :

1° Il peut à lui seul suffire à l'alimentation végétale, si on l'emploie en quantité suffisante; car il contient en proportions convenables l'azote et les sels minéraux dont les plantes agricoles ont besoin.

2° Il agit en outre par son carbone, son oxygène et son hydrogène. Ces éléments en effet forment les matières sucrées et gommeuses qui sont les principes organiques de l'humus. Ces principes contribuent à rendre solubles la silice, les phosphates et la plupart des sels de chaux et de magnésie.

3° Le fumier se décompose lentement, au fur et à mesure des besoins de la végétation; il peut servir pendant plusieurs années sans pertes sensibles.

Pour ces raisons, le fumier est la base fondamentale de toute bonne culture.

217. Insuffisance des fumiers — nécessité des engrais autres que le fumier. Le fumier est insuffisant quand on n'en a pas assez pour fumer convenablement tous les champs ensemencés. Dans ce cas il faut y suppléer par l'emploi d'autres engrais convenablement choisis.

Le fumier peut être encore insuffisant pour les cultures spéciales. Supposons, par exemple, qu'un agriculteur veuille cultiver des betteraves. Cette racine contient des proportions de potasse très-fortes; il en résulte que le fumier de ferme pourra fournir assez d'azote, de phosphates et de sels de chaux, mais il n'aura pas assez de potasse pour les besoins de ces racines. Il faut dans ce cas, ajouter au fumier des engrais riches en potasse tels que des cendres ou des charrées.

En général, les engrais qui contiennent en fortes proportions un des éléments de fertilité, potasse, chaux ou magnésie, phosphates, sulfates ou chlorures, ont pour rôle principal de donner au fumier l'élément qui pourrait lui faire défaut pour les besoins particuliers des espèces cultivées.

218. Engrais autres que le fumier (1). Les engrais autres que le fumier peuvent être divisés en trois groupes.

1° Les engrais animaux comprenant les déjections et les extraits ou issues des animaux.

2° Les engrais végétaux formés de matières provenant des plantes.

3° Les engrais minéraux extraits directement de la terre ou préparés artificiellement.

II

ENGRAIS ANIMAUX

219. Déjections de l'homme. Gadoues. Les vidanges des villes allongées d'eau et fermentées sont employées en Flandre sous le nom de *Gadoue*.

Poudrettes. Les matières solides des vidanges, débarrassées des liquides et désinfectées, sont livrées à l'agriculture sous le nom de poudrettes.

220. Déjections des bestiaux. Elles servent plus souvent à faire le fumier, cependant quelquefois on les emploie seules.

Lisier suisse. Les Suisses lavent les litières des animaux pour faire servir plusieurs fois la paille. Les eaux de lavage fermentées servent d'engrais aux prés sous le nom de lisier.

Parcage. Les troupeaux de moutons qui couchent aux champs, engraissent les champs de leurs déjections.

221. Déjections des oiseaux. On emploie en agriculture la poulaite, déjection des poules, et la colombine, déjection des pigeons.

222. Guano du Pérou. Guanos artificiels. Les guanos naturels sont des amas d'anciennes déjections d'oiseaux. Nous en recevons d'Amérique des quantités considérables. On fabrique, sous le nom de guanos, des engrais composés de matières animales de provenances diverses.

223. Issues et extraits d'animaux. On emploie encore en

(1) Nous donnons à la fin de ce chapitre, le tableau des équivalents des engrais par rapport au fumier de ferme.

agriculture le sang des abattoirs et les résidus de boucherie, les cornes de cheval recueillies par les maréchaux, les débris de vieux cuirs, les déchets de laine et une foule d'autres matières d'origine animale.

224. Remarque. Le noir animal provenant de la calcination des os des animaux doit être considéré comme un engrais minéral (voy. sect. IV). Il en est de même des sels de morue et des coquilles d'huîtres et autres mollusques.

225. Nature chimique des engrais animaux. Les engrais animaux sont généralement riches en azote et en phosphates.

Ils se nitrifient et fermentent rapidement. Cette décomposition rapide entraîne celle du terreau. Le fonds de réserve du sol se trouve ainsi diminué sous leur influence.

Leurs inconvénients sont de durer peu de temps et d'épuiser les engrais accumulés dans les terres. On doit en conséquence leur faire succéder le fumier ou tout autre engrais végétal. Il ne faut pas, par exemple, faire parquer deux fois de suite le même champ, ni donner deux guanos de suite à la même terre.

226. Emploi des engrais animaux.

EXCURS. 31, 32 et 33. Le maître montrera sur place à ses élèves :
    1o les opérations de l'arrosage des prés ;
    2o les semailles de poudrette ou de guano ;
    3o il leur expliquera les opérations du parcage.

Les engrais liquides sont donnés par arrosage.

Le guano, les poudrettes et tous les engrais en poudre sont semés à la main ou au semoir. On les mélange à la terre par un ou deux coups de herse et on les enterre par un labour léger.

On doit autant que possible choisir un temps humide.

Les débris de cuir et de laine et ceux qui sont d'une décomposition lente doivent être mêlés aux fumiers ou aux composts.

III

ENGRAIS VÉGÉTAUX

227. Les longues pailles des céréales, blé, seigle, avoine et orge, sont employées comme litière et servent à faire le fumier. On peut y joindre les pailles des légumineuses qui ont donné leurs graines, les fanes de sarrasin, de colza, etc. (voy. fumier).

228. Composts.

EXCURS. 34. Le maître ira voir avec ses élèves les composts des fermes voisines, et donnera des explications sur leur confection.

On emploie à faire des composts les balles ou menues pailles de blé, de seigle, de légumineuses à graines, les feuilles des arbres, les sarments de vigne, les résidus de racines et de mauvaises herbes, les sciures de bois, etc., etc.

Ces matières sont trop menues ou trop dures pour être mises en fumier. On les entasse dans des fosses peu profondes, on y mêle des boues de routes, des curures de mares et de fossés, de la chaux éteinte, des cendres de foyer. On jette sur le tas les eaux de vaisselle, les urines, les débris de la cuisine et tout ce qui n'est bon qu'à faire de l'engrais. Après quelques mois de fermentation, le compost peut être mené aux champs.

229. **Engrais verts.** On appelle ainsi les plantes qu'on enterre en vert. Ainsi pour rajeunir un sol épuisé, on y sème du trèfle et quand la plante est sur le point de fleurir, au lieu de faucher ou de faire paître la récolte, on l'enterre à la charrue.

On restitue ainsi au sol les éléments qu'il a fournis aux plantes et on les restitue à l'état d'une matière organique jeune, et d'une décomposition très-facile.

Ce n'est pas tout, on enrichit la terre arable des éléments que l'atmosphère a elle-même fournis à ces plantes.

230. **Résidus industriels.** On emploie encore comme engrais en agriculture, les tourteaux du colza et des autres graines oléagineuses; les marcs de poires, de pommes et de raisins; les résidus des brasseries, les pulpes des distilleries, etc.

Les tourteaux, marcs, pulpes, etc., sont desséchés et réduits en poudre; on peut les employer isolément comme les guanos, ou bien les mélanger au fumier.

231. **Nature chimique des engrais végétaux.** Les matières végétales qui entrent dans la composition des fumiers et des composts, et les plantes enfouies en vert sont formées des mêmes éléments organiques et minéraux que les plantes agricoles dont elles proviennent. Ce sont, comme les fumiers, des engrais complets; ils ont donc un avantage marqué sur les engrais qui ne contiennent qu'une partie des principes utiles aux plantes.

IV

ENGRAIS MINÉRAUX — ENGRAIS CHIMIQUES — LEURS AVANTAGES
LEURS INCONVÉNIENTS

232. **Engrais salins d'origine organique.** Les engrais minéraux peuvent être des sels retirés des produits organiques tels que les phosphates des os, les cendres des végétaux, etc.

Ce sont des engrais minéraux très-importants, surtout les cendres qui contiennent tous les sels végétaux.

233. Engrais minéraux géologiques. Quelques sels extraits de la terre peuvent aussi servir d'engrais; tels sont les phosphates fossiles, le plâtre, la marne, etc.

234. Engrais chimiques. Tous les produits chimiques qui contiennent un ou plusieurs des acides ou des bases qu'on trouve dans les matières végétales peuvent être employés comme engrais, tels sont les phosphates, sulfates, chlorures et silicates à bases de potasse ou de soude, de chaux ou de magnésie, d'oxyde de fer ou d'alumine.

235. Sels ammoniacaux. Les azotates et les sels ammoniacaux sont les engrais chimiques les plus importants, à cause de l'azote assimilable qu'ils fournissent aux plantes. L'agriculture emploie principalement : le chlorhydrate ou sel ammoniac, le sulfate d'ammoniaque, et le phosphate d'ammoniaque qu'on emploie surtout à l'état de phosphate d'ammoniaque et de magnésie.

Le nitrate d'ammoniaque produit dans l'atmosphère, surtout dans les orages, est une des sources d'azote les plus importantes.

Le carbonate d'ammoniaque produit de la décomposition des matières azotées, est un des éléments les plus actifs des fumiers.

236. Azotates ou nitrates. On peut employer comme engrais: le nitrate de potasse ou salpêtre, le nitrate de soude, le nitrate d'ammoniaque (indiqué plus haut), et le nitrate de chaux.

Ces sels sont des engrais importants, cependant il est rare qu'on les emploie isolément, à l'exception toutefois du nitrate de soude que l'Amérique expédie en quantités considérables; ces sels sont les produits de la nitrification des matières azotées au sein des terres arables. Ils sont à ce titre des éléments de fertilisation d'une importance capitale.

237. Phosphates. Le plus important comme engrais est le phosphate de chaux dont les principales variétés sont le noir animal et les phosphates fossiles.

On pourrait employer aussi les phosphates de potasse et de soude, et le phosphate ammoniaco-magnésien.

Les phosphates sont des engrais importants pour toutes les plantes agricoles, et spécialement pour les légumineuses à graines, les prairies artificielles et les céréales.

238. Sulfates. On peut employer comme engrais les sulfates d'ammoniaque, de potasse, de soude, de chaux, de magnésie et de fer. On s'est servi quelquefois aussi de l'acide sulfurique étendu d'eau.

Le sulfate de chaux ou plâtre produit de bons effets dans la culture des prairies artificielles; l'illustre Franklin l'a montré.

C'est surtout par leur base (ammoniaque, potasse ou chaux) que les sulfates agissent comme engrais. Les sulfates sont en effet peu abondants dans les plantes.

239. **Chlorures.** Les seuls chlorures dont on ait fait usage jusqu'ici en agriculture, sont le chlorhydrate d'ammoniaque et le chlorure de sodium ou *sel marin*.

Le sel marin pur n'est pas employé en grand ; on emploie de préférence les sels de harengs ou de morues qui, contenant des matières azotées, agissent à la fois par leur chlorure et par leur azote. Le sel agit en favorisant la nitrification ; il agit en outre sur le fumier en attaquant les débris végétaux qui s'y trouvent, et en préparant ainsi leur décomposition. Il ne doit jamais être employé en fortes proportions ; car alors il nuirait à la végétation.

Les chlorures ont peu d'importance comme engrais, car le chlore n'est pas abondant dans les matières végétales.

240. **Silicates.** On peut employer comme engrais riches en silice, les schistes argileux et les feldspaths naturels, les résidus des fourneaux de forge, et toutes les matières riches en silicates alcalins. On les pulvérise et on les mélange aux terres arables.

241. **Sels de potasse.** L'azotate, le sulfate, le phosphate et surtout le carbonate de potasse, peuvent être employés comme engrais. Le carbonate de potasse est l'élément principal des cendres et des charrées, qui par suite sont des engrais de potasse très-importants.

242. **Sels de soude.** Les sels de soude qui peuvent servir d'engrais sont l'azotate, le sulfate, le chlorure et le carbonate.

L'azotate de soude d'Amérique, les sels de morue et de harengs, et les cendres des plantes marines riches en carbonate de soude, sont les engrais de soude les plus employés.

Ils ont peu d'importance, parce que la soude est très-peu abondante dans la plupart des plantes.

243. **Sels de chaux.** Les sels de chaux qui peuvent servir à l'alimentation des plantes sont le carbonate, le phosphate et le sulfate. Quand le sol ne les contient pas en quantité suffisante on doit les fournir par les amendements, tels que les marnes et les chaux, le noir animal et les phosphates fossiles.

Le plâtre est employé spécialement pour activer la végétation des prairies artificielles.

244. Sels de magnésie. La magnésie est, après la potasse et la chaux, la base la plus utile aux plantes. Les sels de magnésie, qui existent dans les calcaires et dans les argiles des terres arables, suffisent ordinairement pour fournir aux plantes cet élément.

Le seul engrais spécial de magnésie qu'on ait essayé est le phosphate ammoniaco-magnésien; ses effets sur la végétation ont été si remarquables, qu'aux yeux des agronomes il sera l'engrais chimique le plus important quand on saura le préparer économiquement. On espère utiliser pour cette préparation les eaux vannes des vidanges des grandes villes.

245. Sels de fer et d'alumine. On a employé comme engrais la couperose ou sulfate de fer et l'alun ou sulfate d'alumine et de potasse.

Ils ont peu d'importance, car l'oxyde de fer et l'alumine sont en très-faibles proportions dans les matières végétales.

246. Emploi exclusif des engrais minéraux. Dans ces dernières années, un professeur, M. G. Ville, a recommandé d'employer les engrais chimiques en les mélangeant ensemble de manière à donner au sol arable les sels minéraux nécessaires aux plantes que l'on veut cultiver.

Ainsi, pour le blé, il prescrit d'employer un mélange de 400 kil. de phosphate de chaux, 200 kil. de nitrate de potasse, 250 kil. de sulfate d'ammoniaque et 350 kil. de sulfate de chaux.

Il qualifie ce mélange d'*engrais complet*, parce qu'il contient des poids d'azote, d'acide phosphorique, d'acide sulfurique, de potasse et de chaux, au moins égaux à ceux que contient une bonne récolte de blé. Ce système a des avantages et des inconvénients qu'il importe de comprendre.

247. Inconvénients. 1° Les engrais chimiques recommandés par M. Ville, ne contiennent ni chlore, ni silice, ni magnésie, ni oxyde de fer, ni alumine. Cet inconvénient est grave dans les sols qui sont pauvres en alumine et en silice assimilables, ou qui n'ont pas assez de magnésie, de chlore ou de sels de fer solubles; mais il est nul dans les terres qui contiennent des quantités suffisantes de ces principes.

2° Le plus grave inconvénient de l'emploi exclusif des engrais chimiques est d'épuiser la richesse foncière du sol en engrais organiques. Le terreau disparaît rapidement, ~~de sorte qu'au~~

Les sols en renferment toujours assez.

bout de huit ou dix ans d'un pareil régime, la terre ne contiendrait plus assez de matières végétales et animales, et deviendrait aussi aride que du sable pur.

248. Avantages. L'avantage principal des engrais chimiques est d'enrichir le sol arable d'éléments de fertilisation pris aux minéraux exclusivement. Ils introduisent des éléments nouveaux dans la somme des matières dont sont formés les êtres vivants. Cet avantage est pour l'agriculture d'une importance incontestable; c'est ainsi que, grâce à l'emploi des phosphates fossiles, on a rendu à l'agriculture des milliers· d'hectares de landes stériles. Ces phosphates avaient appartenu jadis aux êtres organisés, à des reptiles; la belle découverte de M. de Molon les a fait sortir des entrailles de la terre, pour entrer de nouveau dans l'organisme des êtres vivants, animaux et plantes. C'est ainsi encore que les calcaires et les autres sels assimilables des marnes, des chaux, des plâtres et de toutes les matières minérales employées à l'amendement des terres, sont des éléments organiques nouveaux que l'agriculture a conquis sur la matière inerte du globe pour la faire entrer dans les êtres organisés.

La providence elle-même vient en aide aux agriculteurs. Nous voyons un élément inerte de l'atmosphère, l'azote, se transformer sous la puissante action de l'électricité en ces masses énormes de nitrate d'ammoniaque qui, introduites avec les pluies dans les terres arables, donnent aux plantes cultivées plus de la moitié de l'azote dont elles ont besoin. Cet azote atmosphérique est dans le même cas que les engrais chimiques; il sort du règne minéral pour entrer dans les plantes et dans les animaux.

Suivons les exemples de la nature, enrichissons nos terres arables de tous les éléments de fertilisation que nous pourrons nous procurer; empruntons-les autant que possible aux minéraux du globe, en ayant recours aux engrais chimiques; mais ne dédaignons pas le fumier ni les autres engrais organiques. Ils ont été et seront toujours les bases les plus solides de la fertilité des terres arables. Attachons-nous donc à en produire le plus possible, et n'en laissons perdre aucune parcelle.

Que le fumier soit le premier de nos engrais, que les engrais minéraux et les engrais chimiques soient ses utiles auxiliaires.

249. Équivalents des engrais. Nous terminerons cette revue rapide des engrais en présentant, au point de vue de ses applications pratiques, le tableau des équivalents des engrais par rapport à l'azote et à l'acide phosphorique.

TABLEAU DES ÉQUIVALENTS DES ENGRAIS (1)

DÉSIGNATION DES ENGRAIS	POIDS DES ENGRAIS contenant autant d'azote que 40 tonnes de fumier (2)	POIDS DES ENGRAIS contenant autant d'acide phosphorique que 40 tonnes de fumier
	TONNES	TONNES
Fumier normal.......	40	40
Fumier d'une ferme anglaise	26	18
Fumier d'écurie......	21	»
Fumier de Grignon....	23	20
ENGRAIS ANIMAUX (déjections)		
Excréments d'homme..	60	87
— de cheval..	44	64
— de vache ..	75	182
— de porc....	34	31
— de mouton.	33	30
Urine d'homme	17	74
— de cheval......	16	»
— de vache	25	»
— de porc	104	480
— de mouton	18	480
Déjections d'homme...	18	73
Excréments et urines		
— de cheval..	32	71
— de vache ..	58	212
— de porc....	65	91
— de mouton.	26	44
Engrais flamand (déjections de l'homme fermentées).........	120	»
Lisier suisse (déjections des animaux fermentées)...........	60	»
Déjections des poules (fraîches)...........	50	»
Déjections fraîches de pigeon	7	8
Colombine (résidus du colombier).........	3	»
Guanos du Pérou (divers)	4 à 6	1,2 à 1,5
Poudrettes (diverses)..	6 à 15	8 à 25
Noirs animalisés (divers)...........	15 à 25	»
Litières de vers à soie.	8 à 12	8

DÉSIGNATION DES ENGRAIS	POIDS DES ENGRAIS contenant autant d'azote que 40 tonnes de fumier	POIDS DES ENGRAIS contenant autant d'acide phosphorique que 40 tonnes de fumier
ENGRAIS ANIMAUX (extraits et issues)		
	TONNES	TONNES
Sang des abattoirs (frais	8	60
Sang coagulé, sortant de la presse.........	5,2	»
Chair musculaire, séchée à l'air	0,2	87
Os frais avec 10 % de graisse	3,8	0,8
Os secs livrés par les fondeurs..........	3,4	0,8
Poudre d'os séchée à l'étuve	3,2	»
Résidus de colle d'os..	45	»
Noir animal n'ayant pas servi à la raffinerie du sucre	22	0,5
Noir animal ayant servi une fois	20	0,7
Noir animal ayant servi deux fois	15	0,9
Rapure de corne des maréchaux.........	1,7	»
Bourre de poils de bœufs	1,7	»
Chiffons de laine......	1,3	»
Plumes.............	1,6	»
Hannetons...........	7	»
Coquilles d'huîtres	75	36
ENGRAIS VÉGÉTAUX (engrais verts)		
Fèves	40	»
Trèfle en fleurs.......	60	»
Sarrasin.............	68	»
Madia sativa	150	»
Navette.............	29	»
Goëmon (fucus digitalus)	28	»
Goëmon (fucus saccharinus).............	45	»
Goëmon brûlé	63	»

(1) Ce tableau est dû principalement aux travaux de MM. Boussingault et Payen.

Observations. — Les engrais de toute nature, et spécialement les engrais du commerce, ont une composition très-variable. Leurs équivalents changent d'après les proportions d'azote et d'acide phosphorique qu'ils contiennent. L'analyse chimique d'un engrais est donc nécessaire pour en établir l'équivalent avec exactitude. Les équivalents inscrits dans ce tableau sont calculés d'après la composition du fumier normal de M. Boussingault (§ 191).

(2) La tonne est de 1,000 kil. Une voiture de fumier de 4 mètres cubes transporte (705 kil. × 4) 3 tonnes de fumier.

DÉSIGNATION ES ENGRAIS	POIDS DES ENGRAIS contenant autant d'azote que 40 tonnes de fumier.	POIDS DES ENGRAIS contenant autant d'acide phosphorique que 40 tonnes de fumier
ENGRAIS VÉGÉTAUX (litières)		
	TONNES	TONNES
Paille de from. fraîche.	100	106
— vieille..	49	96
Paille de seigle........	141	148
— d'avoine........	86	120
— d'orge	104	106
— de riz.........	103	»
— de maïs........	120	»
— de millet	31	»
— de pois........	15	»
— de lentilles	24	»
— de fèves.......	12	»
— de vesces......	25	»
— de sarrasin	50	»
ENGRAIS VÉGÉTAUX (matières mortes)		
Tiges sèches de topinambours..........	65	»
Fanes de pommes de terre.............	44	»
Fanes de colza........	32	192
— d'œillette	25	»
— de madia sativa.	42	»
Balles de froment.....	28	36
Racines de trèfle......	15	»
Feuilles de betteraves..	65	»
— de carottes.....	28	»
— de chêne.....	20	»
— de peuplier ...	44	»
— de hêtre......	20	»
— d'acacia	33	»
— de mûrier	25	»

DÉSIGNATION DES ENGRAIS	POIDS DES ENGRAIS contenant autant d'azote que 40 tonnes de fumier	POIDS DES ENGRAIS contenant autant d'acide phosphorique que 40 tonnes de fumier
ENGRAIS VÉGÉTAUX (matières mortes)		
	TONNES	TOTNES
Sciure de bois de chêne	44	640
Sciure de bois de sapin	104	1060
ENGRAIS VÉGÉTAUX (résidus industriels)		
Tourteaux de lin......	4,6	6,0
— de colza	4,9	4,9
— d'arachide ..	2,9	»
— de madia ...	4,7	5,2
— de cameline.	8,0	»
— de chènevis.	5,7	18,6
— de pavots ...	4,5	»
— de faines....	7,2	17,6
— de noix.....	4,6	13,8
— de graines de coton.....	6 0	»
— de sésame ..	3,5	»
— d'olive......	3,3	»
Tourteau d'épuration ..	5,8	»
Marc de pommes	40,5	»
— de houblon......	40,7	»
— de raisins (Alsace)	28,0	7,6
— de raisins (midi).	20,5	»
Pulpe de betteraves ...	63,0	160,0
— de pommes de terre........	45,0	160,0
Eaux de féculeries	343,0	»
Drèche d'orge germée.	5,3	»
Graines de lupin et séchées (Toscane)	6,9	»
Suie de bois..........	20,8	20,4
Suie de houille	36,8	»

Observation. Les nombres de ce tableau sont les poids des engrais exprimés en tonnes de 1,000 kilogrammes. Ils représentent une fumure complète, équivalent de celle de 40,000 kilog. de fumier par hectare; à celle d'environ 13 voitures de fumier, de 4 mètres cubes par voiture.

Si, par exemple, on voulait donner une demi-fumure en guano dont l'équivalent serait 6, il faudrait semer par hectare 3 tonnes (1/2 6) ou 3000 kilog. de guano. — Si on voulait donner dans un pré 1/4 de fumure à l'engrais flamand, il faudrait y répandre par hectare 1/4 de 120 ou 30 tonnes ou 30000 litres d'engrais flamand.

CHAPITRE VIII

DÉCOMPOSITION DES ENGRAIS ORGANIQUES DANS LES TERRES ARABLES ET CONSERVATION DES PRODUITS DE CETTE DÉCOMPOSITION QUI SONT UTILES AUX PLANTES.

I

PRINCIPES (1) ORGANIQUES DES ENGRAIS — PRINCIPAUX MODES DE DÉCOMPOSITION

250. Engrais d'origine animale. Ils sont formés principalement de principes azotés, albumine, fibrine, caséine, etc., et de sels minéraux unis à eux intimement.

Les principes azotés peuvent se décomposer de deux manières :

1o Sous l'influence des sels alcalins et par l'action de l'oxygène de l'air, ils subissent la *nitrification ;* leur azote est transformé en azotates.

2o Ils peuvent *fermenter* spontanément et donner naissance soit à des sels ammoniacaux, quand ils sont sous l'influence des agents atmosphériques ; soit à des composés putrides, s'ils se décomposent en dehors de cette influence.

De plus, les principes azotés et les sels minéraux qui s'y trouvent unis sont des agents de la *fermentation* des matières végétales.

251. Engrais d'origine végétale. Les matières végétales sont formées de ferments organiques, de principes azotés, de principes hydro-carbonés (2) et de sels minéraux.

Les ferments sont des germes de plantes microscopiques qui se développent quand ils sont placés dans des circonstances favorables ; cette espèce de végétation se nomme fermentation.

Les principes azotés et les sels sont les aliments dont les ferments se nourrissent en se développant.

En dehors de l'influence des ferments, les principes azotés des plantes peuvent, comme ceux des animaux, subir la nitrification et la fermentation ammoniacale ou putride.

(1) On appelle *produits* les matières qui existent dans les organes des animaux et des plantes tels que le blanc d'œuf, le jus de betterave, la farine du blé, etc. On appelle *principés* les composés chimiques que l'on trouve tout formés dans les produits, tels que l'albumine du blanc d'œuf, le sucre du jus de betterave, la fécule de la farine, etc.

(2) Les principes hydro-carbonés sont ceux qui sont formés de carbone, d'hydrogène et d'oxygène, mais qui ne contiennent pas d'azote.

252. Les principes hydro-carbonés se décomposent quand ils sont sous l'influence des ferments. Ils peuvent, suivant leur nature, subir trois *sortes de fermentations;*

1° La *fermentation sucrée,* éprouvée par les fécules; les sucres en sont les principaux produits;

2° La *fermentation alcoolique,* subie par les sucres; l'alcool en est le produit le plus important;

3° La *fermentation acide,* dans laquelle l'alcool est transformé en acide carbonique.

253. Les *sels minéraux* ne subissent pas de décomposition proprement dite. Ceux qui sont engagés dans les matières organiques, deviennent libres quand ces matières se décomposent, et ils se dissolvent dans l'eau en même temps que les produits de ces décompositions.

254. En résumé les principaux modes de décomposition des engrais sont la *nitrification* et les *fermentations.*

Dans le sol arable, les engrais subissent 4 phases dans leur décomposition. Ces décompositions diverses et successives sont caractérisées par *la nature* de leurs produits principaux.

II

1ʳᵉ PHASE — FERMENTATION ALCALINE ET SUCRÉE

255. Dans la première phase de leur décomposition, les matières animales donnent naissance à des sels ammoniacaux.

Dans cette première période, les ferments végétaux se développent aux dépens des matières azotées et des sels.

Sous l'empire de cette fermentation, les produits féculents se changent en matières sucrées et gommeuses.

256. Ces décompositions s'accomplissent dans les fumiers en tas; elles sont favorisées par une forte chaleur et par une humidité persistante; l'air n'a sur elles qu'une influence secondaire.

257. Les produits de ces décompositions, les sels ammoniacaux et les matières sucrées et gommeuses sont solubles et absorbables par les racines; leurs éléments sont assimilables par les plantes.

III

IIᵉ PHASE — FERMENTATION ALCOOLIQUE

258. Les matières animales, transformées d'abord en sels ammoniacaux, se changent en nitrates par l'action oxydante de l'air et sous l'influence des sels alcalins qui se trouvent dans le sol arable.

259. Les ferments continuent à se développer aux dépens des matières azotées et des sels minéraux.

Sous leur influence, les sucres se changent en dextrine, puis en alcool et en acide carbonique.

260. Cette deuxième phase de la décomposition des engrais s'accomplit sous l'influence simultanée de l'air, d'une humidité modérée et d'une chaleur de 5 à 25°

Elle a lieu dans le sol arable, lorsqu'il est ameubli et aéré, humide et chaud modérément.

261. Les produits de la nitrification et de la fermentation alcoolique sont solubles dans l'eau, absorbables par les racines, et assimilables par les plantes.

Ils sont utiles encore en agriculture, parce qu'ils dégagent, des engrais organiques, les sels minéraux nécessaires à l'alimentation des plantes, et qu'ils en favorisent la dissolution.

.IV

IIIᵉ PHASE — FERMENTATION ACIDE

262. La nitrification des matières animales peut continuer ; cependant elle est contrariée par la présence des acides que forment les produits végétaux.

Les ferments, développés dans les deux premières phases, meurent et se décomposent.

L'acool se change en acide acétique (principe du vinaigre).

Un grand nombre d'autres matières végétales et quelques produits animaux se changent également en acides.

263. Ces acides sont les résultats d'oxydations produites par l'action directe de l'air sous l'influence d'une humidité assez grande et d'une chaleur assez forte.

La fermentation acide succède, dans les sols arables, à la fermentation alcoolique, quand les ferments cessent de se développer faute d'aliments ou de vitalité, et qu'on ne les remplace pas par des ferments nouveaux.

264. Les produits de la fermentation acide sont nuisibles à la végétation, car ils paralysent les ferments et engendrent la putréfaction.

V

IVᵉ PHASE — PUTRÉFACTION

265. Les ferments paralysés par l'acidité du terrain cessent leur empire, il en résulte que les matières végétales et animales se décomposent sans règles et sans guides. Ils donnent nais-

sance à des gaz hydrogénés d'une odeur nauséabonde et putride et à divers produits inertes.

266. Les produits de la putréfaction sont non-seulement inutiles aux plantes, mais nuisibles à la végétation. Ils propagent la putréfaction dans la masse entière du terreau et des engrais et quelquefois même dans les racines et jusque dans la tige des plantes cultivées.

267. La putréfaction est favorisée par l'humidité excessive et par le défaut d'aération du sol.

On peut la combattre par les amendements alcalins (chaux et marnes) qui neutralisent les acides; par le drainage qui assainit le terrain, par les phosphates qui raniment les ferments à demi-paralysés, par les engrais alcalins qui favorisent la nitrification, et enfin par des engrais nouveaux riches en ferments actifs.

VI

PRODUITS DE LA DÉCOMPOSITION DES ENGRAIS

268. Les produits des décompositions diverses que les engrais éprouvent dans les terres arables sont des gaz, des liquides, des corps solubles dans l'eau et des solides insolubles.

269. **Gaz de l'atmosphère souterraine.** Les produits gazeux sont de l'acide carbonique (qui domine), de la vapeur d'eau, du gaz ammoniac, des vapeurs ammoniacales, et des gaz putrides.

Les gaz utiles à l'alimentation des plantes sont l'acide carbonique, l'ammoniac et les sels ammoniacaux.

Les gaz engendrés par la putréfaction leur sont funestes.

270. **Humus, sa composition.** Les produits liquides ou solubles de la décomposition des engrais constituent l'*humus*. D'après les analyses de Saussure et récemment de M. Verdeil (1), l'humus est composé de 40 à 50 % de principes organiques et de sels azotés, et de 50 à 60 % de sels minéraux.

---

(1) Voici la composition moyenne de l'humus d'après M. Verdeil (compte rendu de l'académie des sciences, tome XXXV, page 95).

100 parties en poids après évaporation complète de l'eau contiennent :

45,14 matières organiques dosant 1,50 d'azote.

<table>
<tr><td rowspan="10" valign="middle">54,86 sels minéraux
composés de...</td><td>17,04 sulfate de chaux</td></tr>
<tr><td>14,76 carbonate de chaux</td></tr>
<tr><td>3,68 phosphate de chaux</td></tr>
<tr><td>0,89 oxyde de fer</td></tr>
<tr><td>0,17 alumine</td></tr>
<tr><td>4,16 chlorure de potassium et de sodium</td></tr>
<tr><td>2,75 potasse et soude, à l'état de silicates</td></tr>
<tr><td>0,87 magnésie</td></tr>
<tr><td>10,23 silice libre ou à l'état de silicates.</td></tr>
</table>

Les principes organiques sont des matières sucrées et gommeuses et des produits alcooliques.

Les sels azotés sont des azotates de potasse et d'ammoniaque et des carbonates d'ammoniaque.

Les sels minéraux sont des phosphates, silicates, carbonates, sulfates et chlorures à bases de potasse et de soude, de chaux et de magnésie, d'oxyde de fer et d'alumine.

L'humus contient aussi une forte proportion de silice.

271. Rôle de l'humus. D'après Saussure, l'humus est absorbé par les racines des plantes et sert à leur alimentation.

Les plantes y trouvent tous les éléments dont elles ont besoin, non-seulement les sels minéraux que la terre seule peut leur fournir, mais encore les éléments organiques proprement dits l'azote, le carbone, l'oxygène et l'hydrogène. Ainsi ce n'est pas seulement l'air, c'est aussi la terre qui fournit du carbone aux plantes.

Il importe de remarquer que l'humus contient en dissolution un grand nombre de sels qui seraient insolubles dans l'eau pure ; des carbonates et des phosphates de chaux et de magnésie, des sels de fer et d'alumine, et surtout de fortes proportions de silice. Sans engrais organiques capables de produire de l'humus, la terre arable ne pourrait donc pas fournir aux plantes la silice et les phosphates, la chaux et la magnésie dont elles ont besoin.

En conséquence, c'est à favoriser la production de l'humus dans ses terres arables que doit s'appliquer avant tout un agriculteur intelligent.

272. Du terreau. Le terreau est l'ensemble de toutes les matières d'origine végétale et animale qui se trouvent dans les terres arables. Il se compose :

1° Des débris de végétaux, racines, tiges et feuilles, qui n'ont pas encore subi de décomposition complète (ces matières peuvent provenir soit des fumiers et autres engrais, soit des plantes qui ont végété dans le terrain) ;

2° Des produits solides et insolubles des décompositions diverses subies par les matières végétales et animales ;

3° De l'humus que les plantes n'ont pas encore absorbé ;

4° Enfin des gaz de l'atmosphère souterraine qui sont condensés dans la masse des matières solides.

Toutes ces matières sont intimement mêlées aux éléments de la terre, à l'argile, au sable et au calcaire.

273. Éléments nuisibles du terreau. Ce sont les gaz putrides et les acides produits dans les décompositions des engrais.

On purge les terres arables des gaz putrides, par les labours qui renouvellent l'atmosphère souterraine.

On neutralise les acides par les amendements alcalins, les chaulages et les marnages.

274. Éléments utiles du terreau. 1° Dans l'atmosphère souterraine, l'oxygène et la vapeur d'eau servent à la nitrification et aux fermentations des engrais.

2° L'acide carbonique et les sels ammoniacaux contribuent directement à l'alimentation végétale.

3° Tous les éléments organiques et minéraux de l'humus sont des aliments pour les plantes.

4° Les ferments organiques, les principes azotés fermentescibles, les principes hydro-carbonés et les sels minéraux engagés dans les matières organiques, sont utiles comme fonds de réserve pour satisfaire aux besoins ultérieurs de l'alimentation végétale.

Tous ces produits gazeux et fixes doivent donc être *conservés* dans les terres arables.

<h2 style="text-align:center">VII</h2>

CONSERVATION DES PRODUITS UTILES DE LA DÉCOMPOSITION DES ENGRAIS

275. Conservation des produits gazeux. L'oxygène de l'air, la vapeur d'eau et les vapeurs ammoniacales sont concentrés par les éléments terreux et spécialement par l'argile.

276. Conservation des sels alcalins solubles. Les sels ammoniacaux sont décomposés par le carbonate de chaux. Leurs acides forment des sels de chaux solubles entraînés par l'eau de pluie, et l'ammoniaque soit libre, soit carbonatée, est condensée par l'argile et par les autres éléments terreux.

Les sels de potasse, surtout les silicates, se comportent de même ; l'alcali se condense au sein de la terre et s'y conserve pour les besoins des plantes.

Les phosphates solubles dans l'humus ou dans l'eau chargée d'acide carbonique sont également retenus par la terre jusqu'au moment de leur absorption.

Les sels solubles dans l'eau pure, les sels de chaux notamment, sont entraînés par la pluie et vont se perdre dans les sous-sols.

277. Conservation des produits fixes et insolubles. Ils s'accumulent et se rassemblent au moment de leur formation sur les éléments de la terre, sur le sable, sur le calcaire et surtout sur l'argile. Ils y restent fixés par une simple adhérence mécanique, comme s'ils étaient collés à la terre. Cette adhérence suffit pour qu'ils résistent aux actions délayantes des pluies.

278. Agents de la conservation des engrais. L'argile est l'élément qui conserve le mieux les produits utiles de la décomposition des engrais. Elle concentre et retient l'oxygène, la vapeur d'eau, l'ammoniaque, la potasse et les phosphates ; elle accumule en fortes proportions l'humus et.le terreau.

Le sable et le calcaire jouissent aussi de ces propriétés (1) mais à un degré beaucoup moindre.

Le calcaire pulvérulent est, après l'argile, le meilleur agent de la conservation des sels d'ammoniaque et de potasse.

VIII
CONCLUSION—PRÉPARATION DES TERRES ARABLES POUR L'ALIMENTATION DES PLANTES

Assainir, amender, aérer et fumer,
Voilà le secret du fermier.

279. Conditions de fertilité des terres. Pour que les plantes cultivées trouvent dans la terre des aliments bien préparés, quatre conditions doivent être remplies.

1° *Le sol doit être sain*, c'est-à-dire ne doit pas contenir de gaz putrides, ni d'agents de putréfaction.

On assainit les terrains, par les drainages qui font disparaître l'excès d'eau, cause première de la putréfaction ; par les chaulages pour détruire l'acidité, deuxième cause de putréfaction ; par l'écobuage où on brûle les matières putréfiées; et par les labours fréquents qui font dégager les gaz putrides dans l'atmosphère.

2° La terre doit être *amendée* toutes les fois qu'elle ne contient pas les quantités de calcaire, de phosphates et d'alcalis nécessaires aux fermentations et à la nitrification de ses engrais. Avec la marne ou la chaux, on lui donnera le calcaire qui lui manque ; avec les phosphates et les cendres, on complètera ses provisions de phosphates et d'alcalis.

3° Il faut *aérer le sol* par les labours, pour condenser au sein de la terre l'oxygène de l'air qui est l'agent principal de toutes les décompositions des engrais organiques.

4° Il faut *fumer fréquemment* le terrain, c'est-à-dire y renouveler les engrais. Il faut lui donner sous forme de fumier :

(1) Masure. *Leçons élémentaires d'agriculture* (2e vol., ch. viii, p. 301.)

1º des matières végétales nouvelles, riches en *ferments actifs* en quantité suffisante pour remplacer ceux qu'ont épuisés les récoltes précédentes ; 2º des engrais animaux, riches en matières azotées et en sels, qui sont les aliments des ferments végétaux ; 3º enfin des engrais minéraux, si la terre en manque.

Sous l'empire de tous ces agents de nitrification et de fermentation, la décomposition des engrais nouveaux marchera régulièrement ; de plus, elle entraînera celle du vieux terreau lui-même en revivifiant ses ferments à demi paralysés.

Les plantes auront à leur disposition des aliments bien préparés, sains et abondants ; l'agriculteur peut en attendre les meilleures récoltes. Il ne lui reste plus qu'à donner à chaque espèce de plante les soins particuliers qu'elle demande pour parcourir les différentes phases de son existence.

TROISIÈME SECTION

CULTURE DES PRINCIPALES ESPÈCES DE PLANTES AGRICOLES(1)

CHAPITRE IX

CULTURE DES CÉRÉALES

I

CULTURE DU FROMENT

CULTURES 1 à 5. Le maître fera semer et soigner par ses élèves, dans des carrés du champ d'expériences annexé à son école, les diverses variétés de froment d'hiver cultivées en grand dans son canton.

280. Choix du terrain. On peut cultiver le froment dans toutes les classes de terres, pourvu qu'elles aient été convenablement assainies, amendées et fumées.

Si on a le choix, on consacrera de préférence les terres argi-

---

(1) Les notions que nous donnons ici se rapportent particulièrement à la Beauce ; ce sont les procédés que nous suivons dans notre domaine patrimonial de Louville (Eure-et-Loir). Nous avons aussi consulté sur ces questions notre ami, M. Dreux, président du comice agricole de Châteaudun, propriétaire agriculteur à Cormainville (Eure-et-Loir).

Les procédés de culture varient nécessairement dans chaque contrée agricole, car ils dépendent du climat et de la nature des terres.

Le maître devra sur ces questions, consulter les agriculteurs expérimentés de sa commune, modifier les leçons d'après leurs renseignements et solliciter leur bienveillant concours pour les excursions qu'il devra faire dans le but d'initier ses élèves aux procédés de la pratique agricole de la contrée.

leuses à la culture du blé et les terres sableuses à celle du seigle ou de l'escourgeon.

281. Travaux préparatoires. — *Labours et fumures.* En principe, le froment demande une terre très-propre, très-aérée et dont les engrais soient bien incorporés à la terre. Nous disons en Beauce, *vieux labours et vieux fumiers emplissent le grenier.*

Les travaux particuliers à faire dépendent de la récolte à laquelle on fait succéder le blé :

1° *Blé sur jachères.* Dans ce cas la terre est libre dès le mois de septembre de l'année précédente. On donne en hiver (novembre ou décembre) une fumure au fumier de ferme ; on l'enterre par un labour profond appelé *guertage* (transformation de la terre en guéret). Ce labour est suivi d'un hersage. Avant l'hiver ou au printemps, les graines de l'ancienne récolte et celles du fumier poussent et verdissent le guéret ; on les détruit, en avril ou mai, par un deuxième labour peu profond, appelé *binage*. Ce labour est suivi d'un roulage pour tasser la terre et la maintenir fraîche en été. Si le guéret se salit encore d'herbes, on renouvelle le binage en juillet ou en août. Enfin en septembre ou octobre, très-peu de temps avant les semailles, on donne le *labour à demeure* qui prépare la terre à recevoir les semences.

2° *Blé sur prairies.* Le plus souvent, en Beauce, on cultive le blé après les prairies d'un an, trèfles incarnats, trèfles violets, minette, vesces ou pois, etc. Dans ce cas on n'attend pas la deuxième coupe, la terre est libre en mai ou juin. On fume aussitôt au fumier de ferme, on guerte et on donne deux ou trois bons coups de herse. Après la moisson, on bine, et en octobre on donne le labour à demeure.

3° *Blé sur prairies à graines.* — *Trèfles ou sainfoin.* — *Vesces ou pois.* Le terrain est libre en août ou septembre seulement. Aussitôt on fume, on laboure et on roule. Il est bon dans ce cas de fumer la terre avec du guano ou tout autre engrais concentré. Le fumier de ferme convient moins parce qu'il n'aurait pas le temps de mûrir en terre, et les mauvaises graines qu'il contient saliraient le blé.

Vers la fin d'octobre, on donne le labour à demeure et on sème par-dessus.

4° *Blé sur racines.* Dans ce cas, il importe que le fumier de ferme ait été donné l'année précédente et à l'usage spécial de la racine. La terre n'est libre qu'en octobre. Aussitôt on herse pour niveler le terrain remué par l'arrachage ; on donne au besoin, comme supplément de fumure, du guano ou un autre engrais concentré, on laboure à demeure et on sème.

282. Choix et préparation des semences.

Excurs. 35. Visite à la ferme pour assister au chaulage ou au vitriolage des blés de semence.

On choisit des grains de première qualité et purgés de toute graine étrangère. Il est bon, de temps en temps, de *renouveler sa semence*, en achetant des blés de communes éloignées ou mieux de régions différentes.

La dose la plus convenable est 2 hectolitres $1/_2$ à l'hectare, quand on sème à la volée ; 2 hectolitres suffisent en employant les semoirs.

Les semences sont *chaulées* ou *vitriolées*. Pour chauler, on emploie, par hectolitre de semence, 3 kil. de chaux et 1 kil. de sulfate de soude qu'on délaie dans 10 litres d'eau. Pour vitrioler, on prend 1 kil. $1/_2$ de sulfate de cuivre et $1/_3$ kil. de sel marin qu'on dissout dans 12 à 15 litres d'eau. On arrose les semences et on les soumet au pelletage pour distribuer le liquide sur tous les grains. Ces opérations ont pour but de détruire les germes de *carie* qui peuvent se trouver à la surface des grains ; on prévient ainsi la plus funeste des maladies du blé.

283. Travaux des semailles.

Excurs. 36. Les élèves assisteront aux travaux d'ensemencement du blé, au semoir, à la herse et à la charrue, et feront le récit détaillé des opérations qu'ils auront vu pratiquer.

Les semailles se font du 1er octobre au 15 novembre.

Le meilleur procédé de semailles est l'emploi du semoir : 1o il répand la semence en lignes, ce qui rend le sarclage plus facile ; 2o il permet d'enterrer la semence à la profondeur qui convient le mieux, d'après la nature du terrain ; 3o enfin il permet d'épargner un tiers de la semence.

Quand on sème à la volée, on enterre les semences à la charrue ou à la herse, suivant le degré de compacité du sol.

1o On enterre les semences à la charrue dans les terres sableuses de peu de consistance. Le labour doit toujours être superficiel ; si la terre est par trop légère, on fait passer le rouleau à la suite du labour, sinon on donne un coup de herse pour niveler le terrain.

2o Dans les terres sablo-argileuses ou calcaires, de consistance moyenne, on sème d'abord la moitié de la semence, et on l'enterre à la charrue ; puis, sur ce labour, on sème la deuxième moitié que l'on enterre à la herse.

3° Dans les terres argileuses compactes, on enterre les semences à la herse seulement.

284. Soins pendant la végétation.

Excurs. 37. Visite aux champs de blé au moment du sarclage.

On roule à la fin de l'hiver, après les dégels qui ont soulevé la terre et déchaussé les racines. On choisit un rouleau d'un poids proportionnel à l'état meuble du terrain, un gros rouleau pour les terrains légers, un petit rouleau pour les terrains compacts.

Au printemps, lorsqu'après des pluies suivies de sécheresse les terres se recouvrent d'une croûte imperméable à l'air, il faut donner un bon coup de herse à dents de fer pour ouvrir le sol, on passe ensuite le rouleau pour rechausser les plantes arrachées par la herse.

En avril ou mai, lorsque les blés sont trop forts, il importe d'arrêter la végétation. Pour cela on peut ou en couper la tête, ou bien y faire passer rapidement un troupeau de moutons, ou bien encore y semer de la chaux ou des cendres.

A la même époque, on sarcle les blés pour en détruire les mauvaises herbes. L'opération se fait à la main et au moyen d'instruments spéciaux (binettes, serfouettes, etc.) qui permettent de couper les plantes parasites sans arracher le blé. L'opération est facile quand le blé est semé en lignes ; les femmes peuvent placer leurs pieds entre les lignes de blé et desherber, sans trop faire de dégâts.

285. **Maladies du blé.** Le blé est sujet à trois maladies principales ; la rouille, la nielle ou charbon et la carie. Toutes trois sont dues à des champignons parasites (uredo ceralium, uredo carbo, uredo caries.)

La *rouille des blés* se manifeste à la suite de brouillards trop fréquents en mai ou juin. Les feuilles se tachent et se couvrent d'une espèce de poussière ayant la couleur de la rouille du fer. Les pluies abondantes peuvent en débarrasser le blé.

La *nielle ou charbon* s'attaque aux fleurs et aux épis, une poussière noirâtre se forme à l'intérieur et de là se répand à l'extérieur. Quand on touche les épis infectés, ils tachent les mains comme du charbon.

La *carie* est une maladie intérieure ; le germe du champi-
gnon était dans la semence, il se développe peu à peu et spécialement dans la graine. La farine se trouve remplacée par
une poussière noirâtre. Les blés cariés sont dangereux parce
que cette poussière gâte la farine et rend le pain mauvais.
La carie peut être prévenue par le chaulage ou par le vitriolage des semences.

286. **Ennemis des blés.** Les insectes et les rats des champs,
appelés mulots ou surmulots, sont les ennemis du blé et de la
plupart des plantes agricoles. Les vers blancs (larves des hannetons) en sont, avec les mulots, les ennemis les plus redoutables.
Les moineaux qui se nourrissent des insectes, et surtout les
corbeaux, les hiboux et les hérissons qui se nourrissent de vers
blancs et de mulots, doivent être considérés comme de précieux
auxiliaires de l'agriculteur ; il importe de favoriser leur propa-
gation plutôt que de les détruire.

287. **Maturité du blé.** On reconnaît que le blé est mûr quand
les feuilles jaunissent et que ses grains sont assez durs pour ne
pas s'écraser sous les doigts. Il importe de laisser mûrir
debout les blés réservés pour semences, mais on peut laisser
mûrir en moyettes les blés destinés à la vente.

Moissons — Battage et nettoyage.

Excurs. 38 et 39. Les élèves suivront successivement les opérations de la moisson ;
fauchage, ligature des gerbes, mise en moyettes, chargement et déchar-
gement des chariots, tassement en meules et en grange.
Le maître leur montrera et leur expliquera le mécanisme des machines à
battre, à vanner, à nettoyer les grains.

288. **Rendement du blé.** En Beauce, on obtient, dans les
bonnes années 20 hectolitres de grain, pesant 75 kil. l'hectolitre, avec 240 bottes de 10 kil. de longues pailles et 250 kil.
de balles.

Les rendements sont d'ailleurs *très-variables* dans les différentes contrées agricoles de la France (1).

289. **Usages des produits du blé.** Les grains sont vendus
pour la nourriture de l'homme. Les balles entrent dans l'alimentation des bestiaux. Les longues pailles sont utilisées pour
couvrir les meules de foin et d'autres récoltes, et quelquefois
les bâtiments. La plus grande masse est employée pour faire la
litière des animaux de la ferme.

(1) Le maître fera connaître les rendements obtenus en moyenne dans la contrée.

II
CULTURE DU SEIGLE ET DU MÉTEIL

290. Choix du terrain. Le seigle vient bien dans toutes les espèces de terre. On le cultive de préférence au blé dans les terres qui sont sableuses, sablo-argileuses, ou sablo-calcaires.

CULTURES 6 et 7. On cultivera deux variétés de seigle dans le champ d'expériences.

291. Labours et fumures. Le seigle est ordinairement cultivé après les prairies, souvent après le trèfle incarnat.

Dès que la terre est libre, on fume, on laboure, et on herse comme pour le blé.

En juillet ou en août, si la terre est herbeuse, on bine et on roule. Vers la fin de septembre, on laboure à demeure et on ensemence.

292. Semailles. On choisit pour semence un grain bien formé et très-mûr, net de toute mauvaise graine. Il est inutile de le chauler et de le vitrioler, car il n'est pas sujet à la carie. On emploie 2 hectolitres $1/2$ de semence à l'hectare.

Les semailles se font comme pour le blé.

Le seigle plus rustique que le froment n'exige pas de travaux pendant sa végétation.

293. Maladie du seigle. La plus redoutable est *l'ergot*; dans cette maladie l'épillet contient à la place du grain une matière cornée qui s'allonge comme l'ergot d'un coq. Le seigle ergoté est dangereux pour l'alimentation de l'homme et des animaux.

294. Maturité. — Moisson. — Battage. Le seigle est mûr environ quinze jours avant le blé. On le moissonne quand la tige et les feuilles sont jaunes.

EXCURS. 40. Les élèves suivront les opérations de la moisson du seigle.
Ils assisteront à son battage sur les tonneaux et à la préparation des *gerbées* destinées à faire les liens des récoltes.
Ils s'exerceront eux-mêmes à faire les nœuds des liens et à lier les gerbes.

295. Rendement. En Beauce on obtient par hectare environ 18 hectolitres de grain pesant 70 kil. l'hectolitre, 4,000 kil. de longue paille et 200 kil. de balles.

296. Usages. La farine de seigle sert à faire le pain.

Le grain concassé est donné aux porcs à l'engrais.

Les balles mélangées aux racines sont données aux bœufs.

Les longues pailles servent à faire les liens des gerbes de blé et des autres céréales.

297. Culture du méteil.

CULTURE 8. Le maître cultivera en méteil un carré de son champ d'expériences.

.On appelle *méteil* un mélange de seigle et de blé. On cul.
tive le méteil à la place de blé dans plusieurs régions agricoles
de la France.

Les procédés de culture sont semblables à ceux du seigle.

Les grains récoltés servent à faire du pain de ménage.

III

CULTURE DE L'ESCOURGEON OU ORGE D'HIVER

CULTURE 9. On cultivera l'escourgeon dans un ou deux carrés du champ d'expériences.

298. Choix du terrain. On le cultive comme le seigle dans
les terres sableuses ou le blé réussit difficilement. Il aime particulièrement les sols profonds.

299. Labours et fumures. On le cultive après les prairies
récoltées en avril ou mai. Aussitôt on fume avec du fumier de
ferme et on donne un labour profond suivi d'un hersage. On bine
et on roule en juillet ou août. On laboure à demeure dans la
première quinzaine de septembre.

300. Semailles. On choisit des semences bien conformées; on
les nettoie avec soin; on sème à la volée; on emploie 2 hectolitres $^1/_2$ à l'hectare. Les semailles se font en Beauce, dès le 15
septembre, avant celles du seigle.

301. Maladies. L'escourgeon est sujet à la rouille et au charbon, mais il est rare qu'il en souffre beaucoup.

302. Maturité. — Moisson.

EXCURS. 41. Les élèves suivront les opérations de la moisson de l'escourgeon et s'en
rendront compte.

L'escourgeon est la céréale qui mûrit la première; dès le
mois de juin on peut le moissonner et le battre. Cette précocité
est d'un grand secours pour le cultivateur au dépourvu, car son
grain concassé peut remplacer l'avoine pour les chevaux et sa
longue paille leur sert de litière : aussi les cultivateurs recon-
naissants le nomment-ils le *secourable.*

303. Rendement et usages. En Beauce, on récolte jusqu'à
40 hectolitres de grain à l'hectare. La paille est moins abondante
que celle du blé. Les chevaux et les moutons ne l'aiment guère;
elle fait une litière douce, mais un fumier un peu court.

On emploie le grain spécialement à la fabrication de la bière.
Il peut servir à l'alimentation des chevaux et des moutons.

IV

CULTURE DE L'ORGE DE PRINTEMPS

CULTURES 10 à 12. On cultivera plusieurs variétés d'orge dans le champ d'expériences.

304. Choix du terrain.

L'orge préfère les terres de consistance moyenne; sablo-argileuses ou argilo-calcaires; elle redoute les terrains humides.

L'orge aime les sols bien propres et profondément remués; elle vient bien après les prairies à graines et surtout après les plantes sarclées, racines ou plantes industrielles. L'orge peut venir aussi après le fróment, mais elle réussit moins bien.

305. Labours et fumures. La terre est fumée pour la récolte précédente. On pratique en novembre ou décembre un premier labour appelé *hivernage*, suivi d'un hersage. Vers la fin de mars ou dans la première quinzaine d'avril, on donne un deuxième labour assez profond pour préparer la terre à recevoir les semailles; il est bon que ce labour soit donné en temps de sécheresse.

306. Semailles. Elles se font en avril après celles de l'avoine. On choisit autant que possible un temps sec; l'orge aime à être semée dans la poussière. On emploie 2 à 3 hectolitres à l'hectare pour les semis à la volée. On enterrera l'orge à la herse, suivie immédiatement du rouleau; un bon roulage est une condition de succès. Plus la terre est légère, plus elle doit être tassée.

307. Maladies. L'orge est sujette à la rouille et au charbon, mais il est rare qu'elle en soit gravement atteinte, si on a eu soin de choisir un terrain naturellement sec.

308. Maturité. — Moisson.

Excurs. 42. Les élèves suivront les opérations de la moisson de l'orge; fauchage en raies en août, mise en javelle et en gerbes en septembre, récolte et entassage en meules ou en granges, battage et nettoyage à la ferme.

L'orge est mûre en août, en même temps que le blé. On la fauche en la laissant étendue en raies sur le champ, pour donner au grain le temps de mûrir et de grossir sur la terre. Quinze jours après, on met les brins en javelles et en gerbes.

309. Rendement et usages. En Beauce, on récolte par hectare 1,500 kil. de grain et 3,000 kil. de longues pailles.

La longue paille est fourragée par les chevaux et les moutons, mais ils préfèrent celle du blé. La balle ne sert guère qu'à faire des composts d'engrais, car les animaux ne l'aiment pas. Ces inconvénients font préférer la culture de l'avoine à celle de l'orge.

Le grain est employé à la fabrication de la bière, et quelquefois à la nourriture des chevaux et des moutons, en le faisant concasser au moulin. Souvent l'orge est mêlée au blé par moitié pour faire la farine destinée au pain de la ferme.

310. Méteil d'orge ou mouture.

CULTURE 13. Du champ d'expériences.

En Beauce on appelle *mouture* un mélange de blé et d'orge cultivés ensemble. On allie à l'orge le blé de printemps ou *blé de mars*. Le mode de culture est le même que celui de l'orge. Le produit en grains sert à faire la farine du pain de ferme.

V

CULTURE DE L'AVOINE

311. Dans les régions où les chevaux sont employés aux travaux des champs, la culture de l'avoine a une grande importance, car son grain est la base de leur alimentation. Sa longue paille sert à nourrir les bœufs en hiver.

CULTURES 14 à 20. Les élèves cultiveront en avoine plusieurs carrés du champ d'expériences. Dans les uns de l'avoine seule pour y faire succéder de la moutarde ou des pois. (Carrés 14 et 15). Dans les autres de l'avoine avec les diverses espèces de prairies artificielles en usage dans la contrée. (Carrés de 16 à 20). Voyez page 124.
Les résultats obtenus seront estimés comparativement.

312. **Choix du terrain.** L'avoine est rustique ; elle réussit dans toutes les classes de terres, elle ne craint pas l'humidité du terrain. On peut la cultiver après toute sorte de plantes, même après une autre céréale, et sans fumure spéciale.

313. **Préparation du sol.** On donne un premier labour (hivernage) avant les gelées, en novembre ou décembre. Après les fortes gelées, on donne un deuxième labour que l'on pratique le plus profondément possible. On sème sur ce labour.

314. **Semailles.** On choisit pour semence de l'avoine récoltée très-mûre et bien sèche. On enlève avec soin, au moyen du tarare où d'un autre trieur, les mauvaises graines qui pourraient s'y trouver. On emploie 3 hectolitres de semence par hectare quand on la cultive seule, 2 hectolitres quand on sème une prairie en même temps.

On sème le plus tôt possible, vers la fin de février, dès que les fortes gelées ne sont plus à redouter.

Le semis se fait à la volée sur le labour ; on enterre à la herse en donnant trois ou quatre coups en long et en travers.

315. **Soins pendant la végétation.** Dès que l'avoine est bien levée, on la roule, afin de conserver à la terre une fraîcheur favorable. On choisit un rouleau d'autant plus fort que la terre est plus légère. Si une gelée tardive survient, on roule de nouveau après le dégel.

316. Maladies de l'avoine. L'avoine redoute surtout le charbon. Le chaulage des semences prévient cette maladie en détruisant les germes adhérents aux grains.

317. Moisson de l'avoine.

Excurs. 43. Les élèves suivront les opérations de la récolte de l'avoine et prendront part à la mise des raies en *oisons* ou *javelles*, et des javelles en gerbes.

L'avoine de semence doit mûrir sur pied, mais celle qui doit servir à l'alimentation du bétail est coupée, dès que les grains commencent à noircir. Les faucheurs la déposent en rangs sur le champ. Elle y reste pendant deux ou trois semaines, jusqu'à sa maturité complète ; l'eau des rosées et des pluies est utile pour faire grossir le grain.

Les graines de l'avoine tiennent peu à la tige ; il faut autant que possible choisir un temps humide pour la rentrer ; en temps de sécheresse, il faut préférer le matin à l'après-midi.

L'avoine rentrée sèche est mise en grange ; celle qui est trop mouillée est mise en meules, qu'on couvre d'un toit de paille quand elles sont assez sèches.

318. Rendement. En Beauce, on est satisfait quand on a obtenu par hectare 35 hectolitres de grain (pesant 45 à 50 kil. l'hectolitre), 3,000 kil. de longues pailles et 300 kil. de balles.

319. Usages. Les grains servent à l'alimentation des chevaux : on en donne également aux brebis mères, quelques semaines avant l'agnelage et pendant l'allaitement. Lorsque l'avoine est infectée de charbon, on la lave pour en enlever les poussières qui nuiraient à la santé des animaux, on fait quelquefois macérer l'avoine dans l'eau pour en attendrir l'écorce et faciliter sa digestion.

La balle d'avoine, mêlée à la pomme de terre ou à la betterave, sert à l'alimentation des animaux de l'espèce bovine.

Les bœufs aiment à fourrager les longues pailles de l'avoine.

VI

CULTURE DU MAÏS

320. La culture du maïs tient une place importante dans l'agriculture du midi de la France (1).

Culture 21. Le maître fera cultiver du maïs à ses élèves dans le champ d'expériences ou dans le jardin de l'école. Il choisira les variétés de maïs cultivées dans la contrée.

321. Choix du terrain. Le maïs préfère les sols de consis-

(1) Nous devons à M. Laurens, de Saverdun, Président de la société d'agriculture de l'Ariège, les notions que nous exposons ici.

tance moyenne, ni trop argileux, ni trop sableux; mais, avec des soins particuliers, on peut le cultiver dans les terres de toute espèce, pourvu qu'elles aient assez de profondeur pour résister aux longues sécheresses de l'été.

Place dans la rotation. On cultive le maïs après les défrichements de prairies artificielles, ou sur les déchaumages des céréales d'hiver.

322. **Préparation du sol.** Le maïs aime un terrain ameubli par de nombreux labours. Avant l'hiver, on pratique un premier labour très-profond que les gelées mûrissent. En février, on fume copieusement et on enterre le fumier par un labour ordinaire. Si l'herbe pousse trop, on la détruit par un *binage* en mars ou avril. On donne le dernier labour dans la première quinzaine de mai au moment des semailles.

323. **Fumures.** Le maïs demande une fumure très-abondante. On emploie dans le Midi 40 à 50 tonnes de fumier de ferme par hectare.

Dans les terres qui manquent de calcaire, le chaulage ou le marnage sont favorables au maïs; dans les terres peu argileuses, on emploie les cendres ou les charrées.

324. **Semences.**

Excurs. 44. Le maître et ses élèves assisteront aux opérations de la préparation des semences et aux travaux des semailles.

On choisit pour semence les meilleurs grains, on prend pour cela les plus beaux épis et sur chaque épi les grains du milieu qui sont les plus mûrs et les mieux nourris.

Si on veut qu'ils lèvent plus vite, on les fait tremper dans l'eau tiède, quelques heures avant de semer. Au sortir de l'eau on les saupoudre de plâtre, pour éloigner les oiseaux qui en sont très-friands.

325. **Semailles.** Pendant le dernier labour, le semeur suit le fond de raie, et dans un des sillons, précédemment creusés, enfouit les grains à 2 ou 3 cent. de profondeur et à 10 ou 15 cent. de distance. Les lignes sont espacées de 50 à 60 cent. afin que la charrue puisse passer entre elles.

326. **Soins pendant la végétation.**

Excurs. 45. Promenade aux champs pendant le binage et le buttage du maïs.

On bine le maïs quand la quatrième feuille se montre; on le butte ensuite. On renouvelle le binage et le buttage quand les tiges montent jusqu'aux genoux.

327. Maladies et ennemis du maïs. Sa principale maladie est celle du charbon qui l'attaque dans sa tige, à la naissance des feuilles, et plus souvent dans l'épi. Ses progrès sont rapides et font des grains une masse de poussières noires comme du charbon. On ne connaît aucun moyen de prévenir cette maladie ; heureusement elle n'atteint ordinairement qu'un petit nombre de pieds.

Un petit insecte, nommé MILLE-PATTES, dévore souvent les jeunes pousses au moment où elles sortent de terre.

328. Récolte du maïs.

Excurs. 46. Visite au champ de la ferme pendant la moisson. Le maître expliquera les diverses opérations de la moisson et du battage du maïs.

Le maïs est mûr et bon à cueillir quand ses graines sont bien dorées. Les épis sont cueillis à la main et envoyés à la ferme. Là des femmes et des enfants les débarrassent de leurs spathes. Les têtes sont mises à sécher à l'air, puis battues par les *machines à égrener le maïs.*

Les tiges sont coupées et mises en gerbes, elle se dessèchent aux champs, et sont ensuite rentrées à la ferme.

329. Rendement et usages. Le maïs donne environ 20 hectolitres de graines (pesant 75 kil. l'hectolitre), 500 kil. de spathes et 1700 kil. de tiges.

Les graines de maïs, très-riches en principes gras, servent à l'engraissement du bétail et spécialement des volailles.

Sous forme de pain ou de galettes, il sert à la nourriture des populations pauvres.

Dans l'industrie, on en extrait la matière grasse ; la farine privée de cette huile donne un pain de meilleure qualité. On en fait aussi de l'alcool.

Les longues pailles, très-poreuses, sont une excellente litière.

On les fait d'abord fourrager aux animaux qui rongent les parties les plus tendres, et les parties fibreuses qui restent font la litière. Le fumier qui en résulte est un excellent engrais pour les vignes.

Les spathes sont données aux bêtes à cornes dans la nourriture d'hiver. Elles remplacent avantageusement la paille pour garnir les paillasses de lits.

VII

CULTURE DU SARRASIN (1)

Culture 22. Le maître cultivera du sarrasin dans un des carrés de son champ d'expériences en suivant le mode de culture pratiqué dans le canton.

(1) Procédés de culture de la Normandie.

330. Choix du terrain.

Le sarrasin peut réussir dans toutes les espèces de sols. Il leur demande seulement d'être bien ameublis. Il prospère particulièrement dans les régions à climat doux et humide.

Place dans la rotation. On le cultive de préférence après le défrichement des prairies; il nettoie très-bien la terre des plantes nuisibles aux céréales, et la prépare à la culture du froment ou du seigle.

331. Fumures. Quand le sarrasin entre dans une rotation de culture régulière, on ne le fume pas spécialement. Si on le cultive sur des prairies retournées, on lui donne une fumure ordinaire avec du fumier de ferme enrichi de charrées ou de noir animal.

332. Préparation du sol. Un premier labour est fait en janvier ou février, un second en avril, et enfin un troisième au moment des semences, qui se font du 20 au 30 mai. On peut supprimer le labour d'avril, si le sol est naturellement meuble. Si le sol est compact, on fait suivre les labours de hersages et de roulages.

333. Semailles. On emploie environ 1 hectolitre de semences à l'hectare. Les semailles doivent être faites assez tard pour que les froids de l'hiver ne soient plus à craindre, (vers la fin de mai en Normandie); on enterre le grain par un léger coup de herse. Le sarrasin n'exige aucun soin de culture pendant sa végétation.

334. Maturité. — Récolte.

Excurs. 47. Les élèves prendront part à la récolte et au battage du sarrasin.

Le sarrasin ne reste que trois ou quatre mois en terre; on le récolte en octobre. On reconnaît que ses graines sont mûres quand elles noircissent.

On coupe le sarrasin à la faucille; on en fait des faisceaux qu'on lie à la partie supérieure et qu'on laisse debout sur le champ pendant dix à quinze jours.

Le grain achève de mûrir et la paille se dessèche. On le rentre alors et on le bat au fléau.

335. Rendement. Il est de 20 à 25 hectolitres de grain (pesant 40 à 50 kil. l'hectolitre) et de 1200 à 1500 kil. de pailles.

La paille sert de litière aux animaux, elle fait d'excellent fumier. Le grain peut être consommé par les bestiaux; les chevaux et les moutons le préfèrent à l'avoine. Il est excellent pour engraisser les volailles et les porcs.

336. Application à la nourriture de l'homme.

En Bretagne et en Normandie, la plus grande partie du sarrasin est consommée par les hommes, soit à l'état de bouillie, en le délayant dans du lait; soit à l'état de galette, en le mettant en pâte avec du lait aigri ; soit à l'état de pain, en y mélangeant de la farine de froment pour faire lever la pâte.

CHAPITRE X

CULTURE DES LÉGUMINEUSES A GRAINES

CULTURE DES FÉVEROLES (1)

Les légumineuses cultivées en grand pour leurs graines sont les féveroles, les haricots, les pois et les lentilles.

CULTURE 23. Culture des féveroles dans un carré du champ d'expériences.

337. Choix du terrain. La féverole ou *petite fève des champs* aime les sols compacts et humides. On la fait succéder au froment et précéder les céréales de printemps.

- La culture de cette plante sarclée est particulièrement favorable aux prairies qu'on fait succéder à l'avoine.

338. Labours et fumures. On fume avec le fumier de ferme qu'on enterre avant l'hiver par un labour profond. Après les gelées, on donne un deuxième labour en travers du premier et suivi de hersage et de roulage. En mars, on donne le labour à demeure pour préparer les semailles.

339. Semailles. On prend 1 hect. $\frac{1}{2}$ de semence, et on sème en lignes assez espacées (50 à 60 centim.) pour opérer les binages à la charrue. La brouette à semer suit la charrue, qui doit creuser un sillon profond de 5 à 6 centimètres seulement. Le sillon suivant recouvre la semence.

340. Soins pendant la végétation. Quand les plantes ont 8 à 12 centim. de hauteur, on donne un premier binage ; puis un deuxième quand le terrain est de nouveau couvert de mauvaises herbes. Lorsque les pucerons envahissent les plantes, on les détruit en fauchant la cime, où ils sont accumulés.

341. Maturité. — Récolte. Les fèves sont mûres quand la gousse commence à noircir ; on fauche alors la plante, on la laisse sécher sur le terrain, puis on rentre la récolte et on la bat.

Procédés de culture des Charentes.

342. Rendement et usages. Un hectare donne de 20 à 25 hectolitres de grains et de 2 à 3 mille kil. de fanes.

La graine concassée au moulin peut remplacer l'avoine pour les chevaux. Les fanes sont consommées, comme fourrage sec, par les moutons et par les chevaux.

II
CULTURE DES HARICOTS

CULTURE 24. Culture des haricots dans le champ d'expériences ou dans un carré du jardin de l'école.

343. Choix du terrain. Les haricots aiment les sols assez compacts, pourvu qu'ils ne soient pas trop humides.

344. Fumures et labours. On doit donner une abondante fumure au fumier de ferme; cet engrais est enterré avant l'hiver par un labour profond. Après les gelées, on donne un deuxième labour suivi de hersage et de roulage. En mars, on donne un dernier labour superficiel pour préparer les semailles.

345. Semailles. On choisit les espèces les plus rustiques. On emploie de 1 à 2 hectol. à l'hectare. Un ouvrier, muni de semence suit la charrue et enfonce la graine dans le sillon précédent, à 3 ou 4 centimètres de profondeur et à 15 ou 20 centim. de distance. Si le sol est léger, on fait passer le rouleau sur le champ ensemencé.

346. Soins pendant la végétation. Lorsque la tige est assez haute et qu'on voit se former les vrilles, un ouvrier muni de baguettes passe entre les raies, et en plante une à côté de chaque tige suivant la ligne des plants.

On pratique ensuite plusieurs binages, à la main ou à la houe.

347. Récolte. Quand les gousses sont à moitié mûres, on arrache les plants à la main, et on les met en javelle sur le champ où ils achèvent de mûrir. On les rentre en prenant les précautions nécessaires pour éviter l'égrénage.

348. Rendement et usages. On peut obtenir de 25 à 30 hectolitres de haricots à l'hectare, et 1500 à 2000 kil. de fanes.

Les haricots servent principalement à la nourriture de l'homme; mais on peut les employer aussi à l'alimentation des chevaux et des moutons en les concassant au moulin.

Les fanes sont fourragées par les moutons.

III
CULTURE DES POIS A GRAINES

CULTURES 25 et 26. Le maître fera cultiver à ses élèves dans son champ d'expériences les diverses variétés de pois qui réussissent dans la contrée.

349. Choix du terrain. Les pois comestibles réussissent sous tous les climats de la France, en choisissant des variétés convenables. On peut les cultiver dans toutes les classes de terres, cependant ils préfèrent les sols riches en calcaire.

350. Fumures et labours. Les pois à graines doivent recevoir une fumure spéciale. On enterre le fumier par un labour profond pratiqué avant l'hiver.

On donne un deuxième labour plus léger après les fortes gelées et on le fait suivre d'un hersage et d'un roulage.

351. Semailles. On prend 1 hectolitre $1/2$ de semence par hectare. On trace sur le sol de légers sillons distants de 30 à 40 centimètres et on y répand la semence avec un semoir à brouette. On donne ensuite un coup de herse pour l'enterrer.

352. Soins pendant la culture. On donne deux binages aux pois, le premier quand ils sont hauts comme le doigt, le deuxième un peu plus tard, quand les herbes ont poussé entre les lignes. On *butte* la terre contre les pieds. On plante des baguettes le long des lignes pour faire ramer les pois.

353. Récolte. Quand la moitié des gousses sont mûres, on fauche ou on arrache les pois et on les laisse javeler sur le sol.

Pour éviter l'égrénage, on les rentre à la ferme dans des voitures garnies de toiles. On les bat au fléau ou à la fourche.

354. Rendement et usages. On peut obtenir par hectare de 20 à 25 hectolitres de grain et de 4 à 5 mille kil. de fanes.

Les graines de plusieurs espèces de pois sont consommées par l'homme ; celles d'autres espèces, concassées au moulin, servent à l'alimentation des chevaux et des moutons.

Les fanes sont un fourrage sec excellent pour les chevaux, les moutons et les bœufs.

IV

CULTURE DES LENTILLES

Culture 27. Culture des lentilles dans le jardin ou dans le champ d'expériences.

355. Choix du terrain. Les lentilles préfèrent les terrains légers. On les cultive dans ces sols à la place des pois.

356. La *fumure*, les *labours*, les *semailles* et les *soins pendant la végétation*, qu'il faut donner aux lentilles, sont les mêmes que pour les pois ; il est inutile de ramer les lentilles.

On sème les lentilles en lignes. Un hectolitre à l'hectare suffit.

357. Récolte. Quand la gousse commence à noircir, on arrache les lentilles, on les laisse sécher pendant deux ou trois jours sur le sol et on les rentre, en prenant des précautions pour éviter l'égrénage. On les bat au fléau ou à la fourche.

258. Rendement et usages. Un hectare donne de 12 à 15 hectolitres de graines et de 10 à 15 mille kil. de fanes.

Les lentilles sont, pour l'homme, un excellent aliment.

Le fourrage des lentilles est bon pour les chevaux et les moutons, mais il est un peu échauffant et doit être mêlé à d'autres fourrages plus aqueux ou moins riches en azote.

CHAPITRE XI
CULTURE DES PRAIRIES ET PATURAGES

I
CULTURE DES PRÉS OU PRAIRIES NATURELLES

359. Choix du terrain. Les prés peuvent être établis dans toutes les espèces de terres ; la condition la plus essentielle est que le terrain soit assez humide. La culture des prés réussit quand ils sont irrigués par une eau saine et vive.

360. Création des prés.

Excurs. 48. Si un pré va se créer dans la contrée, le maître en profitera pour faire assister ses élèves aux travaux d'exécution. Il leur expliquera le but de ces travaux et plus tard leur fera connaître les résultats obtenus.

361. Préparation du sol. Avant tout on exécute les terrassements destinés aux services des irrigations et du drainage.

Avant l'hiver, le terrain est défoncé par un labour profond ; à la fin de l'hiver, on fume à fortes doses (au moins 50.000 kil. à l'hectare) avec du fumier de ferme, ou mieux avec l'équivalent en engrais concentrés. L'engrais est enterré par un labour ordinaire, au moment des semailles, vers la fin de mars.

362. Semailles. On prend pour semences des graines provenant d'un pré établi dans des conditions semblables. Au moment du bottelage des foins, les semences mûres s'égrènent et s'échappent avec le poussier de florin ; on crible les florins, ce qui passe est pris pour semence. On emploie par hectare 70 hectolit. de ce poussier et on ajoute 1 kilogr. de graines de luzerne, 20 lit. de gousses de sainfoin et 1 hectol. $^1/_2$ d'avoine. on sème à la volée et on enterre à la herse.

L'avoine est utile pour préserver les jeunes pousses de prairies

(1) Nous indiquons ici les procédés de culture des prés en Sologne d'après les renseignements que nous a donnés M. Menard, de Huppeneau.

contre les ardeurs du soleil de leur premier été. Le sainfoin et la luzerne donnent pendant les deux premières années ; dès la 3e année, les autres plantes plus vigoureuses prennent le dessus et le pré est établi.

363. Travaux et entretien des prés. Quand le pré est envahi par les mousses ou autres mauvaises herbes, on donne en mars un ou deux bons coups de herse à dents de fer.

Si la terre est soulevée par les gelées, on la plombe avec le plus fort rouleau de la ferme.

L'irrigation des prés se pratique vers la fin de l'hiver et pendant l'été.

Fumures. On sème dans les prés des engrais concentrés, guano, poudrettes ou résidus d'usines agricoles. Les animaux qu'on y met paître l'enrichissent de leurs déjections.

Le meilleur engrais des prés est le purin. On obtient un succès complet en faisant passer au printemps un rouleau Pernollet, rempli de purin, qui plombe et arrose à la fois. C'est un coup de fouet pour la végétation des bonnes herbes, c'est la mort pour les herbes parasites.

365. Récolte.

Excurs. 49. Les élèves suivront les opérations de la moisson des prés, fauchage, fenaison, mise en tas sur le champ, rentrée, bottelage. Ils prendront part autant que possible à quelques-uns de ces travaux.

La première coupe des foins est faite vers la fin de mai. Le pré est ensuite livré au pâturage. Si la saison le permet, on peut obtenir une deuxième coupe ou regain.

366. Rendement. En Sologne, on obtient en moyenne 400 bottes de 5 kil. ou 2000 kil. de foin à la première coupe et 1000 kil. de regain. En Normandie et dans le Nord, on obtient jusqu'à 7000 kil. de foin par an ou l'équivalent en pâture.

367. Usages. Le foin est la nourriture par excellence des chevaux, des bœufs et des moutons : c'est cet aliment que l'on prend comme base pour calculer les rations d'élevage, d'entretien et d'engraissement des bestiaux.

Les produits des prés sont consommés soit à l'état de foin sec, soit à l'état de pâture verte.

II

CULTURE DE LA LUZERNE

Cultures. 33 à 37. Le maître cultivera en luzerne cinq des carrés de son champ d'expériences, de manière à ce que, chaque année, il en fasse sortir une portion et rentrer une parcelle égale.

368. Choix du terrain. La luzerne peut étendre ses racines très-profondément; elle se plaît dans les terrains profonds. Les sols et sous-sols calcaires lui sont favorables.

369. **Place dans la rotation.** La luzerne vient bien après les céréales et surtout après les racines, dont les sarclages nettoient la terre des mauvaises herbes. Elle ne réussit pas après les légumineuses. Il importe que le champ n'ait pas porté de prairies permanentes et surtout de luzerne depuis au moins 20 ans, ni même de prairies annuelles depuis 6 ans.

370 **Fumures.** Le fumier de ferme récent ne convient pas à la luzerne. Les mauvaises graines qu'il contient lui seraient funestes. Cependant la luzerne a besoin de trouver, pendant la première année, un sol riche en engrais; en conséquence, il importe de fumer doublement la récolte qui précède.

En outre, pendant l'hiver précédent, on transporte sur le sol des terres de jardin à la dose de 200 à 300 mètres cubes à l'hectare. Ce *terreautage* est en Beauce une des conditions de succès. A défaut de terres de jardins on prend des terres de champs qui n'aient pas encore porté de luzerne, et on les enrichit de guano ou de tout autre engrais concentré.

371. **Travaux préparatoires.** Avant le terreautage, en novembre ou décembre, on laboure le plus profondément possible pour défoncer le terrain; la terre ramenée à la surface mûrit pendant l'hiver. Le terreautage est pratiqué pendant les gelées, quand la terre glacée peut supporter le charriage. Vers le 1er mars on donne un labour ordinaire pour préparer les semailles.

372. **Semailles.** On prend pour semence des graines bien mûres et soigneusement nettoyées. On emploie par hectare 25 kil. de graines de luzerne et 150 litres de sainfoin en gousse; on y joint 2 hectol. d'avoine.

On sème à la volée et on enterre à la herse.

273. **Végétation.** L'avoine abrite les jeunes pousses pendant le premier été; le sainfoin garnit la prairie pendant la première année. Il cède peu à peu la place à la luzerne dans les années suivantes.

374. **Soins pendant la végétation.** A la fin de la première année, on plombe la terre après les gelées, afin de rechausser les jeunes pousses. Le mieux est d'opérer ce roulage avec un rouleau Pernollet rempli de purin, afin d'arroser la terre en même temps qu'on la tasse.

Pendant les années suivantes, on herse vigoureusement après les gelées pour détruire les mauvaises herbes et ouvrir la terre, on roule ensuite au besoin. Tous les deux ans, on active la végétation en semant, en avril, du plâtre à la dose de 150 à 200 kil. par hectare.

275. Maladies et ennemis da la luzerne. La luzerne redoute surtout les mauvaises herbes, la cuscute, le chiendent, les friches de toutes sortes. Ces herbes dominent la prairie quand la force végétative de la luzerne commence à s'épuiser. Pour les détruire, il suffit de redonner à la luzerne une vigueur nouvelle, par un hersage vigoureux et par un arrosage au purin pratiqués au printemps. On ne plâtre pas cette année-là.

276. Récolte. On obtient une première coupe en mai, et un regain en septembre ou octobre, et un pâturage avant l'hiver. Le regain peut donner de la graine; on la laisse mûrir sur pied.

Excurs. 50. Le maître et ses élèves assisteront au fauchage et à la fenaison.

377. Rendement et usages. On obtient en Beauce de 6 à 8 mille kil. de foin par hectare et par an.

La luzerne en vert sert au pâturage des bœufs et des moutons.

Le foin de luzerne sert à l'alimentation des chevaux et des moutons. On ne récolte de graine que pour la semence. Les fanes de luzerne à graines sont de mauvais fourrages, le plus souvent on les convertit en fumier dans les composts.

III
CULTURE DU SAINFOIN

Cultures 38 et 39. Culture du sainfoin dans des carrés du champ d'expériences ; chaque année, un sainfoin de deux ans sortira, remplacé par un nouveau.

378. Choix du terrain. Le sainfoin se contente des terrains légers, pourvu qu'ils soient suffisamment riches en calcaire. On doit le cultiver de préférence à la luzerne dans les terres calcaires ; il peut dans ces cas durer trois ou quatre ans.

379. Préparation du sol. On cultive le sainfoin après les récoltes sarclées qui ont purgé le sol des mauvaises herbes.

On donne un premier labour profond avant l'hiver, et un deuxième labour au printemps pour l'ensemencement.

380. Fumures. Si l'on veut que le sainfoin prenne bien et puisse rester plusieurs années, il faut fumer le terrain avant le labour d'hiver. On emploiera des engrais concentrés de préférence au fumier, parce que ce dernier peut contenir des grains de mauvaises herbes.

381. Semailles. On choisit la variété de sainfoin dite à deux coupes ou sainfoin permanent. On sème, par hectare, 3 hectol. de gousses de sainfoin, auquel on ajoute 2 hectol. d'avoine.

La première année, l'avoine donne sa récolte et protége de son ombre les jeunes pousses de la prairie.

382. Soins pendant la végétation. A partir de la troisième année, on donne, au printemps, un hersage pour arracher les mauvaises herbes, un roulage pour plomber le terrain et un arrosage au purin pour donner le coup de fouet.

383. Récolte. A la fin de la première année, après la récolte de l'avoine, on peut faire pâturer le sainfoin par les moutons.

La deuxième année donne une récolte de foin en juin, et un regain ou un pâturage en septembre. Il en est de même les années suivantes. On peut, si on veut, obtenir la graine du regain, en la laissant mûrir avant de faucher.

La récolte du sainfoin est semblable à celle de la luzerne. Les gousses de sainfoin à graines se détachent en secouant simplement les tiges à l'aide d'une longue fourche en bois.

Excurs. 51. Les élèves prendront part à la récolte du sainfoin à foin et à graine. Ils assisteront au bottelage du foin et au battage de la graine.

384. Rendement et usages. On obtient en Beauce environ 5,000 kil. de foin ou l'équivalent en pâturages.

On peut avoir de 18 à 20 hectol. de gousses de sainfoin.

Le sainfoin, coupé en vert, est une excellente nourriture pour les chevaux. Le foin fané est bon pour les chevaux, les bœufs et les moutons. Les fanes de sainfoin à graine peuvent être données aux chevaux, quand elles n'ont pas été trop mouillées au moment de la fenaison.

Les graines ne servent que pour semence.

IV

CULTURE DU TRÈFLE VIOLET OU TRÈFLE PERMANENT

Cultures 40 et 41. Culture du trèfle dans les carrés les plus humides du jardin en l'arrosant au besoin. Chaque année on fera sortir le trèfle de deux ans pour le remplacer dans un autre carré par un trèfle nouveau.

42. On cultivera du ray grass ou toute autre prairie permanente en usage dans le canton.

385. Choix du terrain. Le trèfle aime les terres mouillées et les climats humides; c'est pourquoi sa culture est florissante en Normandie et en Bretagne.

386. Préparation du sol. Les fumures et les semailles sont les mêmes que pour le sainfoin. On emploie pour semence 25 kilog. de graines à l'hectare.

386. Soins pendant la végétation. Au printemps de la deuxième année, un plâtrage est utile pour accroître la végétation. Pendant les années suivantes, aussitôt après les gelées, on herse, on roule et on arrose avec du purin. Avec ces soins, le trèfle peut durer trois ou quatre ans.

Excurs. 52. Visite des travaux de la fenaison du trèfle, du bottelage du foin et du battage des graines.

387. Récolte et produits.

La première année, après la récolte de l'avoine, on fait pâturer le trèfle par les moutons. Le troupeau doit passer assez rapidement de crainte de météorisation.

Chaque année, on obtient, en juin, une première coupe de foin, et en septembre ou octobre un pâturage ou un regain.

La *fenaison* du trèfle est assez difficile, elle demande un temps propice et les plus grands soins.

388. Rendement. On obtient en Normandie de 6 à 7 mille kilog. de foin ou l'équivalent en pâture.

Trèfle à graine. Quand on veut obtenir de la graine, on fait pâturer le trèfle en mai avant la fleur. Le regain part peu de temps après, on le laisse pousser et mûrir ses graines. On en obtient 3 à 4 hectol. à l'hectare.

389. Usages. Le foin de trèfle est bon pour les bœufs, il est moins favorable aux moutons et aux chevaux.

Les graines servent *comme semence seulement* ; la fane est une nourriture de qualité très-inférieure (1).

V.

CULTURE DES PATURAGES ANNUELS

390. But et succession des pâtures. On cultive en Beauce, comme pâturages annuels, le seigle, le trèfle incarnat, la minette, le trèfle violet, le sainfoin, la vesce, les pois, la moutarde, le topinambour et les choux.

Dans l'économie de la ferme ces plantes doivent donner une succession non interrompue de pâturages, depuis le mois de mars jusqu'au mois de décembre. En Beauce, où les prés font défaut, l'alimentation du bétail repose en grande partie sur les

(1) Outre la luzerne, le trèfle et le sainfoin, on cultive en prairies permanentes, dans quelques régions agricoles, plusieurs autres espèces de plantes, le ray grass par exemple. Nous laissons aux maîtres le soin de signaler à leurs élèves celle de ces espèces qui sont cultivées en grand dans leur région.

prairies annuelles ; aussi les agriculteurs mettent-ils tout leur art pour en assurer une succession régulière (1).

Le seigle donne la première pâture fin mars et dans la première quinzaine d'avril. Viennent ensuite les trèfles incarnats de diverses variétés qui durent jusqu'en juin. La minette, la vesce d'hiver et les pois de mars sont pâturés en juin et juillet. Le sainfoin et le trèfle violet coupés en mai sont pâturés en juillet et août. La vesce de printemps et les pois de mai sont consommés en août et septembre, ainsi que les feuilles de betteraves. La moutarde semée après le froment donne un foin vert qui peut durer tout l'automne. Les jeunes luzernes de l'année et les regains trop faibles pour être coupés sont pâturés en septembre et octobre. Les tiges et les feuilles de topinambours sont consommées en novembre et décembre. Les choux bien ménagés peuvent fournir jusqu'aux fortes gelées. Enfin, pendant tout l'hiver les racines et les tubercules tiennent lieu des fourrages verts.

391. **Place dans la rotation.** En Beauce on cultive les pâtures entre l'avoine et le froment. Il faut en excepter la moutarde et les choux qui, laissant le terrain libre trop tard pour qu'on puisse leur faire succéder le froment, doivent être placés avant les céréales de printemps.

392. **Choix du terrain.** Les pâtures vertes restent peu de temps sur le sol, elles peuvent en conséquence être cultivées dans toutes les classes de terres.

Fumures. On ne donne d'engrais nouveaux pour aucune d'entre elles ; toutefois si on veut en obtenir des graines, il est bon de donner au terrain qui doit les produire une demi-fumure en engrais concentrés.

Les *opérations de culture*, les *semailles* et la *récolte*, varient avec chaque espèce de pâture.

CULTURES 43 à 56. Le maître fera cultiver à ses élèves dans son champ d'expériences les différentes espèces de pâturages verts en usage dans la contrée. Il choisira 12 espèces au moins.

393. **Seigle pâturé en vert.** (*Culture* 43.)

Après la récolte d'avoine, on donne un labour profond ; on sème très-dru, à la dose de 3 à 4 hectolitres ; on enterre à la herse et on roule. Le seigle est coupé en avril, avant sa fleur, et

(1) L'aménagement des pâturages du printemps, de l'été et de l'automne varie nécessairement dans chaque contrée agricole. Le maître aura soin de prendre à cet égard tous les renseignements nécessaires près des agriculteurs de sa commune.

consommé par les bœufs et les moutons. On obtient par hectare environ 10,000 k. de ce fourrage vert.

Le maïs est également cultivé en vert. (*Culture* 44).

394. Trèfles incarnats. (*Culture* 45 à 47).

On sème, à la dose de 25 à 30 kil. de graines à l'hectare, en août ou septembre, aussitôt après la récolte de l'avoine ou de l'orge. On ne laboure pas, on donne seulement trois à quatre bons coups de herse après avoir semé, et on roule fortement.

On en cultive trois variétés : la première hâtive est bonne à couper dès la fin d'avril : la deuxième plus tardive lui succède vers la mi-mai ; la troisième plus tardive encore suit la deuxième et permet d'atteindre le mois de juin.

Le trèfle incarnat est coupé en fleurs et consommé en vert à la ferme. C'est une des pâtures les plus précieuses ; les bœufs, les moutons, les chevaux eux-mêmes en sont très-friands.

On récolte de 10 à 12 mille kilog. de foin vert par hectare.

395. Sainfoins et trèfles. (*Culture* 48 *et* 49).

On les cultive comme il est dit plus haut. Ils donnent en mai une première coupe bonne à faner, et en juillet et août on les fait pâturer par les bœufs d'abord, puis par les moutons.

396. Minette ou lupuline. *(Culture* 50).

On la sème avec l'avoine ou l'orge, à la dose de 20 kil. de graines à l'hectare. On obtient l'année suivante, en mai ou juin, un foin vert qu'on fait couper pour les chevaux et les bœufs. Le pâturage de la minette est excellent pour les agneaux.

397. Vesces d'hiver. (*Culture* 51).

On choisit un terrain ni trop sec, ni trop humide. On laboure la terre après la récolte d'avoine ou d'orge. On sème, fin septembre, avec 2 hectolitres de graine auxquels on ajoute un hectolitre de seigle ; on herse et on roule.

Après les gelées, on roule de nouveau ; le seigle monte et la vesce se ramifie le long de ses tiges.

Si ce fourrage doit être donné en vert, on le fauche en juin et juillet, au moment où les graines se forment.

On peut aussi le faner ; son foin est une excellente nourriture pour les moutons et pour les chevaux.

On cultive ce fourrage en grande quantité dans le nord de la France, sous le nom *d'hivernage*.

398. Vesce de printemps. (*Culture* 52).

On donne un premier labour après la récolte de l'avoine. En

avril, on fume le terrain copieusement, tant pour la vesce que pour le blé qui doit suivre. On laboure de nouveau et on sème à la dose de 2 hectolitres de graines de vesce, avec 1 hectolitre d'orge ou d'avoine pour ramer la vesce. On obtient, en août ou septembre, un foin vert que l'on fauche, soit pour le faire consommer immédiatement à la ferme, soit pour le faire faner et donner en fourrage sec pour l'hiver.

399. **Pois de mars** (*Culture* 53.)

On donne un premier labour avant l'hiver, et un deuxième labour avant les semailles, vers la fin de mars.

Les pois sont semés à la dose de 2 à 3 hectolitres avec 1 hectolitre d'orge ou d'avoine pour les ramer. On enterre à la herse et on roule fortement.

Les pois de mars sont coupés vers la fin de juin ; on peut les faire consommer en vert ou les faner pour l'hiver.

400. **Pois de mai.** (*Culture* 51.)

On fume tant pour les pois que pour le blé qui doit leur succéder. Vers la fin d'avril, on laboure et on sème les pois à la dose de 2 à 3 hectol. à l'hectare ; souvent on y ajoute de l'avoine pour les ramer.

Les pois sont mûrs en juillet, on peut les faire consommer en vert ou les faner pour l'hiver.

401. **Moutarde blanche.** (*Cultures* 55 *et* 56.)

Après la récolte du froment, on laboure et on sème de 3 à 4 kil. de semence. On enterre à la herse et on roule.

En faisant succéder de quinzaine en quinzaine les semis de moutarde, on peut obtenir un fourrage qui dure pendant tout l'automne.

Il faut avoir soin de la fumer assez pour alimenter les récoltes qu'on lui fait succéder.

On peut cultiver, au lieu de moutarde, du colza ou de la navette d'hiver ou d'autres espèces du même groupe agricole.

CHAPITRE XII

CULTURE DES FOURRAGES RACINES

402. Les principales racines cultivées en grand sont la betterave, la carotte, le navet et diverses espèces de raves. Il faut

y joindre les plantes à tubercules, la pomme de terre, le topinambour et diverses espèces analogues (1).

I

CULTURE DE LA BETTERAVE

CULTURES 57 à 62. Le maître et ses élèves cultiveront dans le jardin ou dans le champ
d'expériences, les diverses variétés de betteraves en usage dans la région, en
donnant à chaque variété tous les soins de culture possibles. Les plus belles
racines seront réservées pour porter graine l'année suivante.

403. Choix du terrain. La betterave n'aime pas les sols trop
argileux; leur compacité extrême nuit au dévelopement de sa
racine. Elle peut réussir dans tous les autres sols, même dans
ceux qui manquent de consistance, si on a soin dans ce dernier
cas de plomber le sol à l'aide de rouleaux très-lourds.

On la fait succéder aux céréales d'hiver ou de printemps.

404. Fumures. La betterave demande un sol très-riche en
engrais; elle a besoin d'une fumure de 50 à 60 mille kil. de fumier de ferme. Il est bon d'enrichir le fumier de charrées. Cette
fumure est donnée entre le premier et le deuxième labour.

405. Préparation du sol. Dès que le champ est libre, on pratique un premier labour le plus profondément possible, dût-on
pour cela ramener de la terre vierge à la surface. On herse le
guéret quelques semaines après pour briser les mottes.

La fumure est donnée en novembre ou décembre, avant les
fortes gelées ; on l'enterre par un labour ordinaire de 15 à 20
centimètres de profondeur. On herse et on laisse passer l'hiver.

En février ou mars, on bine le terrain par un labour de 10
à 15 centimètres de profondeur, qui ne ramène pas le fumier
à la surface. On herse pour ramasser les herbes déracinées par
le labour et on roule fortement, surtout si la terre est légère.

406. Semailles. On choisit les espèces qui réussissent le mieux
dans la région (en Beauce les *globes jaunes* ou la *Disette*);
10 à 12 kil. à l'hectare sont nécessaires si on sème à la volée,
8 kil. suffisent si on sème en lignes. On doit toujours préférer le
semoir, car il rend les sarclages praticables à la charrue.

Les semailles se font dans la première moitié d'avril, les lignes
sont espacées de 50 centimètres. On fait passer après le semoir
un rouleau d'autant plus fort que le sol est plus léger.

(1) Nous indiquons ici les cultures de la betterave, de la carotte, des navets, des
choux, de la pomme de terre et du topinambour, telles que nous les pratiquons en Beauce.
Si d'autres espèces sont en usage dans la région, le maître aura soin d'en faire connaître la culture.

Dans le nord de la France, on prend la peine de faire des semis très-serrés, dès la fin de janvier et de repiquer les plants à la main, en avril. Ces plants sont espacés partout de 50 centimètres. Ils ont l'avantage de permettre les sarclages à la charrue en long et en travers.

407. Soins pendant la végétation.

Excurs. 53. Visite aux champs de betteraves pendant les sarclages. Les élèves pourront être employés à ces travaux sous la direction de leur maître.

Un premier binage est pratiqué dès que les lignes des jeunes pousses sont nettement visibles ; la charrue passe entre les lignes. Ce binage détruit en partie les insectes qui s'apprêtent à dévorer les jeunes pousses.

Un deuxième binage est donné, deux ou trois semaines après, par la charrue entre les lignes, et à la houe à main sur les lignes elles-mêmes. En même temps on enlève les plants qui sont trop rapprochés ; ces plants servent à rémplir les vides, de telle sorte que, sur toute la ligne, les plants soient espacés de 40 à 50 centimètres.

On donne un troisième et dernier binage en juillet ou août, à la charrue entre les lignes, et à la main sur les lignes.

408. Récolte.

Excurs. 54. Visite aux champs pendant la récolte. Les élèves prendront part aux travaux sous la surveillance de leur maître.

Dès la fin d'août, on commence la cueillette des feuilles, on casse et on déchire celles qui sont le plus rapprochées de terre et tendent à tomber. Cette cueillette se rènouvelle toutes les deux ou trois semaines et se continue jusqu'à l'arrachage.

La betterave est mûre en octobre. On pratique d'abord le décolletage en coupant ce qui reste dé feuilles. On arrache ensuite les racines à la fourche et on les laisse sécher pendant deux ou trois jours sur le sol. Puis des femmes et des enfants enlèvent la terre adhérente aux racines et les mettent en tas ; des ouvriers les chargent dans des tomberaux, puis les amènent à la ferme.

409. Rendement. Le rendement en racines varie en Beauce de 30 à 60 mille kil. à l'hectare ; il atteint dans le Nord 88,000 kil. dans les bonnes années.

410. Usages et applications. Les feuilles sont données en pâture aux vaches depuis la fin d'août jusqu'en octobre.

Les racines taillées au coupe-racine, puis fermentées avec des balles de céréales, sont la base principale de l'alimentation des animaux de l'espèce bovine pendant l'hiver.

Dans le Nord, les raffineries extraient le sucre du jus de la betterave; ailleurs, dans les distilleries agricoles, on le fait fermenter et on en extrait l'alcool.

Les pulpes de betterave, résidus des raffineries et des distilleries, servent à l'alimentation des bestiaux.

411. Betteraves à graines. (Culture 62.)

On fait choix des racines les plus belles et les plus saines. On les sème à 40 ou 50 centimètres de distance, sur des lignes espacées de 60 à 70 centimètres, dans un terrain préparé par deux ou trois labours et généreusement fumé. On sarcle deux ou trois fois, puis on butte la terre contre les pieds, quand les feuilles ont atteint 15 à 20 centimètres de hauteur.

On obtient dans le Nord 2,000 à 2,500 kil. de graines par hectare. Ces graines ne servent que comme semence.

II

CULTURE DE LA CAROTTE

CULTURES 63 à 65. Le maître et ses élèves cultiveront dans le jardin de l'école ou dans le champ d'expériences les diverses variétés de carottes de grande culture en usage dans la région. Ils n'épargneront aucun soin pour obtenir de beaux produits, car l'extension de la culture de la carotte est un des éléments du progrès agricole.

412. Choix du terrain. La carotte redoute la sécheresse plutôt que l'humidité, elle préfère les sols argileux aux sols trop sableux.

Les *fumures et travaux préparatoires* à exécuter sont les mêmes que pour la betterave.

413. Semailles. On cultive en grand la carotte blanche à collet vert et la carotte des Vosges. 2 à 3 kil. de graines suffisent par hectare. L'emploi du semoir est préférable aux semis à la volée.

On sème en lignes espacées de 30 à 40 centimètres, puis on fait passer le rouleau.

414. Soins pendant la végétation.

EXCURS. 55. Le maître et ses élèves prendront part à ces travaux.

Dès que les pousses sont sorties de terre, on donne un premier sarclage fait à la main. On le fait suivre de deux ou trois autres, à des intervalles très-rapprochés. Le dépressage des plants et le repiquage dans les vides sont de toute nécessité pour obtenir de beaux produits. On les pratique au deuxième ou au troisième binage.

415. Récolte des carottes.

EXCURS. 59. Le maître et ses élèves prendront part à ces travaux.

La carotte est mûre vers la fin d'octobre. On commence par couper le haut du collet avec toutes ses feuilles, puis on arrache les carottes avec une fourche à deux dents plates. Des femmes et des enfants en enlèvent la terre et les mettent en tas, et des ouvriers les chargent dans les tomberaux pour les conduire à la ferme.

416. Rendement et usages. Nous obtenons en Beauce de 20 à 40 mille kil. de carottes par hectare.

La carotte est la racine qui convient le mieux aux chevaux ; c'est pour eux une excellente nourriture d'hiver. Les bœufs et les moutons en sont également très-avides.

417. Panais. On cultive en Bretagne une espèce de carotte très-longue appelée *panais*. Elle réussirait de même dans les régions à climat doux et humide.

La culture du panais est la même que celle de la carotte ; ses produits servent également à l'alimentation du bétail.

III

CULTURE DES NAVETS, CHOUX-NAVETS ET RAVES DE DIVERSES VARIÉTÉS

418. Les principales espèces de grande culture sont :

1° Les navets proprement dits (brassica napus) ;

2° Les choux-navets ou rutabaga (brassica campestris) ;

3° Les raves ou turneps (brassica rapa).

Chacune de ces trois espèces a plusieurs variétés agricoles. Leur mode de culture est sensiblement le même.

CULTURES 66 à 69. Le maître et ses élèves cultiveront dans le jardin ou dans le champ d'expériences de l'école les diverses espèces et variétés de navets et de raves de grande c lture en usage dans la région. Ils s'attacheront à reconnaître, par le budget de cette culture, les espèces les plus profitables.

419. Choix du terrain. Fumiers. Les navets et les raves aiment les terres meubles, mais humides.

Toutes les variétés demandent de fortes fumures ; le fumier de ferme enrichi de charrées leur convient très-bien.

420. Préparation du sol. On fait succéder ces racines au froment. Aussitôt après l'enlèvement des récoltes, on donne un labour léger, on ramasse à la herse les chaumes et les herbes, on les met en tas, on les laisse sécher, on les brûle et on répand les cendres sur le sol. On amène ensuite le fumier et on l'enterre par un labour. On donne au printemps un dernier labour léger pour préparer le sol aux semailles

421. Semailles. On emploie de 1 à 2 kil. de graines, suivant les variétés. Le semoir répand la graine en lignes espacées de 30 à 40 centimètres ; on fait passer ensuite le rouleau.

Soins pendant la végétation. On donne aux navets et aux raves trois binages. On emploie la houe à cheval pour sarcler entre les lignes et la houe à main sur les lignes. On dépresse et on remplit les vides pendant le deuxième binage.

422. Récolte. La récolte se fait à l'automne, à des époques qui varient avec les espèces et les variétés. On arrache les racines à la fourche.

423. Rendement et usages. Les *raves* donnent de 8 à 10 mille kil. de racines à l'hectare ; la racine et les feuilles sont consommées par les bœufs et par les moutons.

Les *rutabagas* produisent 10 à 20 mille kil. de racines et 10 à 20 mille kil. de feuilles. Les racines et les feuilles sont bonnes pour les moutons, pour les bœufs, et surtout pour les vaches laitières.

Les produits de cette plante sont plus abondants encore dans les climats très-humides comme celui de l'Angleterre.

Les *navets* produisent de 8 à 10 mille kil. de racines qui servent d'aliment aux bœufs et aux moutons.

IV

CULTURE DES CHOUX

CULTURES 70 et 71. Le maître fera cultiver à ses élèves dans son jardin ou dans le champ d'expériences les diverses variétés de choux, de l'horticulture et de l'agriculture.

424. Choix du terrain. Le choux aime les terrains profondément remués. On doit le cultiver avant les céréales de printemps, car il ne laisserait pas le terrain libre assez tôt pour faire à sa suite une céréale d'hiver.

425. Fumures. Elles doivent être abondantes, car le chou absorbe une grande quantité d'engrais.

426. Préparation du sol. Dès que le blé est enlevé, on laboure profondément. En hiver, on mène le fumier et on l'enterre par un labour ordinaire suivi d'un roulage. On donne un troisième labour vers le mois de mars ou d'avril, pour enlever les mauvaises herbes et opérer le semis des graines. Enfin on donne un labour en août avant de repiquer les plants.

427. Semis et repiquage. On sème la graine en mars, dès que les gelées sont passées. En août ou septembre, on repique les plus beaux plants, en les espaçant d'un mètre dans tous les sens. On se sert pour cela du plantoir des jardiniers.

428. Soins pendant la végétation. On arrose les plants dès qu'ils sont en terre. On opère des binages à la main, dès que l'herbe envahit le champ. On ne doit épargner aucun frais pour ces sarclages.

429. Cueillette des feuilles. Elle dure pendant la plus grande partie de l'hiver. On commence par les feuilles inférieures et on continue de bas en haut. Au printemps, on arrache les tiges pour labourer et semer l'avoine.

430. Rendement et usages. Un hectare fournit de 30 à 40 mille kil. de feuilles. Les feuilles de choux sont consommées en hiver par les animaux de l'espèce bovine. Elles sont précieuses à cette époque comme fourrage vert.

On en cultive plusieurs espèces, entre autres le chou cavalier qui atteint une grande hauteur et le chou branchu du Poitou. Leur culture prépare très-bien la terre pour la luzerne.

V

CULTURE DE LA POMME DE TERRE

CULTURES 72 à 77. Le maître et ses élèves cultiveront dans le champ d'expériences ou dans le jardin les variétés de pommes de terre en usage dans la région.

431. Choix du terrain. La pomme de terre se plaît surtout dans les terres sableuses ou calcaires assez meubles pour permettre à ces tubercules de se développer. Le sol doit être sain, ni trop sec, ni trop humide.

432. Fumures. On doit donner à la pomme de terre des engrais abondants. Le fumier de ferme enrichi de cendres et de charrées lui convient spécialement.

433. Préparation du sol. La pomme de terre peut succéder au froment et précéder l'avoine. Dès que la récolte de froment est enlevée, on laboure aussi profondément que possible, on herse et on laisse le labour mûrir pendant l'hiver. On profite des gelées pour mener le fumier et, dès le premier dégel, on l'enfouit par un labour ordinaire de 15 à 20 centimètres de profondeur. A l'époque des semailles, on pratique un labour de 10 à 12 centimètres sur lequel on plante les tubercules.

434. Semences. On en cultive un grand nombre de variétés, les principales sont : la jaune hâtive récoltée en septembre et la pomme de terre chardon récoltée en octobre. On sème l'une et l'autre vers le milieu d'avril. On choisit des tubercules de moyenne grosseur, bien sains, dont les yeux (bourgeons) soient bien sortis. On emploie 15 à 20 hectolitres à l'hectare.

435. Semailles.

Excurs. 57. Le maître conduira ses élèves aux champs pour assister à l'opération des semailles de pommes de terre. Il leur montrera les yeux ou bourgeons et leur expliquera le rôle de ces organes.

Les semeurs, munis de paniers remplis de tubercules, suivent le sillon tracé par la charrue ; à chaque pas, de 60 à 70 centimètres, ils enfoncent un tubercule dans la terre que la charrue vient de renverser. On laisse la charrue tracer quatre ou cinq autres sillons et on recommence à planter une ligne de pommes de terre. On termine l'opération en faisant passer une herse à dents de bois qui, sans arracher ni entamer les tubercules, puisse diviser la terre pour faciliter la sortie des bourgeons.

436. Soins pendant la végétation.

Lorsqu'on voit les germes sortis de terre et dessinant les lignes sur le terrain, on donne un vigoureux coup de herse pour désherber le sol et diviser la terre autour des plants.

Lorsque les tiges ont de 15 à 20 centimètres de hauteur, on fait passer entre les lignes un buttoir à deux oreilles qui renverse la terre le long de chaque ligne de plant.

Si les mauvaises herbes envahissent le sol, on les enlève à la main sur les lignes et entre les plants, en ayant soin de ne pas arracher en même temps les tubercules.

437. Récolte.

Excurs. 58. Les élèves sous la direction de leur maître ou de leurs parents prendront part aux travaux de la récolte des pommes de terre.

La pomme de terre est mûre quand ses feuilles sont fanées et ses tiges flétries. Pour les arracher, on fait passer la charrue sous les lignes en piquant assez profondément pour soulever tous les tubercules sans les couper. Des femmes et des enfants armés de petites fourches suivent la charrue, ramassent les pommes de terre et les mettent en tas. D'autres ouvriers chargent les tombereaux et les conduisent à la ferme.

On fait passer la herse et de nouveau la charrue pour déterrer les tubercules qui auraient pu échapper.

438. Maladies de la pomme de terre.

Les deux principales sont la pourriture sèche et la gangrène humide. Dans la première, les tubercules attaqués restent blancs mais deviennent durs et pierreux. Dans la deuxième, les tubercules sont mous, noirs et pourris.

On prévient en partie ces maladies en renouvelant la semence, en choisissant les tubercules très-sains et complétement mûrs, et en assainissant par le drainage le terrain où on les cultive.

439. Rendement. Nous obtenons en Beauce de 200 à 300 hectolitres de pommes de terre à l'hectare (environ 5 à 6 mille kil.) La variété hâtive est la moins productive.

440. Usages. Les pommes de terre hâtives et savoureuses sont réservées pour la nourriture des ouvriers de la ferme.

La pomme de terre chardon sert à l'alimentation du bétail et spécialement des vaches et des porcs. On obtient les meilleurs résultats en les faisant cuire à la vapeur. Si on les donne crûes, il faut de toute nécessité, les dépécer au coupe-racines ; car ces légumes sont trop gros pour que les animaux de l'espèce bovine puissent les mettre entre leurs dents, et en cherchant à les avaler ils courraient risque de s'étrangler.

VI

CULTURE DES TOPINAMBOURS

Culture 78. Le maître fera cultiver à ses élèves, dans son champ d'expériences, le topinambour, la patate, l'igname et les autres plantes à tubercules souterrains cultivées en grand dans sa région.

441. Choix du terrain. Le topinambour peut prospérer dans toutes les espèces de terres, à l'exception de celles qui sont humides et malsaines. Il se plait sous tous les climats de la France.

On le fait succéder aux céréales d'hiver et précéder celles du printemps. Il peut rester plusieurs années en culture

Les *fumures*, la *préparation du sol* et le *mode de semailles* doivent être les mêmes que pour les pommes de terre.

442. Soins pendant la végétation. Un seul binage suffit, car la plante en pleine végétation est vigoureuse et assez forte pour étouffer les mauvaises herbes. On pratique ce binage quand les plantes ont de 20 à 30 centimètres de hauteur.

443. Récolte. On cueille les feuilles vers la fin de novembre, en commençant par celles qui sont près de terre ; on continue la cueillette pendant l'hiver. Au mois de mars, on coupe les tiges à la faucille et on les laisse sécher sur le terrain. On arrache ensuite les tubercules à l'aide d'une fourche à trois dents. On achève de déterrer les tubercules au moyen d'un labour très-profond.

7

444. Rendement et usages. Les feuilles et le sommet des tiges sont pour les bœufs un fourrage vert précieux en hiver.

Les grosses tiges sèches servent de combustible.

Les tubercules sont un aliment recherché par les bœufs, par les moutons et même par les chevaux. On en obtient de 6 à 7 mille kil. par hectare et quelquefois davantage.

445. Patates-ignames. On cultive dans quelques régions agricoles de la France des espèces de plantes tuberculeuses analogues à la pomme de terre et au topinambour; telles sont la patate et l'igname. Leur mode de culture est semblable à celui de la pomme de terre.

CHAPITRE XIII

CULTURE DES PLANTES INDUSTRIELLES (1)

446. Définition. On appelle plantes industrielles celles dont les produits ne servent pas à l'alimentation de l'homme ou des animaux, mais sont livrés à l'industrie.

447. Classification. On peut les diviser en quatre groupes :

1o Les plantes oléagineuses, qui produisent des huiles. Ex. : le colza, la navette, etc. ;

2o Les plantes textiles, dont les tiges servent à faire les fils et les tissus, telles que le lin et le chanvre ;

3o Les plantes tinctoriales qui fournissent des matières colorantes. Ex. : la garance, le safran ;

4o Les plantes économiques, comme le houblon, la chicorée à café, le tabac.

I

CULTURE DU COLZA ET AUTRES PLANTES OLÉAGINEUSES

CULTURES 82 à 85. Le maître fera cultiver aux élèves dans un carré du champ d'expériences les plantes oléagineuses en usage dans la contrée.

448. Choix du terrain. Le colza peut réussir sous tous les climats de la France ; il préfère les terres argileuses aux terres

____

(1) Les plantes industrielles qui sont cultivées en grand varient extrêmement dans les diverses régions agricoles. Le maître ne parlera que de celles qui occupent une place notable dans l'agriculture de la contrée. Nous donnons ici comme exemple de ces études les cultures du colza dans les Charentes, du chanvre dans le Gâtinais et du lin dans le nord de la France.

sableuses ; mais avec des soins particuliers donnés au sol d'après sa nature, on peut le cultiver dans toutes les espèces de terres.

On le fait succéder aux céréales d'hiver et précéder celles de printemps.

449. Fumures. Il faut fumer généreusement la terre qui doit porter le colza. Le fumier de ferme enrichi de phosphates et de charrées est l'engrais qui convient le mieux.

450. Préparation du sol. Aussitôt la récolte de blé enlevée, en août si c'est possible, on fume le terrain et on le laboure. On donne un deuxième labour en septembre, pour détruire les mauvaises herbes qui ont poussé, et un troisième vers le 1er novembre, au moment des semailles.

451. Semis. Vers la fin de juillet, dans un terrain de première qualité, on fait un semis à la volée à la dose de 5 à 6 kil. de graines à l'hectare. On l'enterre à la herse et on roule.

452. Repiquage. Dans la première quinzaine de novembre, on arrache les plants en les tirant à la main, et on les réunit en petites bottes. Un ouvrier armé d'un plantoir fait, en lignes, des trous de 20 à 25 centimètres de profondeur et distants de 40 centimètres environ. Un ouvrier, porteur des plants, suit le premier, éboute l'extrémité de la racine et la met dans le trou en évitant de la courber. Du bout de son sabot, il tasse la terre autour de la racine. On espace les lignes de 60 à 70 centimètres, assez pour que la houe à cheval puisse passer entre elles.

453. Soins pendant la végétation. On sarcle la terre dès que les plants sont assez forts, environ un mois après le repiquage. A cet effet, on fait passer une houe entre les lignes, et on bine à la main sur les lignes.

Au printemps, on renouvelle le binage et aussitôt après on *butte* la terre le long des lignes. On renouvelle ces opérations dès que les mauvaises herbes envahissent le sol.

454. Récolte.

Excurs. 59. Les élèves prendront part, sous la surveillance et la direction de leur maître, aux opérations diverses de la récolte du colza.

Le colza est bon à couper vers la fin de juin, quand on voit ses feuilles se faner et ses tiges jaunir. Il ne faut pas attendre que ses siliques soient ouvertes.

1° Les tiges sont coupées à la faucille et mises en javelle ;

elles restent deux ou trois jours sur le champ pour se dessécher ;

2° Le colza est rentré et mis en tas, les graines en dedans et les tiges en dehors. On laisse le colza en tas pendant trois semaines, la masse fermente et s'échauffe, les coques s'ouvrent, les graines noircissent et achèvent de mûrir.

455. Battage. On bat le colza en secouant simplement ses fanes avec une fourche en bois.

On conserve la graine mélangée aux cosses jusqu'au moment de la vente. Un vannage suffit alors pour séparer la graine.

456. Rendement et usages. On obtient à l'hectare de 1,500 à 2,000 kil. de graines. Ces graines, soumises à l'action de la presse, donnent de l'huile à brûler.

Les tourteaux, retirés de la presse, sont des aliments excellents pour les animaux à l'engrais.

Les fanes servent de litière au bétail.

457. Plantes oléagineuses autres que le colza. Outre le colza, on cultive en France, comme plantes oléagineuses, la navette, la cameline et la moutarde qui appartiennent à la famille des crucifères ; le pavot, de la famille des papavéracées ; l'arachide, de la famille des légumineuses, et le madia, de la famille des composées.

II

CULTURE DU CHANVRE

458. Les plantes textiles, cultivées en France, sont le chanvre et le lin.

CULTURES 86 et 87. Le maître ne manquera pas de faire cultiver à ses élèves du chanvre et du lin, si l'un et l'autre sont cultivés dans le pays. Il suivra les procédés de culture en usage dans la contrée.

459. Choix du terrain. Le chanvre préfère les terrains légers, plus sableux qu'argileux. Il prospère surtout dans les sols baignés par des eaux courantes ; sa véritable place est sur les bords des cours d'eau.

Les climats chauds et humides lui sont favorables.

Il peut succéder à toutes les espèces de plantes, mais il ne doit revenir que tous les huit à dix ans sur le même terrain.

460. Fumures. Le chanvre aime les grasses fumures ; le fumier de ferme à fortes doses lui convient très-bien.

461. Préparation du sol. On donne un premier labour profond en août ou septembre, dès que la récolte précédente a été enlevée. En hiver, on répand le fumier et on l'enterre par un labour ordinaire. On laboure une dernière fois au printemps, avant les semailles, et on herse à plusieurs reprises.

462. Semailles. On emploie de 200 à 250 litres de graines à l'hectare. Un ouvrier, armé d'une sorte de binette, trace un premier sillon (Riot) ; une femme le suit, répandant la graine dans ce sillon. Au tour suivant, l'ouvrier ouvre un deuxième sillon en comblant le premier et ainsi de suite. Douze ou quinze sillons semblables sont réunis pour former une planche légèrement bombée. Les planches sont séparées par des sentiers de 15 à 25 centimètres de largeur.

La chanvre ne reçoit, dans le Gâtinais, aucun soin pendant sa végétation.

463. Récolte.

Excurs. 60 et Manipulations. Les élèves, sous la direction de leur maître, prendront part aux opérations de la récolte et du travail du chanvre.

On récolte le chanvre en août ou septembre, aussitôt après sa floraison. Le mâle est cueilli le premier ; la femelle, portant graines, est récoltée quinze jours après.

Les tiges sont arrachées à la main et liées en petites poignées. On réunit ces poignées en tas, de manière à ce que les feuilles soient à l'intérieur de la masse et puissent fermenter.

464. Rouissage. Le chanvre est mis dans le courant des rivières, retenu entre des pieux qui l'empêchent de s'en aller à la dérive. Des charges de sable ou de pierre le maintiennent plongé dans l'eau. La durée de ce rouissage est de quinze à vingt jours.

Le chanvre, retiré de l'eau, est délié et étendu sur le pré ou sur le champ le plus voisin. Quand il est bien sec, on le lie en fagots et on le rentre à la maison.

465. Teillage. Cette opération a pour but de casser l'épiderme des tiges et d'en séparer les fibres textiles ; on la pratique à l'aide d'une machine appelée *broie*. Les fagots sont chauffés préalablement dans des fours de boulanger ; ils y restent jusqu'au moment du teillage. Le chanvre, encore chaud, est soumis à la broie ; l'écorce dure se brise, se détache et tombe ; les fibres élastiques résistent. Des ouvriers s'occupent ensuite de trier les filasses et en font deux ou trois choix.

466. Rendement et usages. On obtient à l'hectare environ 1,000 kil. de filasse de tout choix.

La partie la plus fine sert à faire les toiles fines ; la filasse de médiocre qualité donne une toile plus grossière propre à faire des draps, et enfin les déchets sont employés comme étoupes.

Le prix de ces filasses est de 1 à 3 fr. suivant la qualité.

Les graines soumises à la presse donnent l'huile de chenevis.

III

CULTURE DU LIN (1)

467. Choix du terrain. Le lin peut prospérer sous tous les climats de la France. Il préfère les terrains de consistance moyenne, mais redoute moins que le chanvre les sols argileux.

C'est en succédant à l'avoine qu'il donne les meilleurs produits ; on le cultive aussi après le blé et après le trèfle.

468. Fumures. On donne, avant le premier labour, une demi-fumure au fumier de ferme. Au printemps, quinze jours avant les semailles, on répand sur le terrain de 1,000 à 1,200 kil. de tourteaux de chanvre ou d'œillette.

469. Préparation du sol. En septembre ou octobre, on enterre le fumier par un labour peu profond. A la fin de l'hiver, on pratique un labour très-profond et des hersages énergiques qui ameublissent la terre. Enfin, après avoir semé les tourteaux pulvérisés, on les enterre par un labour léger qu'on fait suivre de hersages et de roulages multipliés, de manière à pulvériser le sol autant que possible.

470. Semailles. Elles se font vers la fin d'avril, quand les gelées ne sont plus à craindre. On sème le lin en lignes distantes de 10 à 12 centimètres, à l'aide de semoirs. On emploie de 250 à 275 litres de graines à l'hectare. On herse et on roule à bras d'hommes, parce que les graines que les pieds des chevaux enfonceraient en terre ne pourraient lever.

471. Soins pendant la végétation. Dès que le lin atteint 4 à 5 centimètres de hauteur, on le sarcle à la main et avec le plus

______
(1) Nous indiquons ici d'après M. Correnwinder la pratique suivie dans les départements du Nord où le lin joue un rôle important.

grand soin. On renouvelle le sarclage quand les mauvaises herbes envahissent le terrain.

472. Récolte.

Excurs. 61 et Expér. Le maître et ses élèves assisteront, et prendront part aux opérations de la récolte et de la préparation des lins pour le tissage.

Le lin est mûr dans la première quinzaine de juillet, des ouvriers arrachent les brins et les lient par petites bottes qu'on laisse sécher sur le terrain.

473. Rouissage. Les plus beaux lins sont rouis dans les rivières ou dans les courants d'eau vive. Le lin, retiré de la rivière, reste étendu sur le pré où il blanchit.

474. Préparation de la filasse. Le lin est battu et rebattu sur des aires avec de gros rouleaux cannelés qui brisent son bois; on le débarrasse de ses débris à l'aide d'un outil appelé écangue, et enfin on le peigne sur des planches armées de pointes.

475. Rendements et usages. On obtient dans le nord de 600 à 900 kil. à l'hectare.

Sa filasse sert à faire les toiles fines; son prix varie de 2 fr. à 20 fr. suivant les qualités.

La graine, soumise à la presse, donne l'huile de lin employée par les peintres comme huile siccative.

AGRICULTURE A PRATIQUER

DANS LES ÉCOLES RURALES

---

476. Champ d'expériences. On choisira dans le voisinage de l'école un terrain d'une étendue d'un hectare au moins.

Pour faire d'une manière méthodique les cultures que nous avons indiquées dans ce chapitre, le maître divisera son champ d'expériences d'après le cadre suivant. Au besoin, il le modifiera en tenant compte des espèces et variétés de plantes cultivées dans son canton.

Le champ sera divisé par années de rotation et les cultures devront être continuées indéfiniment.

Il établira avec soin le budget des dépenses et des produits de chaque espèce de culture, pour chaque année.

PREMIÈRE ANNÉE DE LA ROTATION **CÉRÉALES D'HIVER** fumées à 40,000 kil. de fumier de ferme.	froment 1	froment 2	froment 3	froment 4	froment 5
	froment »	froment 2	froment 3	froment 4	froment 5
	froment »	froment 3	froment 3	froment 4	froment 5
	seigle 6	seigle 7	méteil 8	escourgeon 9	maïs 21
DEUXIÈME ANNÉE **PLANTES** **SARCLÉES** fumées avec des engrais /autres que le fumier en quantité équivalant à 20,000 kil. de fumier normal. — *Racines.*	betteraves 57 58 59 60 61 62		carottes 63 64 65	navets et raves 66 67 68	choux navets choux 69 70 71
Tubercules.	pommes de terre 72 | 73 || 74 | 75		76 | 77	topinambours et autres espèces 78 | 79	80 | 81
Plantes industrielles.	oléagineuses 82 | 83	84 | 85	textiles 86 | 87	tincto- riales 88 | 89	diverses 90 | 91
Légumineuses à graines.	féveroles 23	haricots 24	pois 25	pois 26	lentilles 27
TROISIÈME ANNÉE **CÉRÉALES DE PRINTEMPS** **ET FROMENT** sans fumure.	orge 10	orge 11	orge 12	blé et orge 13	blé de mars 14
	avoine seule 15	avoine seule 15	avoine et sainfoin permanent 17	avoine et trèfle permanent 18	avoine et luzerne 19
	avoine seule 15	avoine et lupuline 16	avoine et sainfoin d'un an 17	avoine et trèfle d'un an 18	avoine et prairie d'un an 20
	sarrasin 22	sarrasin 22	froment d'hiver 3	froment d'hiver 4	froment d'hiver 5
QUATRIÈME ANNÉE **PRAIRIES ANNUELLES** sans fumure.	trèfle incarnat hâtif 45	trèfle incarnat tardif 46	trèfle incarnat très-tardif 47	seigle en vert 43	maïs en vert 44
	pois de mars 53	pois de mai 54	sorti de rotation	sorti de rotation	sorti de rotation
	moutarde 65	lupuline 50	sainfoin d'un an 48	trèfle d'un an 49	X 56
	vesce d'hiver 51	vesce de printemps 52	paturages ou jachères 56	56	56
EN DEHORS de **L'ASSOLEMENT** — restant 4 ans hors de rotation.	luzernes de divers âges 33	34	35	36	37
restant 2 ans hors de rotation.	sainfoin de divers âges 38	39	trèfle de divers âges 40	41	ray-grass 42
restant toujours en dehors de la rotation.	prés de compositions diverses. 28	29	30	31	32
	28	29	30	31	32

CHAPITRE XIV

ROTATION DES CULTURES ET ASSOLEMENTS DES TERRES ARABLES

I

AMÉNAGEMENT D'UN DOMAINE

477. Le premier soin du propriétaire d'un domaine doit être *d'aménager* son terrain, c'est-à-dire de choisir la place que doivent occuper les étangs, les bois, les vignes, les prés et les plantes agricoles proprement dites.

Dans l'état actuel de la science agricole, les terrains d'une aridité absolue sont les seuls qu'on doive laisser incultes. On peut, et par conséquent on doit, défricher et cultiver toutes les landes abandonnées jusqu'ici aux plantes sauvages. .

478. **Étangs. Pisciculture.** Les terrains qu'on doit réserver aux étangs sont ceux qui restent couverts d'eau pendant une partie de l'année. Pour établir un étang, on enlève du terrain toute la terre végétale pour la rapporter sur d'autres points. On laisse aux eaux une étendue assez petite pour qu'elle soit couverte pendant toute l'année et on relève les bords par des talus assez élevés pour que l'eau ne déborde pas, même aux époques des grandes pluies.

Les étangs peuvent servir à drainer les portions de terrain plus élevées et à irriguer au contraire les parties plus basses.

On pourra s'y livrer à la pisciculture et accroître ainsi les ressources et les jouissances du domaine.

479. **Bois. Sylviculture.** On consacre aux bois les terres les plus mauvaises du domaine, celles qui ont trop peu de consistance, comme les terres sableuses ; celles dont le sol est peu profond ; celles dont le fonds a été appauvri par des cultures épuisantes ; enfin les terres arides du sommet des collines.

On y plantera les espèces qui conviennent le mieux à la nature du terrain et au climat de la contrée.

480. **Vigne. Viticulture.** Il faut avant tout à la vigne un climat assez chaud pour mûrir les raisins ; un climat lumineux et surtout exempt de brouillards ; la vigne doit être placée loin des rivières et des étangs.

7.

Si le climat de la contrée permet la culture de la vigne, on choisira pour elle les terres situées sur les coteaux et spécialement ceux qui sont exposés au midi. La vigne peut encore réussir dans les plaines, mais jamais dans les bas-fonds.

La vigne prospère dans les terres sablo-argileuses, sablo-calcaires et argilo-calcaires ; elle vient mal dans les terres trop compactes ou trop humides ; il lui faut, avant tout, un terrain très-sain.

481. **Prairies permanentes.** Le premier besoin des prés est de l'eau courante : leur place naturelle est, en conséqnence, le long des rivières et des ruisseaux et sur les terrains que les étangs ou les cours d'eau permettent d'irriguer économiquement.

482. **Bâtiments et jardins.** Les bâtiments de l'exploitation doivent être placés au centre du domaine pour éviter de trop longs trajets, et en tous cas près des routes et des chemins d'un abord facile. Le jardin potager sera planté dans les meilleures terres qui touchent aux bâtiments.

483. **Terres arables. Agriculture.** Les terres qui n'ont pas été mises en étangs, ni en bois, ni en vignes, ni en prés, sont consacrées à l'agriculture proprement dite, c'est-à-dire à la culture en grand des plantes qui peuvent se succéder et revenir à tour de rôle sur le même terrain; telles sont les plantes que nous avons passées en revue dans le chapitre précédent.

Les terres arables sont soumises à des rotations et à des assolements réguliers qui dépendent des principes suivants.

II

DE LA SUCCESSION DES PLANTES LES UNES AUX AUTRES — PRINCIPES
DE L'ALTERNANCE

484. **Alternance des espèces.** La pratique agricole a fait reconnaître depuis longtemps qu'une espèce ne peut, sans dégénérer, se succéder à elle-même sur le même terrain. En conséquence, les agriculteurs ne cultivent pas du trèfle sur un défrichement de trèfle, du blé après du blé, de l'avoine sur de l'avoine, ni des betteraves deux fois de suite.

Ils font *alterner* les plantes d'espèces différentes. Ils cultivent par exemple le froment, puis la betterave, puis l'avoine, puis le trèfle pour revenir ensuite au froment.

Certaines espèces sont plus difficiles encore ; ainsi la luzerne qui est restée pendant quatre ans sur un terrain ne peut

plus y être cultivée avec succès avant vingt ans ; il faut laisser
un intervalle de huit à dix ans entre deux cultures de chanvre, etc.

485. **Alternance des familles.** Il importe également de ne pas
faire succéder l'une à l'autre deux espèces de la même famille
botanique. Ainsi, on n'obtiendrait pas de bons résultats en faisant succéder une légumineuse à une autre légumineuse, par
exemple la vesce aux pois, ou le trèfle au sainfoin ; ni en culti-
vant l'une après l'autre deux céréales telles que le seigle et le
froment ou l'avoine et l'orge. Il vaut mieux faire alterner les
espèces de familles différentes et cultiver par exemple : une
céréale, le froment ; puis une légumineuse, les pois ; pour revenir à une céréale, l'avoine ; et passer ensuite à une racine.

486. **Principaux groupes de plantes agricoles.** Pour appliquer en agriculture le principe de l'alternance des familles avec
plus de régularité et plus de chances de succès, on réunit en
groupe les espèces de familles botaniques différentes, mais dont
le mode de végétation est semblable et dont les produits principaux sont de même nature.

Ainsi le colza, la navette et la cameline de la famille des crucifères ; le pavot, de la famille des papavéracées ; et le madia de la
famille des composées ; ayant pour produits principaux des graines
oléagineuses, leur mode de culture est analogue ; elles forment le groupe des plantes oléagineuses.

On peut encore rapprocher de ce groupe les plantes textiles,
le chanvre (famille des cannabinées) et le lin (famille des linées)
dont les graines fournissent des huiles importantes.

De même, on réunit en groupe, sous le nom de *racines* : la
pomme de terre, de la famille des solanées ; le topinambour, de
la famille des composées ; la carotte, de la famille des ombellifères ; les raves et les navets, de la famille des crucifères ; et la
betterave, de la famille des chénopodées. Toutes ces espèces, en
effet, exigent les mêmes soins de culture et ont des produits de
même nature.

Enfin, le sarrasin, de la famille des polygonées, produit des
graines farineuses comme les céréales et peut leur être réuni.

D'après ces principes, les plantes agricoles se divisent en quatre groupes principaux

1er *Groupe. — Céréales et sarrasin.* Ce groupe se subdivise
en *céréales d'hiver* comprenant le froment, le seigle, l'escour-

geon, et en *céréales de printemps* où se rangent l'orge ordinaire, l'avoine, le maïs et le sarrasin.

2e *Groupe.* — *Légumineuses.* Ce groupe comprend : 1° Les *légumineuses à graines*, telles que les haricots, les féveroles, les lentilles et les pois ; 2° les plantes des *prairies permanentes*, telles que la luzerne, le trèfle violet, le sainfoin et toutes celles qui restent plusieurs années sur le même terrain ; 3° les plantes des *prairies annuelles*, le trèfle incarnat, la minette, la vesce, les pois et celles qu'on laisse un an seulement.

3e *Groupe.* — *Racines.* Ce groupe comprend : 1° Les *racines* proprement dites, betteraves, navets et raves ; 2° les *tubercules*, pommes de terre, topinambours, etc.

4e *Groupe.* — *Plantes industrielles.* Il comprend : 1° *les plantes oléagineuses*, le colza, la navette, la cameline, le madia, le pavot ; 2° les *plantes textiles*, le lin et le chanvre ; 3° les *plantes tinctoriales*, comme la garance, l'indigo, le safran.

487. Principe de l'alternance des groupes agricoles. *Il faut faire succéder les plantes d'un groupe à celles d'un groupe différent.* Il ne faut jamais cultiver deux plantes du même groupe l'une après l'autre.

Eclairés par l'expérience pratique, les agriculteurs ont, en général, observé ce principe pour les légumineuses, pour les racines et pour les plantes industrielles ; mais ils lui sont moins fidèles pour les céréales. Souvent encore, et cela dans toutes les régions agricoles de France, on fait succéder les céréales de printemps aux céréales d'hiver, l'avoine ou l'orge au froment ou au seigle.

Cette coutume est une erreur et une faute. C'est une erreur, car ces plantes ont la même nature et donnent des produits semblables ; elles appartiennent non-seulement au même groupe agricole mais à la même famille botanique, et, qui plus est, à des genres très-rapprochés. C'est une faute, car l'orge et l'avoine viennent mieux et donnent de meilleurs produits quand on les cultive après les plantes des familles autres que celle des céréales.

III

DE LA ROTATION DES CULTURES

488. En agriculture, on appelle *rotation* le système suivant lequel on fait succéder les plantes les unes aux autres dans la même pièce de terre. En France, on cultivait autrefois la première année, une céréale d'hiver, la deuxième année, une céréale de printemps, la troisième année, une prairie ou rien. Puis on recommençait en suivant le même ordre : *Froment, avoine, jachère* ou *prairie*, et ainsi de suite indéfiniment. La durée de la période était de trois années, le système portait le nom de *rotation triennale;* il règne encore aujourd'hui dans la plupart des régions de la France, et les baux de fermage sont le plus souvent fondés sur cette base.

489. **Principe des rotations.** La composition des rotations doit être basée sur le principe de l'alternance des groupes agricoles. L'expérience pratique ayant fait reconnaître que les céréales donnent plus de produits quand elles alternent avec les plantes des autres groupes, il en résulte qu'elles doivent revenir tous les deux ans seulement, et que par suite la rotation doit comprendre un *nombre pair d'années.*

Dans ce système, les céréales ne sont cultivées que sur la moitié du terrain, tandis que dans celui des rotations triennales elles en occupaient les deux tiers ; cela suffit-il aux besoins que l'agriculture doit satisfaire ?

D'une part, les céréales, grâce à l'alternance et à des fumures plus abondantes, rapportent sur la moitié du terrain plus de produits qu'elles n'en donnaient sur les deux tiers du domaine, dans la rotation triennale. D'autre part, les prairies et les racines cultivées sur une plus grande étendue de terres permettent de nourrir un bétail plus nombreux. Il en résulte deux avantages considérables : une plus abondante production de fumier dont les céréales profitent, et l'entretien d'animaux de boucherie en plus grande quantité. L'agriculture, basée sur l'alternance, fournit donc à l'alimentation publique et plus de viande et plus de pain.

Dans le département du Nord, où l'agriculture est le plus florissante, sur 449,349 hectares de terres arables, 216.691 ou la moitié seulement sont cultivées en céréales (1).

Il faut observer en outre que les rotations fondées sur l'alternance permettent de cultiver en plus grande proportion les plantes industrielles dont les produits sont une source féconde de richesses pour l'agriculture.

490. **Rotation quadriennale.** Ce système est le type des ro-

---

(1) Correnwinder ; Rapport sur l'agriculture flamande à l'Exposition universelle de 1867, page 20.

tations fondées sur l'alternance. C'est celui qu'on doit pratiquer de préférence à tout autre, car il peut suffire à tous les besoins de l'agriculture. Dans ce système, on cultive :

1re année. — Les céréales d'hiver : Froment, seigle, etc.

2e année. — Les plantes sarclées, telles que : Racines, légumineuses à graines et plantes industrielles.

3e année. — Les céréales de printemps : Avoine, orge, etc.

4e année. — Les pâturages annuels et récoltes dérobées.

491. Sortie et rentrée des prairies permanentes. L'assolement quadriennal permet aussi la sortie et la rentrée des terres consacrées pour quelques années à la culture de la luzerne et des autres prairies permanentes. Ainsi la luzerne est plantée avec l'avoine en troisième année, elle peut rester la quatrième année de cette rotation et les quatre ans de la rotation suivante. On la défriche alors, et la terre rentre en rotation par une céréale d'hiver.

Le sainfoin et le trèfle, semés avec l'avoine en troisième année, peuvent rester trois ans sur pied, et la terre entre alors dans la rotation en troisième année par une orge ou un froment.

On a soin de faire chaque année sortir en prairie une étendue de terrain égale à celle qu'on défriche, afin de maintenir l'assolement dans les mêmes conditions.

492. Distribution des fumures dans la rotation quadriennale. Dans ce système, les engrais doivent être donnés en première et en deuxième année.

Fumure de première année. La terre n'ayant pas reçu d'engrais pendant les deux années précédentes, il convient de donner une fumure complète à la dose de 40,000 kil. de fumier.

Fumure de deuxième année. Aux céréales d'hiver succèdent les plantes sarclées, racines, légumineuses à graines ou plantes industrielles; un supplément d'engrais est nécessaire pour elles ; on doit le donner en engrais concentrés, guanos ou autres, en quantités équivalentes à 20, 000 kil. de fumier par hectare.

Les excédants d'engrais qui restent en terre après les céréales d'hiver et les plantes sarclées suffisent pour les deux années suivantes.

493. Exemple de rotations. Les rotations suivies dans le Nord sont fondées sur le principe des cultures alternes (1).

---

(1) L'agriculture flamande à l'Exposition universelle, par Correnwinder.

PREMIER EXEMPLE		DEUXIÈME EXEMPLE		TROISIÈME EXEMPLE	
1re année,	Tabac fumé.	1re année,	Tabac fumé.	1re année,	Tabac fumé.
2e —	Racine ou colza.	2e —	Betterave.	2e —	Betterave.
3e —	Blé.	3e —	Blé.	3e —	Blé.
4e —	Trèfle.	4e —	Avoine.	4e —	Avoine.
5e —	Blé fumé.	5e —	Trèfle fumé.	5e —	Lin fumé.
6e —	Lin fumé.	6e —	Blé.	6e —	Blé.
7e —	Blé.	7e —	Lin fumé.	7e —	Hivernage.
8e —	Avoine.	8e —	Blé fumé.		
		9e —	Hivernage.		

Le principe de l'alternance est observé. Les céréales reviennent en général de deux en deux ans, excepté l'avoine qu'on fait succéder au blé contrairement au principe de l'alternance.

Les assolements de Bechelbronn (1) rentrent également dans le système des rotations à cultures alternes.

ROTATIONS D'ALSACE — ROTATIONS DE HOHENHEIM

PREMIER EXEMPLE		DEUXIÈME EXEMPLE		TROISIÈME EXEMPLE	
1re année,	Pomme de terre.	1re année,	Betteraves.	1re année,	Pomme de terre.
2e —	Froment.	2e —	Froment.	2e —	Froment.
3e —	Trèfle.	3e —	Trèfle.	3e —	Trèfle.
4e —	Froment.	4e —	Froment.	4e —	Froment.
—	Navets dérobés.	—	Navets dérobés.	—	Navets dérobés.
5e —	Avoine.	5e —	Avoine.	5e —	Pois.
				6e —	Seigle.

Le principe de l'alternance est observé, excepté pour l'avoine, qui n'est séparée du blé que par une récolte de navets dérobés.

IV

DES ASSOLEMENTS — RÉPARTITION DES CULTURES SUR UN DOMAINE

494. On entend par *assolement* la division des terres arables d'un domaine en parties d'égale étendue, appelées *soles*.

Chaque sole reçoit chaque année une partie des plantes cultivées et reçoit les autres successivement à tour de rôle.

L'assolement est fondé nécessairement sur le système de rotation adopté ; ainsi, dans la rotation quadriennale :

Une 1re sole reçoit les céréales d'hiver,

Une 2e — les plantes sarclées,

Une 3e — les céréales de printemps,

Une 4e — les pâturages annuels.

Ces quatre groupes se succèdent suivant le même ordre dans chaque sole ; de sorte que le domaine porte toujours les mêmes espèces sur la même étendue de terrain.

495. **Choix des espèces.** Avant de songer à répartir les

(1) Boussingault. Economie rurale, 2e volume, page 184.

plantes dans l'assolement, il faut choisir les espèces que l'on doit cultiver ; ce choix est fondé sur la nature des terres, sur le climat, sur la facilité des débouchés, sur les besoins de l'exploitation et enfin sur la production des engrais.

1° *Influence de la nature des terres.* On choisira les espèces ou variétés qui réussissent le mieux dans chaque classe de terres; on préférera, par exemple, le seigle au blé dans les terres sableuses, mais le blé au seigle dans les terres argileuses.

2° *Influence du climat.* On devra borner les cultures aux espèces qui réussissent sûrement dans la contrée ; le maïs, par exemple, ne sera cultivé que si le climat est assez chaud.

3° *Influence des débouchés.* Le choix à faire entre les plantes à cultiver doit être réglé non-seulement sur les chances de réussite de chaque espèce, mais encore sur le placement plus ou moins facile et avantageux de leurs produits. Il en est de même de tous les produits de la ferme destinés à la vente.

4° *Influence des besoins de l'exploitation.* Si on emploie les chevaux, il faudra donner plus d'étendue à la culture de l'avoine. Si ce sont les bœufs qui travaillent, on pourra faire moins d'avoine et plus de froment, mais on aura besoin de pâturages assez abondants pour les nourrir. En général, le domaine doit suffire largement à l'alimentation du bétail et des ouvriers ; pour réussir, un agriculteur doit avoir à vendre beaucoup plus qu'à acheter.

5° *Nécessité de la production des engrais.* L'agriculteur enfin devra se préoccuper avant tout de produire les engrais nécessaires et suffisants pour fumer ses terres généreusement. Il lui faut pour cela un bétail assez nombreux soit en moutons, soit en bœufs ou vaches, et par suite une production assez abondante de fourrages de toute espèce. D'après les résultats les plus incontestables de la pratique agricole, on admet qu'il faut cultiver environ la moitié des terres en fourrages de toutes sortes, prairies naturelles et artificielles, racines et tubercules.

496. Exemple de répartition des cultures dans un assolement quadriennal (1). La rotation quadriennale permet de satisfaire à toutes les conditions qu'on vient d'énumérer, si on remplit convenablement son cadre d'assolement.

---

(1) La composition des assolements peut varier, dans chaque exploitation, suivant les conditions où elle se trouve ; c'est à chaque agriculteur à dresser et à remplir son cadre d'assolement suivant ses besoins. C'est seulement comme exemple que nous traitons ici la question.

Supposons un domaine de 100 hectares. Hors cadre se trouvent provisoirement les prairies permanentes artificielles auxquelles on peut donner une étendue de 12 hectares, par exemple.

Le reste du territoire agricole sera divisé en quatre soles de chacune 22 hectares, remplies d'après le cadre suivant :

1re année — 22 hectares en froment, seigle et escourgeon.

2e année — 22 hectares dont
- 10 en racines (betteraves, pommes de terre et carottes.)
- 5 en légumineuses à graines.
- 7 en plantes industrielles diverses.

3e année — 22 hectares en avoine, orge et froment.

4e année — 22 hectares en prairies et pâturages d'un an.

On posséderait ainsi : en prairies permanentes.   12 hectares.

en prairies d'un an   22

en fourrages racines....   10

en foin de légumineuses à graines...........   5

En tout.......   49 hectares.

Cet assolement se rapproche sensiblement de celui des Flandres en 1866 (1), comme le montre le tableau suivant :

	ASSOLEMENT des Flandres		ASSOLEMENT proposé	DIFFÉRENCES
Céréales d'hiver 33,7		Total. 47,3	44	— 3,3
— de printemps........... 13,6				
Prés.................... 20,2		Total. 28,0	34	+ 6,0
Prairies artificielles............ 7,8				
Racines................... 11,4			10	— 1,4
Légumineuses à graines 5,5			5	± 0,5
Plantes industrielles 7,8			7	± 0,8

497. Quantité de fumier nécessaire pour restituer au sol arable les éléments enlevés pendant la rotation de 4 ans.

En principe, il faut restituer au sol les engrais que les récoltes lui ont successivement enlevés. On doit en conséquence calculer la quantité des différents éléments de fertilisation que les récoltes ont pris au sol, afin de les restituer à la terre arable par les engrais nouveaux qu'on lui donne.

En prenant comme exemple l'assolement précédent, la terre perd les poids des éléments contenus dans le tableau suivant (2).

(1) Correnwinder. — Rapport sur l'agriculture flamande à l'Exposition universelle de 1867, page 20.

(2 Ces chiffres sont tirés du tableau § 203.

	AZOTE	ACIDES			TERREUX		ALCALIS-TERRES		ALCALIS	
		phospho-rique	sulfuri-que	chlorhy-drique	silice.	oxyde de fer et alumine	magnésie	chaux	soude	potasse
1re ANNÉE. — Froment......................	13,4	21,1	2,0	1,0	114,1	1,7	13,6	15,1	0,5	25,4
2e ANNÉE { PREMIÈRE MOITIÉ Plantes industrielles et légumineuses à graines. } demi moyenne.	35,6	11,6	2,5	0,8	11,6	1,4	10,3	32,1	0,8	17,5
DEUXIÈME MOITIÉ Racines } demi moyenne.	30,1	11,1	5,0	6,1	2 0,1	2,6	6,7	7,5	5,5	61,6
3e ANNÉE. — Céréales de printemps.............	12,3	14,5	4,5	3,8	98,1	8,3	6,0	14,2	5,0	25,0
4e ANNÉE. — Prairies et pâturages.............	102,7	63,1	13,1	11,7	16,6	4,7	26,3	162,6	10,8	88,9
PERTE TOTALE pour 4 ans	194,1	121,4	27,1	23,4	250,2	18,8	62,9	231,4	31,6	217,5
Or, 1,000 kilogrammes de fumier normal contien-nent, d'après M. Boussingault.................	4,0	1,94	1,22	0,38	6,0	3,80	2,32	5,54	0,60	4,42
Si nous avons donné en première année 40,000 kil de fumier, la deuxième l'équivalent de 20,000 kil. en tout 60,000 kil. Nous avons restitué.....................	240	116,4	73,2	22,8	360,0	288,0	139,2	332,4	36,0	265,2
Le sol a donc gagné, au bout de 4 ans, par suite de l'excès d'engrais..........................	45,9	—5,0	43,1	—0.6	100	270,0	76,3	100,9	4,4	47,7

Tous les éléments sont en excès, excepté les phosphates et
les chlorures. Ces excédants servent à nourrir la luzerne ou les
autres prairies permanentes qui, à tour de rôle et tous les quinze
ou vingt ans, doivent revenir sur le terrain. Il sera bon d'ajouter les phosphates et chlorures dont les prairies pourront avoir
particulièrement besoin.

En résumé, avec une fumure de 40,000 kil. donnée à la
première année de la rotation, et une demi-fumure de 20,000 kil.
à la deuxième, on satisfait pleinement au principe de la restitution des engrais.

Remarque. Les animaux de la ferme nourris avec les fourrages obtenus dans la rotation peuvent fournir aisément les
40,000 kil. de la première année. La demi-fumure de la deuxième
doit être donnée par des engrais achetés au dehors.

498. **Équilibre du budget des engrais.** En principe, l'agriculteur doit restituer à chaque pièce de terre les engrais que les récoltes lui enlèvent ; mais il lui faut pour cela des engrais suffisants. Or, le fumier qu'il peut obtenir dans sa ferme se compose
des déjections des animaux et des pailles et fanes des récoltes ;
il ne peut contenir toutes les matières fertilisantes que les récoltes ont enlevées, car il a été vendu des denrées de toute
espèce : grains, foins et pailles ; œufs, lait, beurre et fromages ;
volailles et animaux de boucherie ; tous ces produits font sortir
avec eux une quantité considérable de matières fertilisantes. Il
est essentiel de les restituer au domaine sous forme d'engrais
tirés du dehors, tels que guanos, poudrettes, résidus industriels
et engrais chimiques.

En principe, les poids d'azote et de sels alimentaires à
restituer devraient être égaux aux poids sortis avec les produits
vendus. D'après nos calculs, on obtiendrait ce résultat en achetant des engrais équivalents à 20,000 kil. de fumier de ferme
par hectare, pour quatre ans (fumure de la deuxième année de
la rotation quadriennale.

PREMIÈRE SECTION

RÈGLES DE L'ALIMENTATION DU BÉTAIL

CHAPITRE XV [1]

DES ALIMENTS DU BÉTAIL — LEURS PRINCIPES — LEUR POUVOIR NUTRITIF

I

BUT DE L'ALIMENTATION

499. Aliments des animaux. On appelle *aliments* toutes les matières qui peuvent servir de nourriture. Ils peuvent être d'origine animale, tels que la chair, les œufs, le lait ; ou provenir de végétaux tels que les foins, les racines, les graines ; ou être des minéraux tels que le sel et l'eau.

Les bestiaux, chevaux, bœufs, moutons, porcs et volailles se nourrissent surtout de produits végétaux.

Les aliments doivent fournir au corps les matières nouvelles nécessaires à l'accomplissement de ses fonctions. Dans ce but les aliments sont soumis à la digestion ; les produits de cette digestion passent dans le sang et ce liquide les distribue à toutes les parties du corps.

Les fonctions qui nécessitent des matières nouvelles sont l'assimilation, la respiration et les secrétions.

500. Assimilation. Cette fonction a pour but le renouvellement des tissus organiques. Ces tissus sont formés de principes immédiats qu'on peut diviser en trois catégories :

1° Des *principes azotés*, fibrine, albumine, gélatine, etc.;

2° Des *corps gras*, stéarine, margarine, oléine, etc. ;

3° De *l'eau* et des *sels* minéraux.

---

[1] Le maître apportera tous ses soins à faire étudier ce chapitre à ses élèves ; il s'agit pour eux de bien comprendre ce que c'est qu'un aliment ; en quoi consistent ses propriétés alimentaires ; ce qu'on entend par équivalents en foin des aliments divers consommés à la ferme par les bestiaux. C'est, en quelques pages, tout le secret de l'alimentation rationnelle des animaux domestiques.

Le sang enrichi des produits de la digestion des aliments, apporte ces différents principes à toutes les parties du corps et les tissus se les assimilent.

501. Respiration. Les débris organiques renouvelés doivent être retirés des tissus où ils étaient ; ils subissent sur place une combustion particulière qu'on appelle *respiration*, et qu'il ne faut pas confondre avec la fonction purement mécanique des poumons.

L'oxygène apporté par le sang artériel les brûle au sein même des tissus; une partie du sang lui-même peut fournir un supplément de matière combustible. Les produits de cette combustion sont emportés par le sang veineux pour être éliminés par les *exhalations* et les *sécrétions*.

Chaleur animale. La conséquence physique de la combustion respiratoire est le développement interne de la chaleur qui entretient, en toute saison et sous tous les climats, le corps des animaux au degré de chaleur nécessaire a leur vie.

502. Exhalations. 1° *Exhalation pulmonaire.* Le sang veineux laisse exhaler dans les poumons la vapeur d'eau et l'acide carbonique produits dans la combustion respiratoire.

2° *Exhalation cutanée.* L'animal perd par la surface entière de son corps, de la vapeur d'eau et des gaz et vapeurs provenant des sécrétions de la peau.

Remarque. Ce sont les exhalations qui font subir au corps les pertes les plus considérables: elles sont de près de 6 kilog. par jour, pour un cheval.

503. Sécrétions. Le sang veineux distribué dans les organes de secrétion (reins, foie, etc.,) et dans la peau tout entière fournit à ces organes les matières de leurs secrétions spéciales (urine, bile, etc.,) ces secrétions achèvent ainsi de faire perdre au corps les produits de la combustion intime de ses tissus.

Les produits des secrétions forment trois catégories :

1° Des *produits utiles* à l'animal lui-même, tels que la graisse de ses tissus, l'huile de ses articulations, les poils qui recouvrent son corps, le lait ou les œufs destinés à sa descendance.

2° Des *produits utiles* à la digestion, mucus, salive, suc gastrique, bile, suc pancréatique, suc intestinal, dont les restes sont emportés avec les résidus de la digestion.

3° Des *excrétions inutiles*, telles que les urines.

504. Règle générale de l'alimentation. Toutes les pertes matérielles que subit le corps, tant par les exhalations que par les sécrétions, doivent être réparées exactement par les aliments.

Quand l'alimentation est insuffisante, la combustion respiratoire se fait aux dépens de la graisse et des muscles; l'animal maigrit et dépérit.

Quand elle est surabondante, le poids du corps augmente, l'animal engraisse.

Pour que l'animal soit entretenu dans le même état, il faut qu'il *assimile* un poids de *matières organiques* égal à la perte de poids de son corps dans le même temps.

II

NATURE DES ALIMENTS — CLASSIFICATION DES PRINCIPES ALIMENTAIRES

505. Nature des aliments. A l'exception de l'eau et des sels minéraux, les animaux se nourrissent exclusivement de produits organiques, d'origine animale ou végétale.

Les éléments organiques, carbone, oxygène, hydrogène, azote, phosphore, soufre et chlore ne peuvent, quand ils sont à l'état simple, être assimilés par aucun être organisé, pas plus par les végétaux que par les animaux.

Quelques-uns des composés binaires de ces éléments peuvent être assimilés directement par les plantes; tels sont l'acide carbonique et l'ammoniaque. Mais aucun de ces composés ne peut servir à l'alimentation des animaux.

Les aliments des animaux doivent contenir des principes immédiats tout formés, tels que les fécules, les sucres, les corps gras et les matières albuminoïdes. Ces principes ne peuvent leur être fournis que par les animaux et par les plantes, car les matières minérales n'en contiennent pas.

506. Classification des principes alimentaires. On les divise en quatre classes; les principes *plastiques*, les principes *respiratoires*, les principes *gras* et les principes *salins*.

1° Les *principes plastiques* comprennent l'albumine et les autres substances protéïques. Ce nom-leur a été donné parce qu'ils existent dans les tissus mêmes du corps, dans les fibres de la chair et dans les cellules des os, de la peau et des membranes muqueuses. En conséquence, ces principes peuvent renouveler la matière des animaux sans subir de transformation chimique, par un simple travail de substitution.

2° Les *principes respiratoires* sont ceux qui fournissent

spécialement les éléments (carbone et hydrogène) brûlés dans la respiration qui s'accomplit au sein des tissus, tels sont les fécules, les sucres l'alcool, etc.

Ces principes n'existent pas dans les tissus organiques du corps des animaux, de sorte que, pour être assimilés dans ces tissus, ils ont besoin d'être transformés préalablement en principes protéïques.

3° Les *principes gras* des végétaux sont les mêmes que ceux des animaux ; ils sont assimilés sans décomposition pour renouveler les graisses et les huiles du corps.

Les principes gras des aliments servent aussi à la combustion respiratoire ; ils sont très-riches en carbone et en hydrogène.

4° Les *principes salins* sont les sels minéraux (carbonates et phosphates ; sels de chaux, de soude et de magnésie) qui servent à la formation des tissus du corps. Les os et les cartilages en sont presque entièrement composés

507. Classification des aliments du bétail. Les produits végétaux ou animaux qui servent à l'alimentation du bétail contiennent les différents principes que nous venons de classer ; mais ils ne les contiennent pas tous dans les mêmes proportions. On classe les aliments d'après la nature et les proportions des principes qu'ils contiennent en plus grande quantité.

Les *aliments plastiques* sont ceux qui contiennent de fortes proportions de principes plastiques, tels sont les œufs, le lait, la chair, etc.

Les *aliments respiratoires* sont ceux qui sont riches en principes combustibles, tels que les grains, les farines.

Les *aliments gras* sont ceux qui contiennent en grande quantité des principes gras tels que les graines oléagineuses et leurs tourteaux, les eaux grasses, etc.

Les *aliments salins* sont ceux qui renferment en abondance des sels minéraux utiles ; tels sont les foins salés, les eaux calcaires, etc.

Mais dans un aliment, il faut tenir compte de tous les principes organiques qui s'y trouvent, non-seulement de ceux qui servent à la nutrition en plus ou moins grande proportion, mais même de ceux qui sont inertes ou nuisibles.

III

PRINCIPES IMMÉDIATS DES PRODUITS VÉGÉTAUX QUI SERVENT A L'ALIMENTATION DU BÉTAIL·

508. Principes immédiats des plantes. Ces principes sont, les acides, les alcaloïdes, la cellulose, le ligneux, les gommes et mucilages, les fécules, les sucres, l'alcool, les corps gras, les essences, les résines, les matières colorantes et les principes albuminoïdes.

Ces principes sont, dans les produits végétaux, accompagnés de sels minéraux qui sont des phosphates, carbonates, sulfates, chlorures et silicates, à bases de potasse, de soude, de chaux, de magnésie, d'oxyde de fer et d'alumine.

509. Principes acides. Les acides naturels des plantes (malique, citrique, tartrique, acétique, etc.,) n'existent pas chez les animaux, par conséquent ils ne sont pas pour eux des aliments. Les acides sont laxatifs : ils agissent sur le tube digestif, excitent la secrétion du suc intestinal et favorisent l'évacuation des excréments.

510. Principes alcalins. Les alcaloïdes (morphine, nicotine, etc.), sont des poisons. Il faut veiller à ce que les fourrages ne contiennent pas de plantes à sucs alcaloïdes, telles que la ciguë, les euphorbes, la stramoine, les pavots, etc.

511. Cellulose et ligneux. La cellulose n'est pas digérée par les animaux ; cependant celle des jeunes bourgeons et des feuilles naissantes est en partie digérée par les animaux herbivores. Malgré cela on peut, dans l'alimentation du bétail, considérer la cellulose comme une matière à peu près inerte.

Ligneux. La matière qui incruste la cellulose est inattaquable par les liquides digestifs, on la considère comme inerte.

512. Gommes-mucilages. Les gommes et les mucilages végétaux sont digérés ; ce sont des principes respiratoires.

513. Fécules. Les fécules sont transformées dans la digestion en dextrine et en sucres. Sous ces états, elles se dissolvent dans l'eau et passent dans le sang.

Pour que les fécules soient entièrement digérées, il leur faut l'action prolongée de la salive, du suc pancréatique et de la bile. Les animaux herbivores sont admirablement pourvus sous ce rapport, leur canal digestif est excessivement long, et quelques-uns mêmes (bœufs et moutons) insalivent et mâchent plusieurs fois leurs aliments (*rumination*).

514. Sucres. Les sucres sont solubles dans l'eau, et par conséquent peuvent passer dans le sang sans subir de digestion.

Les sucres de diverses variétés, glucose, sucre ordinaire et sucre des fruits, se composent de carbone et des éléments de l'eau.

Les sucres, soit naturels, soit provenant de la digestion des fécules, fournissent au sang du carbone qui est brûlé dans l'acte de la respiration.

Les fécules et les sucres doivent à ce rôle important leur nom *d'aliments respiratoires*.

515. Principes alcooliques. L'alcool n'existe pas dans les produits des plantes, mais leur fermentation le fait naître ; c'est ainsi que les betteraves fermentées qu'on donne au bétail contiennent de l'alcool.

L'alcool est combustible et agit comme aliment respiratoire pour développer la chaleur animale.

L'alcool agit encore sur les organes digestifs comme tonique et stimulant, tandis que les sucres sont débilitants.

516. Corps gras. Les principes gras qui sont en petites proportions dans les plantes sont assez facilement digérés par les animaux domestiques. Ils sont transformés par le suc pancréatique en globules infiniment petits comme ceux du lait, et à cet état passent dans le sang de l'animal.

Les corps gras remplissent deux rôles dans l'économie :

1° Ils servent à la respiration en fournissant au sang du carbone et de l'hydrogène. Ils dégagent, en brûlant, deux fois et demi plus de chaleur que le même poids de sucre;

2° Les corps gras servent à renouveler la graisse nécessaire aux membranes séreuses et spécialement aux articulations des os pour accomplir leurs fonctions. Lorsque les principes gras sont en excès dans l'alimentation, ils s'accumulent dans les tissus séreux et forment des amas de graisse. Ce rôle fait des principes gras la base fondamentale de l'engraissement du bétail, et leur donne, dans ce cas, une valeur de premier ordre. On appelle *aliments gras* les produits qui les fournissent ; ainsi les tourteaux de plantes oléagineuses sont des aliments gras.

517. Essences et résines. Les essences et les résines sont des poisons pour les animaux. Il faut éviter que les plantes, heureusement rares, qui les contiennent, se trouvent en quantités notables dans les aliments du bétail.

Quelques essences et résines aromatiques sont toniques et par conséquent utiles quand elles sont en faibles proportions ; tels sont l'essence des graines de moutarde, l'arome des foins, etc.

518. Matières colorantes. Les matières colorantes sont inertes, sans effet nuisible ni utile. La matière verte (chlorophyle) qui se trouve dans toutes les prairies, ne parait pas concourir à l'alimentation du bétail.

519. Principes albuminoïdes. Toutes les plantes contiennent des matières albuminoïdes. Les unes, l'albumine et la caséine, sont identiques à celles des animaux ; les autres, la légumine, la glutine, l'amandine, etc., ont des propriétés semblables. Ces principes sont digérés facilement par les animaux.

Les principes albuminoïdes contiennent tous les éléments de la chair et du tissu cellulaire du corps des animaux.

Leur rôle principal dans l'*assimilation* est de donner au sang des matières toutes préparées pour former les fibres de la chair et les cellules des os, de la peau et de toutes les membranes. Les principes albuminoïdes des végétaux sont, pour ainsi dire, de la viande en herbe pour les animaux. Ce rôle capital leur a fait donner le nom d'*aliments plastiques;* ils sont, en effet, pour le corps comme des moellons tout préparés pour sa construction.

Les matières albuminoïdes peuvent aussi, à défaut des corps gras et des principes féculents et sucrés, fournir le carbone et l'hydrogène nécessaires à la combustion respiratoire.

520. Sels minéraux. Les sels minéraux qui se trouvent dans les produits végétaux sont à peu près les mêmes que ceux des matières animales. Ces sels sont digérés en même temps que les principes organiques auxquels ils sont unis et passent avec eux dans le sang.

521. Phosphates et carbonates. Les phosphates et carbonates de chaux dominent dans les animaux ; leurs os en sont presque exclusivement formés. Les aliments végétaux leur en fournissent une partie ; le complément leur est donné par les boissons.

Toutefois, dans le jeune âge, ou le développement des os est rapide, il faut choisir de préférence les aliments riches en phosphates et en sels de chaux, tels que le lait et les graines des légumineuses et des céréales.

522. Sel marin. La *soude* domine dans les matières animales tandis que la potasse est plus abondante dans les végétaux. Pour suppléer à l'insuffisance de la soude dans quelques aliments végétaux (les racines par exemple), on y ajoute du sel marin ou du sulfate de soude.

Le sel marin a de plus la propriété d'exciter l'appétit des bestiaux, et de contribuer à les entretenir en santé. C'est un excellent condiment.

523. De l'eau. L'eau n'est pas, à proprement parler, un aliment ; elle ne peut, à elle seule, ni former les os, la chair ou la graisse, ni servir à la respiration.

L'eau est néanmoins indispensable aux animaux ; boire est le plus impérieux de leurs besoins.

Les rôles de l'eau sont : 1° de délayer les aliments et de faciliter ainsi leur digestion ; 2° de dissoudre les produits de cette digestion et de les faire passer dans le sang, avec lequel ils circulent et se répandent dans le corps entier ; 3° enfin, l'eau fait partie essentielle de tous les tissus, tellement que si on desséchait complétement dans un four le corps d'un animal, il perdrait avec son eau les $4/5$ de son poids.

L'étude des boissons devra faire en conséquence l'objet d'un chapitre important de l'alimentation du bétail.

524. Classification des principes immédiats des plantes. Au point de vue de l'alimentation du bétail, les principes que l'on trouve dans les plantes peuvent être divisés en sept groupes.

1° Les *principes plastiques* comprennent les matières albuminoïdes. Leur valeur est proportionnelle au poids d'azote qu'ils contiennent.

2° Les *principes respiratoires* sont les fécules, les sucres, les gommes et l'alcool : ces diverses substances servent uniquement à la respiration. Les corps gras sont aussi des principes respiratoires, mais ils ont un deuxième rôle qui les fait considérer à part.

3° Les *principes gras* servent spécialement au renouvellement de la graisse dans les tissus du corps ; ayant tous la même composition chimique, leur valeur alimentaire est la même au point de vue de l'engraissement de l'animal.

4° Les *sels minéraux* les plus importants sont les phosphates et les carbonates, les sels de chaux et de soude.

5° Les *principes toniques* sont l'alcool, le sel marin et quelques résines et essences aromatiques. Ils n'ont qu'une importance secondaire dans l'alimentation.

6° Les *principes inertes* comprennent les acides, la cellulose, le ligneux, et les matières colorantes.

7° Les *principes nuisibles* sont les essences, les résines et surtout les alcaloïdes qui sont des poisons violents.

Remarque. Les aliments fournissent en outre de l'eau qui s'ajoute à celle des boissons.

IV

RÈGLES GÉNÉRALES DE L'ALIMENTATION DES ANIMAUX

525. Concours nécessaire des différents principes alimentaires. Les végétaux peuvent fournir aux animaux quatre espèces de principes alimentaires : des matières plastiques, des principes respiratoires, des corps gras et des sels.

Un principe alimentaire employé seul ne peut suffire à l'alimentation du bétail. M. Boussingault a essayé de nourrir un canard avec de l'albumine seule ; l'oiseau périt bientôt victime d'une alimentation exclusivement plastique. Des animaux qu'on a voulu nourrir exclusivement soit avec de la fécule et du sucre, soit avec de la graisse n'ont pu davantage résister à ce régime.

En conséquence, *pour que l'alimentation d'un animal soit complète, il faut que sa ration contienne les quatre espèces de principes alimentaires : plastiques, respiratoires, gras et salins.*

Il faut de plus qu'elle les contienne en proportions convenables.

Les différents aliments du bétail, foins, grains, racines et pailles contiennent ces diverses espèces de principes, mais ils ne les contiennent pas dans les mêmes proportions.

526. Proportions des principes alimentaires dans les rations normales. En principe, les aliments devant réparer les pertes subies par le corps de l'animal, les principes alimentaires doivent avoir dans les rations les mêmes proportions que dans les matières rejetées par les animaux, tant par la respiration et la transpiration que par les sécrétions.

En mettant de côté les principes gras qui n'ont d'influence que dans l'engraissement du bétail, et les sels qui n'ont qu'une importance secondaire, on trouve que dans les pertes subies

par le corps des animaux les rapports du poids des principes
respiratoires au poids des principes plastiques sont :

Pour le cheval (1) 6,7
Pour la vache (2) 6,5

en moyenne 6,6 pour les grands animaux herbivores. Ce rapport est plus faible pour les animaux de plus petite taille ; il
est à peu près 3 pour le mouton

**527. Rapport des principes plastiques et respiratoires dans
le foin de pré.** La pratique agricole a reconnu de tout temps
que le foin des prairies naturelles peut suffire seul, en
sec ou en vert, à l'alimentation des bœufs et des chevaux.
Le foin de pré contient 44.4 % de principes féculents et sucrés.

7,2 % de principes albuminoïdes.

Le rapport est 6,2 environ, ce qui confirme pleinement les
conclusions qui résultent des recherches de M. Boussingault.

528. Calcul des rations. Les aliments doivent suffire à réparer en totalité les pertes du corps. Mais ces pertes dépendent :
1° de l'espèce de l'animal ; 2° de son poids; 3° des produits qu'il
donne (lait ou laine) ; 4° du travail qu'il effectue. C'est sur ces
bases qu'il faut fixer le poids des rations à donner dans chaque
cas.

V

ÉQUIVALENTS DES DIFFÉRENTS ALIMENTS DU BÉTAIL PAR RAPPORT
AU FOIN DE PRÉ

529. Aliments divers du bétail. Le foin de pré n'est pas le
seul aliment des bestiaux ; on peut employer concurremment
les prairies artificielles (soit en vert, soit en foin,) les graines de
légumineuses et de céréales, les pailles de céréales, les feuilles
charnues, les racines et les tubercules, enfin les résidus des
industries agricoles, pulpes de betterave ou de pommes de
terre et tourteaux de graines oléagineuses.

---

(1) D'après M. Boussingault (*Économie rurale* 2e volume p. 380 et suivantes) les
pertes subies en 24 heures sont les suivantes :
Cheval : perte de carbone, 2,540, estimée en fécule 5,712 grammes,
perte d'azote… { par les urines…… 38 } 53, estimée en albumine 852.
{ par transpiration… 15 }
Le rapport des principes respiratoires aux principes plastiques est 6,7.

(2) Vache : perte de carbone, 2,261, estimée en fécule 5,087,
perte d'azote. { par les urines…… 37 } 49, estimée en albumine 784.
{ par transpiration… 12 }
Rapport des princ spiratoires aux principes plastiques 6,5.

8.

530. Équivalents des aliments. Le foin de pré étant pris pour base de l'alimentation du bétail, les *équivalents* des autres aliments seront les poids de ces aliments qui nourriront les animaux autant qu'un poids donné de foin.

Si, par exemple, 15 kil. de foin sont jugés nécessaires pour nourrir un cheval, et qu'on y substitue du trèfle incarnat en vert, ce dernier contenant pour le même poids quatre fois moins de principes utiles, il faudra en donner un poids quatre fois plus grand.

D'après cela, on appelle *équivalents* des aliments en foin les poids de ces aliments qui contiennent autant de principes alimentaires que 100 gr. de foin de pré.

531. Équivalents par rapport aux principes plastiques. La détermination des équivalents a été faite par M. Boussingault. Il a pris pour base les principes plastiques (albumine, légumine, caséine, et autres principes albuminoïdes). A ce point de vue, l'équivalent d'un aliment est le poids de cet aliment qui contient autant de principes albuminoïdes que 100 gr. de foin.

Cela posé, il suffit pour déterminer l'équivalent d'un aliment de doser par l'analyse les principes plastiques du foin (7g.2) et comparativement ceux de tous les autres aliments.

Exemple: Le foin de luzerne contient 12 % de principes plastiques, par conséquent l'équivalent de la luzerne est

$$\frac{100 \times 7,2}{12} = 60 \ (1).$$

532. Complément des principes respiratoires. Il peut arriver que, dans un équivalent déterminé de cette manière, les quantités des principes respiratoires ne soient pas aussi grandes que dans 100 de foin. Ainsi dans 60 de luzerne, il y a bien 7,2 de principes plastiques, mais il n'y a que 23,4 de principes respiratoires, tandis qu'il y en a 44,4 dans 100 de foin ; il importe, dans ce cas, de fournir en plus les 21 de principes respiratoires qui manquent ; on y parvient en ajoutant à

---

(1) Exemple de raisonnement :

12 de principes plastiques sont donnés par 100 de luzerne

1   id.   id.   sera donné par $\dfrac{100}{12}$ de luzerne

7, 2 de principes plastiques seront donnés par $\dfrac{100 \times 7,2}{12}$ de luzerne

$\dfrac{100 \times 7,2}{12}$ de luzerne donnent donc autant de principes plastiques que 100 de foin.

60 de luzerne, un poids de pailles de céréales qui renferme 21 de principes féculents. Ce poids est 37.

Les calculs des *poids de pailles de céréales* qu'il faudrait ajouter aux équivalents des aliments pour leur donner les proportions de principes respiratoires qui leur manquent, ont été faits par M. Boussingault lui-même, et inscrits dans sa table des équivalents que nous reproduisons pages 140, 141 et 142.

533. **Équivalents en principes gras.** Dans la colonne suivante sont marquées les proportions des *principes gras* que contiennent les aliments, et dans la colonne à côté *les équivalents en principes gras*, c'est-à-dire les poids de ces aliments qui contiennent autant de matières grasses que 100 de foin de pré. Ces équivalents peuvent servir de guide pour l'engraissement du bétail.

534. **Proportions de l'eau, des sels et des matières inertes.** Enfin le tableau contient à titre de renseignements utiles :

1° La proportion des phosphates et autres sels contenus dans 100 grammes de chaque aliment ; 2° les proportions des matières inertes, cellulose, ligneux, etc. ; 3° les proportions de l'eau dans l'aliment tel qu'il est consommé.

VI.

CALCUL DES RATIONS DU BÉTAIL.

535. **Classification des produits alimentaires.** D'après leur composition, les aliments se divisent en cinq groupes :

1° Les *foins* (sect. I et II) dont les proportions des différents principes (plastiques, respiratoires et gras) sont en équilibre, c'est-à-dire à peu près dans le même rapport que dans le foin de pré ;

2° Les *tourteaux* de graines oléagineuses (sect. III) où dominent les principes gras et les principes plastiques ;

3° Les *graines* de céréales et de légumineuses (sect. IV à VII) où dominent les principes plastiques ;

4° Les *pailles et tubercules* (sect. VIII et IX) où dominent les principes féculents ;

5° Les *feuilles charnues*, les *racines* et les *résidus industriels* où l'eau domine (sect. X à XII).

536. **Remarque.** Les nombres inscrits au tableau ne doivent pas être considérés comme ayant une valeur absolue, mais comme offrant une base scientifique assez sûre pour permettre de résoudre la question de l'alimentation du bétail.

TABLEAU

DE LA COMPOSITION CHIMIQUE ET DES ÉQUIVALENTS DES MATIÈRES ALIMENTAIRES DU BÉTAIL

DÉSIGNATION DES PRODUITS VÉGÉTAUX	EAU	PRINCIPES PLASTIQUES			PRINCIPES RESPIRATOIRES				CORPS GRAS		SELS MINÉRAUX	LIGNEUX ET CELLULOSE	AUTEURS autres que M. Boussingault
		ALBUMINE, LÉGUMINE, CASÉINE	AZOTE	ÉQUIVALENTS NUTRITIFS déduits de l'azote	AMIDON, SUCRE ou analogues	MATIÈRES NUTRITIVES NON AZOTÉES en excès	manquant	PAILLE à ajouter pour compléter	MATIÈRES GRASSES	ÉQUIVALENTS en matières grasses			
TYPE : Foin de pré	13,0	7,2	1,15	100	44,4	»	»	»	3,80	100	7,6	24,4	
I. FOINS DE PRAIRIES artificielles. — PRINCIPES en équilibre. Regain de foin	14,1	12,4	1,98	58	40.5	»	23	51	3,50	108	8,0	21,5	
Luzerne en fleurs	15,0	12,0	1,92	60	41,8	»	21	47	3,50	108	5,7	22,0	
Sainfoin	10,0	11,8	1,89	61	40	»	20	45	3,05	124	»	22,0	
Trèfle en fleurs	20,0	10,6	1,70	67	39,2	»	20	44	3,20	118	5,0	22,0	
Trèfle avant la fleur	12,2	13,3	2,93	54	41,3	»	24	53	4,00	95	8,1	21,1	Gasparin
Trèfle incarnat	11,0	7,2	1,15	100	»	»	»	»	»	»	»	»	
Pois	13	13,3	2,11	54	»	»	»	»	»	»	4,5	»	
Vesces	11	6,7	1,05	109	»	»	»	»	»	»	»	»	
Fèves après l'égrenage	12	13,0	2,03	57	»	»	»	»	»	»	»	»	
Lentilles après l'égrenage	10	7,5	1,01	115	»	»	»	»	»	»	3,4	»	
Haricots après l'égrenage	11	7,5	1	115	»	»	»	»	»	»	»	»	
Moha	13	9,6	1,50	71	»	»	»	»	»	»	»	»	
Maïs (fourrage seul)	19,5	4,3	0,67	171	»	»	»	»	»	»	»	»	
Ray-grass (fourrage)	11	6,3	0,98	117	»	»	»	»	»	»	»	»	
Seigle (fourrage)	12	8,7	1,36	84	»	»	»	»	»	»	»	»	
II. PRAIRIES ARTIFICIELLES Luzerne (en vert)	80,4	2,8	0,45	256	9,6	»	21	47	0,80	475	1,3	5,1	
Trèfle (en vert)	77	3,1	0,50	230	11,3	»	20	44	0,90	422	1,4	6,3	

DÉSIGNATION DES PRODUITS VÉGÉTAUX	EAU	ALBUMINE, LÉGUMINE, CASÉINE	AZOTE	ÉQUIV. NUTRITIFS	AMIDON, SUCRE ou analogues	en excès	manquant	PAILLE	MATIÈRES GRASSES	ÉQUIV. en matières grasses	SELS MINÉRAUX	LIGNEUX ET CELLULOSE	AUTEURS
III. TOURTEAUX GRAS ET PLASTIQUES Colza	10,5	30,7	4,92	23	32,5	»	38	84	10	38	7,7	9,4	
Cameline	6,5	34,4	5,51	21	34	»	40	89	7	54	8,6	9,5	
Arachide	6,6	52,1	8 33	14	»	»	»	»	»	»	»	»	
OEillette	11,7	37,8	6,05	19	23,3	»	42	93	10,10	37	6,0	11,1	
Sésame	10	42,5	6,80	17	16.3	»	44	93	8,20	46	18,0	5 0	
Noix	6	32,8	5,24	22	45,6	»	36	80	9	42	3,2	3,4	
Chènevis	5,3	26,3	4,21	27	38,8	»	36	80	6	63	3,6	20,0	
Lin	13,4	32,7	5,20	22	33,2	»	40	89	6	63	8,3	5,1	
Faines	10	16,8	9,69	43	6.4	»	41	91	1	380	6,8	50,6	
Madia	11,2	31,6	5,06	23	9,8	»	42	93	15	25	6,7	25,7	
Lait de vache	87,6	3,8	0,60	189	3,6	»	»	»	4,20	90	0,8	»	
IV. GRAINES DE LÉGUMINEUSES PLASTIQUES Féveroles	2,5	31,9	5 11	23	47,7	»	37	82	2	190	3,0	2,9	
Fèves de marais	16	24,4	3,90	29	51,5	»	33	73	1,50	253	3,6	3,0	
Pois	8,9	23,9	3,83	30	59,6	»	30	67	2	290	2,0	3,6	
Vesces	14,6	27,3	4,37	26	48.9	»	35	73	2,70	140	3,0	3,5	
Lentilles	12,5	25	4	29	55,7	»	31	69	2,50	152	2,2	2,1	
Haricots blancs	15	26,9	4,30	27	48,8	»	34	75	3	126	3,5	2,8	
V. GRAINES DE CÉRÉALES PLASTIQUES Blé	14,5	12,3	1,97	58	67,6	»	8	19	1,50	253	2,0	2,1	
Seigle	14	12,5	2	58	66,2	»	9	20	2	190	2,0	3,3	
Orge d'hiver	13	13,4	2,14	54	63,7	»	12	27	2,80	135	4,5	2,6	Gasparin
Orge escourgeon	13,2	11,2	1,76	61	»	»	»	»	2,18	174	»	»	
Avoine	14	11,9	1,90	61	61.5	»	7	15	5,50	69	3.9	4,1	
Maïs	17	15,5	2	58	61.9	»	8	18	7	54	1,1	1,5	
Sorgho	13,2	10,6	1.70	67	61,6	»	3	7	6,10	62	3,4	5.1	
Riz	14,6	7,5	1.20	96	76	25	»	»	0,50	760	0,5	0 9	
Surrasin	13	13,1	2	58	64	»	9	20	3,90	97	2,5	3,5	
Millet	14	20,6	3,30	35	57,8	»	27	60	3	126	2,2	2,4	
VI. FARINES ET SON Blé	12,5	14,2	2,28	50	70,8	»	12	27	1,40	271	0.8	0,3	
Seigle	14,5	13,8	2,20	52	66,7	»	12	27	3	126	1,5	0,5	
Son de blé	21	11,9	1,90	61	51,6	»	14	31	4	95	3,0	8,5	
VII. FÉCULENTS Châtaignes pelées fraîches	49,2	3	0,48	»	»	»	»	»	»	»	1,8	0,8	
Glands secs décortiqués	20	5	0 80	144	61,5	51	»	»	4,30	88	1,6	4,6	
Glands verts non décortiq.	56	2	0,32	359	34,2	83	»	»	2,30	165	1,0	4,5	

	DÉSIGNATION DES PRODUITS VÉGÉTAUX (Suite)	EAU	PRINCIPES PLASTIQUES — ALUMINE, LÉGUMINE CASÉINE	AZOTE	ÉQUIVALENTS NUTRITIFS déduits de l'azote	PRINCIPES RESPIRATOIRES — AMIDON, SUCRE ou analogues	MATIÈRES NUTRITIVES NON AZOTÉES en excès	manquant	PAILLE à ajouter pour compléter	CORPS GRAS — MATIÈRES GRASSES	ÉQUIVALENTS en matières grasses	SELS MINÉRAUX	LIGNEUX ET CELLULOSE	AUTEURS autres que M. Boussingault
VIII PAILLES et BALLES FÉCULENTS	Blé	26	1,9	0,30	383	35,9	93	»	»	2,20	170	5,1	28,9	Gasparin
	Seigle	18,6	1,5	0,24	479	43	162	»	»	1,50	250	3	32,4	
	Orge d'hiver	14,2	1,9	0,30	383	43,8	126	»	»	1,70	224	4	34,4	
	Avoine	21	1,9	0,30	383	38,4	118	»	»	5,10	74	3,6	30	
	Maïs	18	1,2	0,19	605	»	»	»	»	»	»	»	»	
	Millet	15	5	0,78	116	»	»	»	»	»	»	»	»	
	Riz	18	1,5	0,24	479	»	»	»	»	»	»	»	»	
	Froment (balles)	11,5	5,2	0,83	139	52,3	26	»	»	1,40	271	9,3	20,3	
IX TUBERCULES FÉCULENTS	Pommes de terre jaunes	75,9	2,5	0,40	287	20,2	10	»	»	0,20	1900	0,8	0,4	
	Topinambours	79,2	2,1	0,33	343	16,1	9	»	»	0,30	1270	1,1	1,2	
	Panais	88,3	1,6	0,25	460	8,2	»	9	20	0,20	1900	0,7	4	
X FEUILLES et TIGES AQUEUX	Betteraves	90,7	2,6	0,42	274	3	»	37	82	0,03	603	1,4	1,7	
	Carottes	82,2	3,2	0,52	221	7	»	30	67	1	380	3,6	3	
	Choux pommés	90,1	2,3	0,37	311	5,3	»	29	64	0,90	422	0,8	0,6	
	Topinambours	80	3,3	0,53	217	9,8	»	25	57	0,80	475	2,7	3,4	
	Maïs	72	6,2	1	115	13,6	»	32	71	0,90	422	3,3	5,2	
	Vignes	74,7	5,9	0,95	121	10,6	»	33	73	2,30	165	2	4,5	
XI RACINES AQUEUX	Betteraves champêtres	87,8	1,3	0,21	548	7,9	»	4	9	0,10	3808	0,7	2,2	
	Rutabaga	91	1,1	0,17	676	7	»	»	»	0,05	7600	0,6	0,3	
	Navets turneps	86,1	1,6	0,25	460	10,8	2	»	»	0,15	2500	0,9	0,4	
	Carottes blanches	86	1,5	0,24	479	10,9	5	»	»	0,17	2240	0,6	0,8	
XII RÉSIDUS INDUSTRIELS AQUEUX	Pulpe de betteraves	80	2,2	0,38	303	10	»	18	40	0,10	3800	0,8	7	Magne Corenwinder
	Pulpe de pommes de terre	70	3,3	0,53	217	»	»	»	»	»	»	0,84	»	
	Drèche de bière	73,1	4,4	0,71	162	15,8	»	19	42	0,13	2920	1,96	4,57	
	Drèche de genièvre	91,4	2,5	0,40	287	4,5	»	31	68	0,80	475	0,16	0,31	

La valeur de ces chiffres n'est pas absolue parce que la composition chimique d'un aliment n'est pas constante. Ainsi le foin de luzerne a plus ou moins de principes plastiques ou respiratoires suivant la réussite de la récolte et celle-ci subit fatalement toutes les intempéries des saisons. Mais les agriculteurs ont dans la table de M. Boussingault les moyens de composer les rations de leur bétail, sans courir les risques de commettre de graves erreurs.

537. **Usage pratique de la table des équivalents.** On a l'habitude d'estimer en foin de pré les rations qu'il faut donner chaque jour au bétail, soit pour l'élever, soit pour l'entretenir, soit pour l'engraisser, soit enfin pour en obtenir du travail ou un produit quelconque. Les calculs à faire dans chaque cas sont très-simples, nous en donnons deux exemples :

1er *exemple.* Supposons que la ration d'un cheval ait été fixée à 16 kilogrammes de foin de pré, et qu'on veuille remplacer une partie de foin, (6 kilogrammes, par exemple,) par de l'avoine. La table donne la solution.

100 kil. de foin ayant pour équivalent 61 kil. d'avoine avec 15 kil. de paille, 6 kil. de foin devront être remplacés par $6 \times 0,61 = 3^k,66$ avec $6 \times 0,15 = 0^k,90$ de paille.

La ration se composera dès lors pour une journée, de :

    10 kil. de foin
    $3^k,66$ d'avoine
    $0^k,90$ de paille.

2e *exemple.* Supposons que la ration d'une vache laitière soit fixée à 15 kilogrammes de foin de pré. On veut la composer de foin de luzerne pour un tiers ou 5 k. de foin et de betteraves champêtres pour deux tiers ou l'équivalent de 10 k. de foin.

100 kil. de foin de pré ont pour équivalent 60 kil. de luzerne avec 47 de paille ; 5. kil. de foin devront être remplacés par $5 \times 0,60 = 3$ kil. de luzerne et $5 \times 0,47 = 2,35$ de paille.

100 kil. de foin ont pour équivalent 548 de betteraves avec 9 de paille ; 10 de foin seront remplacés par $10 \times 5,48 = 54,8$ de betteraves et $10 \times 0,09 = 0,9$ de paille.

La ration se composera donc de :

    3 kil. de foin de luzerne
    $54^k,8$ de betteraves
2,35 $+$ 0,9 ou $3^k,25$ de paille.

Dans ce cas, on prendra comme pailles soit de la longue

paille hachée, soit de menues pailles qu'on fera fermenter avec les betteraves.

538. *Mais peut-on se servir de toutes les espèces d'aliments pour remplacer le foin de pré ?* Telle doit être la préoccupation bien naturelle des agriculteurs.

L'expérience pratique a répondu *affirmativement*, même pour les chevaux qui sont plus délicats que les moutons, les bœufs et les porcs. Ainsi dans une série d'expériences entreprises pour résoudre cette importante question (1), on a dans les rations des chevaux remplacé avec succès tout ou partie du foin par des pommes de terre cuites, par des topinambours, par de l'avoine, par du seigle, par de l'orge, par des pailles, par des betteraves, par des rutabagas, par des carottes, par des foins (secs ou mouillés) de luzerne, de trèfle et de sainfoin, et par des fourrages verts de toute sorte.

Le seul inconvénient qu'on ait signalé est celui qui résulte du trop grand volume de certains aliments tels que les racines ou les prairies vertes. Les racines remplissent l'estomac outre mesure et nuisent au travail des animaux ; on prévient ces inconvénients en les donnant au repas du soir seulement.

On a constaté que, contrairement aux anciens préjugés, l'avoine nouvelle et le foin nouveau, étaient aussi bons pour les chevaux que les produits depuis longtemps récoltés.

En résumé, tous les produits végétaux récoltés dans une ferme peuvent servir à l'alimentation du bétail ; la seule condition est qu'ils ne soient point avariés et ne contiennent aucune matière étrangère nuisible à la santé des animaux. Il faut enfin qu'ils soient convenablement préparés (voyez chap. XVI).

539. Caractère des aliments de bonne qualité. L'œil exercé des agriculteurs distingue assez facilement la qualité des aliments du bétail.

Les foins ont une odeur agréable et une franche couleur verte ; la plante conserve son aspect naturel et ne tombe pas en morceaux quand on la secoue. Des traces de moisissure ou de dégâts d'insectes sont au contraire des indices d'altération.

Les racines doivent être fermes et non molles, pleines et non creuses, saines et sans traces de pourriture.

(1) Voyez BOUSSINGAULT. *Économie rurale*, 2e vol. pag. 300 et suivantes, la relation très-instructive de cette remarquable série d'expériences faites sur l'alimentation des chevaux de ferme et des chevaux de l'armée.

Les pommes de terre doivent avoir une chair ferme, d'une belle couleur; elles ne doivent pas avoir poussé des rejets. résultant d'un commencement de germination.

Les grains ne doivent pas être mêlés de mauvaises graines; ils doivent être pleins, non infectés de charbon, d'ergot, ni de rouille. S'ils sont couverts de poussière, on doit les laver avant de les donner aux animaux.

Enfin, il faut en tous cas consulter le goût des animaux, en s'assurant qu'ils mangent les aliments sans répugnance.

Si les aliments ont subi un peu d'altération, on peut les utiliser encore en les arrosant d'eau salée. Le sel augmente l'appétit de l'animal et facilite la digestion des aliments.

540. **Choix des aliments.** Si toutes les variétés d'aliments peuvent servir aux diverses espèces d'animaux domestiques quand on les a convenablement préparés, leur choix, cependant, n'est pas indifférent. La nature, en effet, a donné à chaque animal un estomac et des intestins organisés pour digérer certains aliments mieux que d'autres; ainsi, par exemple, les carottes sont meilleures pour les chevaux, tandis que les betteraves conviennent mieux aux bœufs et les pommes de terre aux porcs. En conséquence, il faut dans la répartition des productions alimentaires du domaine entre les diverses espèces d'animaux, tenir compte des goûts et des besoins naturels de chacun d'eux, de manière à donner à chaque espèce les aliments qu'elle préfère. Dans les chapitres (xviii à xxii) consacrés à chaque espèce de bétail nous aurons soin d'indiquer les aliments les plus favorables et le régime alimentaire qui convient le mieux.

CHAPITRE XVI
PRÉPARATION ET DISTRIBUTION DES ALIMENTS
CONDIMENTS ET BOISSONS

1
INFLUENCE DU VOLUME, DE LA FORME ET DE L'ÉTAT DES ALIMENTS

Excurs. 61. Le maître conduira ses élèves dans une ferme pour les faire assister aux opérations diverses de la préparation des aliments du bétail.

541. **Influence du volume.** La première condition d'un aliment pour être digéré est d'être mâché.

Les racines, betteraves, carottes, navets et raves; les pommes de terre et autres tubercules sont trop volumineux pour les moutons et même pour les bœufs ; on a vu des vaches étranglées par des pommes de terre arrêtées dans leur gosier.

Coupe-racines. Il faut découper les racines et les tubercules en petits morceaux à l'aide des coupe-racines. Souvent aussi on fait cuire à moitié les pommes de terre ; on en corrige ainsi la crudité et la dureté.

542. **Influence de la forme**. D'autres aliments, les longues pailles, les fanes de légumineuses, les ajoncs et autres herbes épineuses ont une forme qui se prête mal à la mastication et surtout au mélange avec d'autres aliments.

Les *hache-pailles* servent à couper les longues pailles qu'on veut faire fermenter avec les betteraves.

On emploie des *rouleaux compresseurs* pour écraser et aplatir les épines des ajoncs et pour briser les fanes trop dures des légumineuses à graines.

543. **Influence de l'état physique**. L'état pulvérulent des farines, du son et des résidus de raffinerie (pulpes de betteraves et de pommes de terre), rend leur mastication difficile. Il importe de les délayer en bouillie ou en pâtée dans l'eau.

Les tourteaux sortis de la presse sont trop durs ; il faut les faire revenir par la macération et les délayer dans l'eau avant de les donner au bétail.

544. **Influence de la dureté**. La dureté de quelques graines, (seigle, orge, maïs, féveroles, pois et vesces), rend leur mastication difficile, leur digestion incomplète. Il faut les concasser grossièrement dans des moulins construits pour cet usage.

C'est aussi pour combattre la dureté du grain qu'on fait macérer l'avoine dans l'eau tiède. Cette préparation est utile surtout pour les jeunes poulains et pour les vieux chevaux.

545. **Nettoyage des foins**. Quand les foins sont sales de boue ou de poussière, il est utile de les laver à grande eau.

L'arrosage est bon pour donner plus de souplesse aux fanes de pois, de vesces ou de prairies trop sèches et trop dures.

546. **Fermentation des betteraves**. Les betteraves contiennent généralement trop de sucre et trop d'eau ; employées à l'état naturel, elles sont laxatives, débilitantes et occasionnent la maladie de la pourriture. Il est utile de les faire fermenter (pendant trois ou quatre jours en hiver, deux ou trois en été) en les mélangeant intimement à des balles d'avoine ou de froment ou à de la paille hachée.

Cette pratique offre deux avantages :

1º Le jus de betterave perd de son sucre et gagne de l'alcool, ce qui le rend plus fortifiant ;

2º Les pailles ou balles se ramollissent.

II

DES CONDIMENTS — INFLUENCE SPÉCIALE DU SEL MARIN SUR L'ALIMENTATION DU BÉTAIL

547. Condiments. On appelle ainsi les substances qui agissent favorablement sur les organes digestifs des animaux, tels sont les sels de soude, le tannin, les sels de fer, l'alcool, les essences et particulièrement le sel marin. Ces matières ne sont pas alimentaires par elles-mêmes ; mais, mélangées aux aliments, elles facilitent leur digestion et augmentent ainsi leur valeur nutritive. On peut les distinguer en quatre catégories.

548. 1º Rafraîchissants. Ce sont ceux qui excitent la sécrétion de l'urine, de la bile et du suc intestinal, et par suite favorisent l'épuration du sang et l'évacuation des excréments.

Les principaux rafraîchissants sont le sel de Glauber, le vinaigre et les autres acides organiques, les oseilles et les autres herbes acidules. Il est toujours utile de consulter le vétérinaire pour l'emploi des rafraîchissants.

549. 2º Astringents. On appelle *astringents* les matières qui combattent l'excès des sécrétions internes ou externes; telles sont les plantes riches en acide tannique, le tan ou écorce de chêne, le gland, la noix de Galles, l'écorce de noix, les racines de garance, de fraisier, de plantain, les feuilles de ronce et de sumac, etc. Ils agissent favorablement dans les diarrhées, les hémorrhagies. Dans tous les cas, les prescriptions d'un vétérinaire sont utiles pour en régler l'emploi.

550. 3º Toniques. Les toniques sont les substances qui agissent sur les organes digestifs d'une manière durable et permanente. Ils fortifient les parois muqueuses de l'estomac et des intestins et favorisent leurs fonctions en excitant les contractions de leurs parois musculeuses.

Les principaux toniques sont : la rouille de fer ajoutée aux boissons, l'écorce de saule, la poudre de gentiane et surtout le sel marin. On mélange aux aliments les plantes riches en tannin et en principes amers, comme le fumeterre, la centaurée, la chicorée sauvage et toutes les herbes que recherchent naturellement les animaux. Ces toniques favorisent la digestion, quelques-uns même enrichissent le sang et combattent avec succès les tendances à la cachexie.

551. 4° **Excitants.** Les excitants sont les substances qui agissent sur le système nerveux en produisant une chaleur et une surexcitation artificielles qui augmentent un instant les forces de l'animal, mais affaiblissent sa vigueur et peuvent en altérer la santé générale. Telles sont les plantes aromatiques riches en essences, le vin et autres boissons alcooliques.

Les excitants sont toujours dangereux à employer; on conçoit que l'on excite les chevaux de course en leur faisant boire du vin, mais c'est toujours une faute, en agriculture, d'employer les excitants sans la prescription d'un vétérinaire (1).

552. **Du sel marin.** Le sel est le condiment par excellence; il agit à la fois comme aliment et comme tonique.

553. **Action du sel comme aliment.** Les sels de soude font partie du sang, de la chair et de tous les tissus du corps.

Le mouton en contient environ 10 pour mille de son poids.

Le cheval	8,5	—
La vache	4,6	—
Le porc	2,0	—

D'après cela le sel est, comme aliment, favorable aux bestiaux surtout aux moutons et aux chevaux.

Il importe de faire observer, à ce point de vue, que les aliments du bétail en contiennent des proportions notables.

Les foins en contiennent 2 gr. 03 par kilogramme.

Les pois	1 gr. 47	—
La pailles des céréales	1 gr. 22	—
Les fèves	0 gr. 94	—
Les pommes de terre	0 gr. 44	—
L'avoine	0 gr. 11	—

Le maïs et les tourteaux des traces seulement.

Il en résulte que les animaux qui mangent du foin ou qui ont de la paille à discrétion y trouvent assez de sel pour leurs besoins alimentaires. Il faut au contraire ajouter du sel aux racines et aux tourteaux qu'on leur donne.

554. **Action du sel comme tonique** Le sel agit en outre sur l'estomac et sur les autres organes digestifs; il augmente l'appétence et facilite la digestion des aliments de toute espèce.

(1) Il n'entre pas dans le cadre de cet ouvrage de parler des substances employées comme médicaments dans l'art vétérinaire.

Les expériences de M. Boussingault et d'autres agronomes sur les chevaux, sur les vaches laitières, sur les porcs et sur les moutons ont mis en évidence les résultats suivants :

1° L'usage du sel augmente l'appétence plutôt que l'appétit des animaux, c'est-à-dire les fait manger avec plus de plaisir, mais ne les fait pas manger davantage, même quand on leur donne des aliments à discrétion. Cependant il leur fait accepter des aliments qu'ils refuseraient sans sel, tels que des foins légèrement avariés, ou des racines un peu gâtées; le sel a pour effet de préserver l'animal des inconvénients qui pourraient résulter de l'emploi de ces aliments avariés.

2° Les produits obtenus avec l'usage du sel, le lait des vaches, l'engraissement des adultes et l'accroissement des jeunes, ne sont pas plus considérables que ceux qu'on réalise sans employer le sel. Il faut en excepter toutefois l'alimentation avec les tourteaux, les racines ou tout autre aliment qui ne contient pas assez de sel; il est toujours avantageux de les saler.

3° La santé générale des animaux est meilleure, surtout celle des moutons et des jeunes chevaux. Les poulains qui mangent du sel ont plus de vivacité et de vitalité. leur peau est souple et brillante, tandis que ceux qui n'en consomment pas ont la peau rugueuse et le poil hérissé.

4° La chair des bœufs et surtout des moutons qui mangent du sel est généralement de meilleure qualité. Les animaux qui paissent les prés salés des bords de la mer méritent la renommée que leur ont faite les gourmets.

555. Administration du sel. La meilleure pratique consiste à laisser dans les bergeries, écuries et étables, des blocs de sel gemme que les bêtes puissent lécher à volonté.

On trempe dans l'eau salée les foins, les pailles et les graines quelques heures avant de les donner au bétail. Cette opération est nécessaire pour les foins ou grains de qualité inférieure.

On sème quelques poignées de sel entre les lits de betteraves qu'on fait fermenter avec des balles ou de la paille hachée.

Enfin on fait cuire les pommes de terre avec de l'eau salée.

III

BOISSONS

556. Qualités des eaux de boisson du bétail. *L'eau* est l'unique boisson des bestiaux; pour être favorable à la santé des animaux, elle doit en général remplir les conditions des eaux potables : elle doit être *aérée, claire, limpide, incolore* et *inodore;* elle doit contenir en proportions convenables les *sels calcaires* nécessaires à la digestion et à la formation du sang; il ne faut pas qu'elle renferme de sulfates ni surtout de matières organiques en décomposition.

Examinons comparativement, à ce point de vue, les eaux dont disposent les agriculteurs.

557. Eaux de provenances diverses. — Qualités et défauts.

1° *Eau des puits.* Ce sont généralement les meilleures, surtout quand les puits sont creusés dans des roches calcaires. Leur seul défaut pourrait être de contenir un excès de plâtre qu'accuserait un précipité abondant par le chlorure de barium.

La meilleure disposition qu'on puisse adopter dans une ferme pour utiliser l'eau d'un puits, consiste à établir une pompe mue par la vapeur ou par un manége et montant l'eau du puits dans un réservoir situé au grenier. On fait partir de ce réservoir un système de tuyaux qui distribuent l'eau dans la maison et dans les écuries, étables, bergeries et porcheries.

En été, l'eau qui vient d'être tirée d'un puits est trop froide pour les bestiaux; elle leur donne des tranchées; il importe qu'elle soit tirée plusieurs heures à l'avance dans des cuves où elle s'échauffe à l'air et au soleil.

558. 2° *Eau des rivières.* Cette eau généralement limpide, aérée, pure de débris organiques et assez riche en sels est une bonne boisson pour les animaux ; on a l'avantage de pouvoir y faire baigner les chevaux.

559. 3° *L'eau des étangs* est bonne, si elle est claire et si elle contient assez de calcaire. Elle est mauvaise quand les eaux sont basses et troublées par des débris de plantes marécageuses ou infectées de gaz putrides qui s'en exhalent.

560. 4° *L'eau des mares* est assez bonne pour le bétail quand elle a roulé sur des terres calcaires et quand elle est limpide. Mais elle est mauvaise quand des moisissures s'y développent ou que du jus de fumier y est mélangé. Il importe de curer les mares le plus souvent possible.

561. 5° *L'eau de pluie* est généralement trop pure; il importe de la laisser aérer dans des citernes crépies à la chaux dont les parois lui fournissent du calcaire et de jeter des terres marneuses au fond de la citerne. Il est bon aussi d'y ajouter un peu de sel marin pour rendre l'eau plus tonique.

562. 6° L'*eau des sources* a souvent les mêmes défauts que l'eau de pluie, (manque de calcaire et défaut d'aération). Les eaux de source troubles, chargées d'humus ou de plâtre, sont toujours mauvaises et doivent être rejetées.

563. **Quantité de boisson.** L'eau doit toujours être donnée à discrétion aux animaux; leur instinct, leur soif est la meilleure règle. Le mieux est de servir l'eau dans des auges à leur portée, afin qu'ils puissent boire à volonté quand ils en sentent le besoin. En Beauce, cela se pratique pour les moutons et les porcs. M. Menard, de Huppemeau, le faisait également pour ses vaches qui s'en trouvaient parfaitement. Il serait bon aussi que les chevaux aient toujours à boire devant eux.

564. **Distribution des boissons.** C'est surtout au moment des repas que les animaux ont besoin de boire. S'ils n'ont pas d'eau à discrétion devant eux, on doit les faire boire avant les repas, au milieu autant que possible, et toujours après.

IV
DISTRIBUTION DES ALIMENTS — REPAS DU BÉTAIL

565. **Nombre de repas.** On fait faire généralement trois repas aux animaux ; le matin, à midi et le soir.

Les vaches laitières peuvent recevoir quatre repas.

Les animaux à l'engrais font au moins quatre repas et même cinq vers la fin de l'engraissement.

Les jeunes animaux doivent faire des repas nombreux.

566. **Repas réglés.** Dans tous les cas, il importe que les repas soient réglés, c'est-à-dire aient lieu chaque jour à la même heure. Les animaux s'y habituent et par suite conservent leur appétit sans être tourmentés par la faim.

567. **Repos pendant les repas.** Pendant les repas, il importe que les animaux soient libres et tranquilles. On doit débarrasser les chevaux des harnais qui les gênent et surtout du collier et de la bride, et ôter aux bœufs le joug et les traits.

Il est bon de mettre des barrières pour séparer les animaux gourmands ou ombrageux. Il ne faut pas tourmenter, encore moins maltraiter les animaux pendant leurs repas.

On doit les avoir nettoyés, lavés ou étrillés avant les repas.

568. **Repos après les repas.** Les chevaux doivent, après chaque repas, rester une heure au moins en repos avant de retourner au travail, afin que la digestion soit assez avancée pour ne pas être entravée par la fatigue.

Les bœufs ont besoin d'un temps plus long pour ruminer ; deux heures suffiraient à peine.

V
VARIÉTÉ DES ALIMENTS — CHANGEMENT DE RÉGIME

569. Nécessité de varier les aliments. Il est bon, il est nécessaire même, pour les animaux comme pour l'homme, de ne pas prendre toujours le même aliment.

On a constaté (1) qu'un même aliment donné continuellement à un animal le dégoûte promptement et compromet sa santé. L'avoine elle-même est refusée par les chevaux quand on ne leur donne pas d'autre aliment.

Le pâturage des prés est le seul aliment qui puisse suffire seul pendant longtemps ; cela tient à ce que les prés se composent de plantes de plusieurs familles botaniques très-différentes.

L'agriculteur doit veiller en conséquence à donner toujours plusieurs espèces d'aliments à ses bestiaux : du foin, de l'avoine et de la paille aux chevaux et aux moutons ; des racines, des tourteaux et des prairies aux bœufs et aux vaches ; des farineux, du laitage et des eaux grasses aux porcs ; pour tous il mélangera autant que possible le vert et le sec.

570. Changement d'aliments et de régime. Il ne faut jamais passer subitement d'un aliment à un autre, par exemple, du foin aux carottes pour les chevaux, ou des racines aux tourteaux pour les bœufs ; il importe de ne substituer qu'en partie et graduellement un aliment à l'autre afin d'y habituer l'estomac des animaux. Pour les mêmes raisons, il ne faut pas les faire changer brusquement de régime. Quand par exemple les moutons et les bœufs sont restés au sec pendant tout l'hiver, il faut au printemps leur donner à la fois du sec et du vert jusqu'à ce qu'ils soient habitués au régime exclusif de la pâture verte.

CHAPITRE XVII
DES RATIONS ALIMENTAIRES DU BÉTAIL

I
DES DIFFÉRENTES ESPÈCES DE RATIONS

571. Observation préalable. Les différents produits agricoles récoltés dans les domaines ruraux, les foins et les prairies

---

(1) Boussingault. *Écononie rurale*, 2e vol. pag. 36.

vertes, les graines de céréales et de légumineuses, les racines et
tubercules, les résidus industriels, peuvent servir à l'alimentation du bétail aussi bien que le foin de pré, à condition :

1° Qu'on en emploie des quantités équivalentes (chap. xv);

2° Qu'on prépare les aliments convenablement (chap. xvi).

Mais une question plus importante encore doit être résolue.
Quelle quantité de foin (ou d'autres aliments estimés en foin)
faut-il donner chaque jour aux bestiaux de diverses espèces
soit pour *entretenir* leur santé et leurs forces, soit pour en
retirer du *travail* ou des *produits* (lait, œuf), soit enfin pour
les *engraisser* ou pour les *élever* (1)?

572. Des rations. On appelle *ration* le poids des aliments
qui sont donnés chaque jour à un animal.

Les *rations d'entretien* sont celles qu'on destine aux animaux qui ne travaillent pas et ne donnent pas de produit.

Les *rations de travail* sont celles des chevaux et des bœufs
de trait.

Les *rations de produit* sont : 1° celles des mères portant des
petits ; 2° celles des vaches laitières, et des poules pondeuses.

Les *rations d'engraissement* sont celles des animaux à l'engrais.

Les *rations d'élevage* sont celles des jeunes animaux depuis
leur naissance jusqu'à leur croissance complète.

573. Détermination des rations. On a suivi deux méthodes
pour calculer les rations d'entretien (2).

1° *Méthode théorique* (M. Boussingault). On détermine par
l'analyse le poids d'azote et le poids de carbone perdus par les
déjections et par les exhalations pulmonaire et cutanée, et on
calcule la quantité de foin qui contient ce poids d'azote et ce

____

(1) Des recherches théoriques multipliées (BOUSSINGAULT, ALLIBERT, etc.) et des expériences pratiques nombreuses (THAER, YOUNG, GASPARIN, etc.) ont été faites et se continuent chaque jour dans le but de déterminer les rations du bétail.

Mais la discussion devant être sévèrement exclue d'un ouvrage didactique, nous nous
bornerons ici à exposer les lois et les faits acquis à la science agricole.

Nous devons remercier ici M. MENARD, ancien élève de l'école d'Alfort et de l'école
de médecine de Paris, sous-directeur du jardin d'acclimatation à Paris, qui a bien voulu nous
aider dans les recherches que nous avons faites sur cette délicate et importante question.

(2) Ces deux méthodes s'appliquent aussi aux rations de travail et de produit.

Les recherches sont plus difficiles pour les rations d'engraissement, pour les rations
des mères portant leurs petits, et pour celles des jeunes animaux. Il faut déterminer
dans ce cas l'augmentation du poids des animaux et par suite des éléments capables
de les produire.

poids de carbone. L'application de cette méthode exigeait tout le savoir et l'habileté de l'éminent agronome.

2° *Méthode expérimentale* (MM. de Gasparin, Allibert, Baudement). On cherche par tâtonnement le *poids de foin* qu'il faut donner à un animal pour l'entretenir en bon état pendant un repos complet. Ce poids est évidemment sa ration d'entretien. Tout agriculteur peut expérimenter de cette manière, il n'a besoin pour cela que d'une bonne balance bascule pour peser exactement les animaux de temps en temps et s'assurer qu'ils n'ont pas changé de poids. Les amis du progrès agricole ne doivent pas hésiter à se livrer à cette intéressante étude.

II
RATIONS D'ENTRETIEN

574. Cheval. Un cheval de moyenne taille, du poids de 500 kilogrammes exige pour son entretien, quand il ne travaille pas, environ 9 kilogrammes de foin normal ou l'équivalent en d'autres aliments.

575. Bœuf et vache. Un bœuf du poids de 500 kilogrammes, non à l'engrais et ne travaillant pas, exige pour son entretien 8 kilogrammes de foin normal ou l'équivalent.

Une vache de 500 kilogrammes exige le même poids, 8 kilogrammes. Il lui faut un supplément d'aliment quand elle est pleine ou quand elle donne du lait.

576. Mouton. Un mouton du poids de 40 kilogrammes exige pour son entretien, un kilogramme de foin normal.

Les moutons à l'engrais, les béliers à la lutte et les brebis avant l'agnelage et pendant l'allaitement, doivent, outre cette ration d'entretien recevoir un supplément de nourriture.

577. Porc. La ration d'un porc de 9 mois du poids de 60 kilogrammes, pour l'entretenir en chair sans l'engraisser, est de $2^k,400$.

578. Poules. Pour une poule de $1^k,5$ il faut l'équivalent de 180 grammes de foin.

579. Rations estimées pour 100 kilogrammes de poids vivant. Pour comparer entre elles les rations d'entretien des différentes espèces d'animaux, on calcule quel est le poids de la ration qui est donnée pour 100 kil. de l'animal ; ainsi un cheval de 500 kil. dont la ration est de 9 kil. reçoit $\frac{9}{5}$ ou 1^k, 800 par 100 kil. et un porc de 60 kil. dont la ration est de $2^k,400$ reçoit $\frac{2,4}{0,6}$ ou $4^k,000$ par 100 kil.

Les résultats de calculs analogues sont contenus dans le tableau suivant.

TABLEAU

DES RATIONS D'ENTRETIEN DES DIFFÉRENTES ESPÈCES D'ANIMAUX

ANIMAUX	RATION POUR 100 k. du poids vivant
Cheval..	1 k 800
Bœuf et vache...	1 600
Mouton..	2 500
Porc..	4 »
Lapin...	8 »
Poule...	12 »

580. Variation avec le poids des espèces. Ces résultats montrent que plus l'animal est petit, plus comparativement il lui faut de nourriture pour l'entretenir. C'est cette raison qui fait préférer l'élevage des bœufs à celui des moutons, toutes les fois que le climat et la culture le permettent.

581. Rations comparées des animaux de la même espéce.

M. Allibert a trouvé que pour des animaux de même espèce, la ration pour 100 kilogrammes de poids vivant était d'autant plus petite que le poids de l'animal était plus considérable.

Voici les chiffres que donne ce zootechnicien pour les rations totales d'entretien et de produit :

ANIMAUX	POIDS VIF	RATION POUR 100 k. de poids vif
Vache de Simmenthal de..............	811 k	1 k 850
— de Schwitz de..................	750	2 »
— bretonne de	190	4 »
Cheval de............................	486	3 080
Cheval de............................	200	4 »
Mouton de............................	54	4 800
Mouton de............................	31	6 »
Porc de	89	4 »
Porcelet du Poitou...................	7	10 »

En conséquence, dans la pratique agricole, les gros animaux sont ceux qui, relativement à leur poids, coûtent le moins à nourrir.

582. Calcul des rations d'entretien des animaux de poids différents. En admettant que les *rations d'entretien* par 100 kil. de poids vif varient dans le rapport des nombres donnés par

Allibert, le calcul conduit, pour les différentes espèces d'animaux, aux résultats suivants que nous présentons à titre de renseignements utiles à la pratique agricole (1).

DÉSIGNATION des ANIMAUX	POIDS DES ANIMAUX en kilog.	RATION pour 100 de poids vif en kilog.	RATION pour UN ANIMAL
Chevaux de	600	1 k 640	9 k 800
—	500	1 800	9 »
—	400	2 »	8 »
—	300	2 300	6 900
Bœufs ou vaches de	800	1 260	10 080
—	700	1 356	9 450
—	600	1 490	8 940
—	500	1 600	8 »
—	400	1 780	7 120
—	300	2 050	6 150
—	200	2 500	5 »
Porcs de	120	2 830	3 400
—	100	3 100	3 100
—	80	3 460	2 770
—	60	4 »	2 400
—	40	4 900	1 960
Moutons de	60	2 040	1 220
—	40	2 500	1 »
—	20	3 530	0 700

III

RATIONS DE TRAVAIL

583. Chevaux. La ration d'un cheval qui travaille doit se composer : 1° de la ration d'entretien soit 9 kil. de foin ou l'équivalent ; 2° de la ration de travail qu'on estime à 1 kil. de foin par chaque heure de travail. Si ce travail est dur, on force la ration ; on la diminue si le travail est facile.

(1) Pour les animaux de la même espèce (voyez les nombres d'Allibert), les rations pour 100 kil. de poids vif sont sensiblement en raison inverse de la racine carrée du poids de l'animal.

Ainsi pour les vaches de Simmenthal et de Schwitz

$$\frac{1.850}{2} = \frac{\sqrt{750}}{\sqrt{811}} = \frac{27}{28}$$

Pour les vaches de Schwitz et de Bretagne

$$\frac{2}{4} = \frac{\sqrt{190}}{\sqrt{750}} = \frac{13,7}{27}.$$

Il en est de même pour les chevaux (de poids différents), pour les moutons, et pour les porcs. Nous avons fait nos calculs en admettant cette loi empirique.

En hiver, où le cheval travaille 10 heures, sa ration totale sera donc (9 + 10) ou 19 kil. de foin (ou l'équivalent).

En été, où le cheval travaille 14 heures, sa ration totale sera (9 + 14) ou 23 kil. de foin.

584. Exemples de rations des chevaux de travail.

M. Ménard, en Sologne, donne en été pour les rudes travaux :

```
Foin.  . . . . . . . . 10 k. . . . . . ci.  . 10ᵏ
Avoine. . . . . . . 8 k. équivalent de . . 13    de foin.
                                   Total.  23
```

Et en outre de la paille à discrétion.

Pour un travail ordinaire M. Ménard donne

```
Foin . . . . . . . . 10 k. . . . . . . ci.  . 10ᵏ
Avoine. . . . . . . 7 k. équivalent de . . 11,4 de foin.
Paille . . . . . . . 2ᵏ5 équivalent de . . 0,6
                                    Total.  22ᵏ
```

Les chevaux de roulage employés aux rudes travaux de Paris reçoivent :

```
Foin. . . . . . . . . . . . . . . . 7ᵏ500
Avoine. . . . . . . 9 k. équivalent de. 14,700 de foin.
Son . . . . . . . . 1 k. équivalent de. 1,6
                                  T. tal.  23ᵏ8
```

En Beauce, M. Dreux donne en été pendant les rudes travaux de la moisson :

```
Avoine. . . . . . . 10 k. équivalent de . 16ᵏ4 de foin.
Foin . . . . . . . . . . . . . . . . . 5,
Paille . . . . . . . 5 k. équivalent de . 1,6
                                  En tout.  23ᵏ .
```

En hiver.

```
Avoine. . . . . . . 7ᵏ500 équivalent de . 12ᵏ  de foin.
Foin . . . . . . . . . . . . . . . . . 7
Paille . . . . . . . 10 k. équivalent de . 3
                                  En tout.  20ᵏ
```

585. Bœufs de travail. Le bœuf qui travaille reçoit : 1° sa ration d'entretien soit 8 kil. ; 2° sa ration de travail qu'on peut estimer à 0. k. 700 par heure. On diminue ou on augmente la ration suivant la difficulté du travail.

Exemple : un bœuf qui travaille 10 heures reçoit une ration totale de (8 + 0,7 × 10) ou 15 k. de foin (ou l'équivalent).

Un bœuf qui travaille 14 heures recevra (8 + 0,7 × 14) ou 18 k. de foin ou l'équivalent.

586. Remarques sur les rations de travail. 1° Il ne faut pas penser qu'en augmentant indéfiniment la ration on puisse obtenir du travail en proportion ; au delà d'une certaine limite généralement peu élevée, l'animal refuserait la nourriture et l'excès de travail l'épuiserait.

2° Les aliments qu'on donne aux animaux qui travaillent ne doivent pas avoir un volume très-considérable, car un animal dont la panse serait trop pleine, aurait la démarche pénible et le travail difficile.

3° Les aliments de travail doivent être d'une digestion facile; c'est l'avoine qui convient le mieux aux chevaux, la paille et les racines ne doivent leur être servies qu'aux repas du soir, quand ils ont toute la nuit pour les digérer. Pour la même raison, les bœufs de travail ne doivent être mis au pâturage que le soir après les travaux, ou pendant les jours de repos.

IV
RATIONS DE PRODUCTION

587. Vaches laitières. Elles doivent, avant tout, recevoir la ration d'entretien, soit 8 k. de foin, ou l'équivalent, pour une vache du poids de 500 k. Cette ration est indispensable pour entretenir la vigueur et la santé de l'animal. Il leur faut de plus la nourriture nécessaire à la production du lait. L'expérience pratique a reconnu qu'en général une bonne laitière donne d'autant plus de lait qu'on lui donne une nourriture plus abondante, mais il n'y a pas ici de règles fixes à suivre; on aurait beau donner à une vache des aliments à discrétion, son lait n'augmenterait pas au delà d'une limite généralement peu élevée.

Une des proportions, le plus ordinairement adoptée, est de doubler la ration d'entretien, de donner, par exemple, 16 k. de foin au lieu de 8 k., pour une vache de 500 k.; 17 k., 900, pour une vache de 600 k.; 14 k., 24, pour une vache de 400, etc.

588. Exemples de rations de vaches laitières.

ALSACE. A Bechelbronn les vaches reçoivent 15 k. de foin et produisent en moyenne 7 litres 4 de lait par our pendant toute l'année (1). Si on admet 8 kil. de foin pour leur entretien, il reste 7 kil. pour la production du lait. On voit que 1 k. de foin produit environ 1 litre de lait.

SOLOGNE. M. Ménard, de Huppemeau, donne à ses vaches :

Premier cas, Foin . . . . . . 10 k. . . . . 10^k
    Regain de luzerne. 2 k. équivalent de 4,4 de foin.
    Betteraves . . . 12 k. . . . . . . 2,2 de foin.
    Balles de céréales 2 k. 1,4

              Total. 18^{k}0 foin ou l'équivalent.

Deuxième cas, ration aux tourteaux.
    Foin . . . . . . 7^{k}500. . . ci. 7^{k}500
    Tourteaux . . . 2 k. équivalent de 8,500 de foin.
    Betteraves . . . 12 k. 2,2
    Farine de seigle . 2 k. 3,8

                 22^{k}0

Sous l'influence de cette deuxième ration, les animaux donnent du lait et de plus engraissent.

(1) Boussingault, *Économie rurale*, 2e vol. pag. 516.

PARIS. Les laitiers de Paris nourrissent encore plus grassement leurs vaches. Ils leur
donnent : Trèfle vert . . . 30 k. équivalent de 13^k de foin.
                 Paille d'avoine. . 10 k.   2,6
                 Tourteaux de colza 1^{k}500   6,5
                 Farine d'orge . . . 2 k.   3,0
                 Son . . . . . 2 k.   2,9
                                            ‾‾‾‾‾‾
                                            28^{k}0

.**NORMANDIE.** Enfin en Normandie on donne quelquefois aux vaches c tentines jusqu'à
30 k. de foin, ou l'équivalent en fourrage vert, et on en obtient près de 20 litres
de lait par jour.

V

RATIONS D'ENGRAISSEMENT (NOTIONS GÉNÉRALES)

589. But de ces rations. Dans l'engraissement, les agriculteurs ont pour but, non-seulement d'entretenir les animaux en santé, mais de les-faire augmenter en chair et en graisse.

Pour atteindre ce but, il faut : 1° leur donner la ration d'entretien qui est nécessaire pour réparer les pertes que subit le corps par les exhalations et par les sécrétions; 2° de plus, il faut leur donner un supplément de ration capable de se changer dans le corps en graisse et en chair.

Il n'y a pas de chiffres à fixer pour ces rations supplémentaires ; on doit chercher à faire prendre aux animaux le plus de nourriture possible afin de les engraisser dans le plus court délai, condition nécessaire pour un engraissement économique.

590. Conditions d'un engraissement rapide. Pour opérer rapidement l'engraissement, il faut remplir trois conditions :

1° Il faut choisir, pour former le *supplément de ration*, les aliments les plus riches en principes plastiques et en matières grasses. Le tableau des équivalents nous montre que les aliments les plus favorables sous ce rapport sont : en première ligne, les tourteaux de graines oléagineuses où dominent à la fois les principes gras et les principes plastiques ; en deuxième ligne, les graines des céréales et des légumineuses très-riches en principes plastiques et assez riches en principes gras ;

2° On augmentera de jour en jour la ration supplémentaire, de manière à faire prendre peu à peu la plus grande somme possible d'aliments engraissants sans compromettre la santé et la vigueur nécessaires pour prendre la graisse. Dans chaque repas, on donnera les aliments en plusieurs fois; on commencera par servir les aliments d'entretien qui sont moins riches, puis les aliments d'engrais plus succulents et plus substantiels;

3° Il importe que les animaux à l'engrais se donnent le

moins de mouvement possible, qu'ils demeurent à l'étable et y restent tranquilles.

Quant aux chiffres qui doivent régler la ration d'engraissement, ils dépendent de l'espèce des animaux. Nous renvoyons les lecteurs aux chapitres consacrés à chacune des espèces d'animaux domestiques (bœufs, moutons, porcs et volailles).

VI

RATIONS D'ÉLEVAGE (NOTIONS GÉNÉRALES)

591. Ration des mères. Pendant la durée de la gestation, les mères reçoivent, en sus de leur ration d'entretien, un supplément qu'on doit augmenter graduellement jusqu'au terme.

Pour les juments, on se contente de diminuer le travail sans rien supprimer de la ration totale ; pour les vaches, comme leur lait diminue et cesse, on continue simplement la ration totale.

Les brebis mères et les truies reçoivent un supplément qu'on fait monter jusqu'à la valeur de la ration d'entretien. On continue cette ration supplémentaire pendant l'allaitement, en la diminuant peu à peu de manière à revenir graduellement à la ration d'entretien qui doit être atteinte au moment du sevrage (voyez espèces ovine et porcine).

Les rations des mères doivent être composées d'aliments de peu de volume et par conséquent riches en principes plastiques, car leur estomac est de plus en plus comprimé par le fœtus. Les graines de céréales et de légumineuses et même une petite proportion de tourteaux conviennent spécialement dans ce cas.

592. Ration des jeunes animaux. Pendant le premier âge, l'allaitement est la nourriture exclusive des jeunes animaux. Puis on y ajoute des aliments d'une digestion facile, et on augmente graduellement leur proportion jusqu'à l'époque du sevrage. Il importe aussi que ces aliments soient, comme le lait, riches en phosphate et en carbonate de chaux, car ces sels sont nécessaires pour former les os du jeune animal.

Quand le jeune est sevré, on le fait passer graduellement des aliments succulents, auxquels on l'habitue pendant l'allaitement, à ceux qui composent le régime des animaux adultes de la même espèce.

Quant au poids des rations, il ne faut pas y attacher trop d'importance, la quantité que peut et doit prendre un jeune animal dépend, en effet, non-seulement de son espèce, mais de la nature de chaque individu. Il est préférable dans ce cas de donner les aliments à discrétion, surtout aux sujets qu'on veut conserver comme élèves.

Nous nous contenterons de donner dans les chapitres suivants consacrés à chaque espèce de bétail, les indications qui pourront servir de bases dans la pratique agricole.

SECONDE SECTION
RÉGIME ALIMENTAIRE DU BÉTAIL

CHAPITRE XVIII (1)
ESPÈCE CHEVALINE

I
ALIMENTATION DU CHEVAL

593. **Organes digestifs du cheval.** Le choix des aliments à donner aux animaux doit être fondé sur l'organisation de leur système digestif.

Excurs. 62. Le maître fera montrer à ses élèves les dents d'un cheval et leur en expliquera les fonctions spéciales. Il profitera de cette excursion pour leur apprendre comment on reconnaît l'âge d'un cheval à ses dents.

63. Il conduira ses élèves chez l'équarisseur pour leur montrer l'estomac d'un cheval et la longueur des intestins.

Système digestif du cheval. La mâchoire du cheval est armée:

Iº De dents *incisives*, six en haut et six en bas, capables de *couper* les herbes courtes et dures, les pailles sèches et les racines ;

2º De *molaires* à couronne large et cannelée, pouvant broyer les graines, les racines et les foins.

L'estomac du cheval est simple et peu volumineux comparativement à sa taille (18 litres en moyenne). On doit par consé-

---

(1) *Observations.* — Dans les chapitres précédents sont posées les règles générales de l'alimentation du bétail; dans le chapitre xv, on a fait connaître la nature des éléments et leurs équivalents nutritifs; dans le chapitre xvi, on a indiqué comment ces aliments doivent être préparés, assaisonnés et distribués; enfin dans le chapitre xvii, on a vu comment ont été déterminés les poids des rations à donner aux animaux pour les entretenir, pour en retirer du travail ou des produits, pour les élever et pour les engraisser.

Mais l'application de ces règles et de ces principes dans chaque cas particulier, le choix des aliments et du régime à suivre dépendent de l'espèce du bétail. Il ne faut pas traiter les chevaux comme les vaches, ni les moutons comme les porcs. C'est pourquoi nous avons dû, au point de vue pratique, consacrer un chapitre spécial à chaque espèce de bétail.

quent lui donner des aliments qui n'aient pas un volume très-considérable.

La longueur des intestins est environ vingt fois celle du corps et leur capacité totale est de 180 litres en moyenne ; ces dimensions considérables permettent au cheval la digestion des herbes et des racines.

594. Aliments naturels. Au cheval conviennent les herbes courtes et dures des plaines et des coteaux, ainsi que les graines et la paille des céréales et des légumineuses.

Il est constitué pour vivre dans les grandes plaines ; sa taille élancée, ses muscles puissants, ses jarrets souples et nerveux, ses sabots solides lui permettent, à l'état sauvage, de parcourir en peu de temps des étendues immenses, pour y chercher sa nourriture.

595. Alimentation à la ferme. Les aliments les plus favorables qu'on puisse donner aux chevaux sont les foins secs de toute nature et surtout le foin de pré ; les pailles et les graines des céréales sont également de bons aliments pour eux. L'avoine est le grain qui leur convient le mieux sous le climat de la France, mais ils aiment aussi le sarrasin, l'orge, les fèves et spécialement le son de blé.

Les prairies vertes un peu sèches, l'herbe des prés et des prairies après la coupe leur conviennent ; le trèfle incarnat leur est particulièrement favorable. Les tubercules et les racines, les carottes surtout, peuvent aussi être donnés aux chevaux, mais seulement pour une faible partie de la ration. Si on les donnait seuls, leur peu de richesse en principes plastiques obligerait de les employer en masses trop considérables pour l'estomac du cheval. En général, il ne faut pas abuser des herbages verts ni des racines, car ils sont légèrement laxatifs pour les chevaux ; il est préférable de les donner en faibles proportions et en même temps que des aliments secs.

Les chevaux carrossiers ne doivent pas avoir l'estomac trop plein ; l'avoine ou d'autres grains doivent dominer dans leur ration, au moins les jours de course.

596. Rations des chevaux (voy. § 583). La ration d'entretien du cheval est d'environ 2 kilog. de foin par 100 kilog. de poids vivant. Quand le cheval travaille, il faut y ajouter un supplément de ration proportionné à la durée du travail et à la fatigue qu'il occasionne.

II
RÉGIME DU ·CHEVAL

Variation du régime avec le climat.

Excurs. 64. Le régime varie nécessairement avec les ressources particulières de la localité. Le maître conduira ses élèves chez un agriculteur éméiite de 'a contrée, et le priera de lui faire connaître le régime qu'il adopte en hiver et en été, ainsi que les heuies des repas dans chaque saison.

Nous donnons ici comme exemple les renseignements que nous devons à des agriculteurs de différentes contrées.

597. Régime du midi de la France (1). *Aliments.* La nourriture d'hiver se compose de foin de pré et de luzerne, de paille d'avoine, de son et de carottes. Dans la nourriture d'été, le trèfle incarnat se donne à la place des carottes et d'une partie du foin ; on continue la paille, l'avoine et le son. Ordinairement le son est humecté, et l'avoine est trempée dans l'eau.

Repas. Le matin, avant le travail, on donne du fourrage sec ou du trèfle incarnat en vert ; on fait boire et on donne ensuite l'avoine.

A midi, on sert du son et une ration de carottes.

A trois heures, une ration de fourrage vert ou sec, et après la boisson, de l'avoine.

Le soir après le travail, de la paille de blé à discrétion.

En hiver, on supprime le repas de trois heures.

598. Régime du nord (2). *Aliments.* On donne aux chevaux l'avoine, les foins naturels et artificiels, les pailles de céréales, l'hivernage (mélange de vesce et de seigle coupés en vert), le seigle cuit ou en pains.

Repas de l'été au moment des grands travaux. Le matin, avant le travail, avoine mêlée à de la paille d'hivernage hachée ; à midi mêmes aliments, et en plus une botte de foin ; vers cinq heures, ration d'avoine et pain de seigle ; le soir après le travail, du foin et de la paille pour passer la nuit.

En hiver, on diminue les rations d'avoine et de foin, et on les remplace par de la paille hachée mélangée à du trèfle.

Au printemps, on remplace une partie de la ration par du vert ; on donne d'abord de l'escourgeon coupé en vert, puis du trèfle, de la luzerne et du sainfoin.

(1) Renseignements donnés par M. Laurens, de Saverdun, président de la société d'agriculture de l'Ariége.

(2) Renseignements de M. Beaucarne-Leroux, président du comice agricole de Lille.

De temps en temps, en toute saison, on donne aux chevaux, pour les entretenir en santé, du son bouilli, et de la graine de lin et d'autres plantes oléag'neuses.

599. Régime du centre. Beauce (1). *Aliments.* On nourrit les chevaux avec l'avoine, les pailles de céréales, les foins de prairies artificielles, le son, les carottes et le trèfle incarnat.

Repas. En toute saison, les chevaux font trois repas ; le matin avant le travail, à onze heures, et le soir après être rentrés.

On augmente les rations en proportion des travaux à faire.

Aux deux premiers repas, on donne l'avoine d'abord, puis après boire on donne le foin ; le soir on ne donne que du foin, mais de la paille à discrétion. Quelquefois on y ajoute du son délayé dans l'eau.

On remplace les foins secs (en tout ou en partie) au printemps par du trèfle incarnat, à l'hiver par des carottes. Dans cette dernière saison, l'avoine elle-même peut être en par'ie remplacée par les carottes.

600. Soins hygiéniques.

Excurs. 65. Visite à la ferme pendant le pansement des chevaux.

Les chevaux vivent au grand air pendant le travail, à l'écurie pendant le repos. L'écurie doit être assez vaste pour que chaque cheval ait une place d'environ trois mètres de longueur et deux mètres de largeur. L'écurie doit être très-élevée et bien aérée.

Chaque matin, on doit étriller les chevaux ; le dimanche et autres jours de repos, on les peigne et on les brosse. Quand i's ont trop chaud, on les essuie avec un bouchon de paille et on les tient chauds sous une couverture.

De temps en temps (en été, chaque jour), on les baigne à la rivière ou dans les mares.

Leur litière doit être renouvelée tous les jours.

Les mauvais traitements irritent les chevaux et les rendent difficiles et méchants. La fermeté et les corrections en temps opportun doivent seules être employées.

601. **Produits des chevaux.** On demande surtout du travail aux chevaux ; cependant la chair de cheval peut servir à l'alimentation de l'homme.

Le fumier du cheval est utilisé comme engrais ; ses os servent à faire du noir animal ; ses crins sont également utilisés

(1) Renseignements de M. Dreux, président du comice agricole de Châteaudun.

III

ÉLEVAGE DES CHEVAUX (1)

Excurs. 66. Les élèves assisteront à l'allaitement des jeunes poulains et le maître leur expliqura le régime et les soins qu'on donne aux juments et aux jeunes animaux.

602. Alimentation des jeunes chevaux.

Les juments peuvent être saillies dès l'âge de trois ans; de cinq à huit ans elles donnent les meilleurs produits.

La durée de la gestation est d'environ 340 jours; pendant les cinq ou six dernières semaines, la jument reste à l'écurie et est mise séparément en cellule.

Quant la jument a pouliné, on lui donne à boire (petit et souvent) du son délayé dans l'eau tiède. La durée de l'allaitement est de trois mois environ ; pendant ce temps la jument reçoit, outre sa ration d'entretien, un supplément d'avoine ou de tout autre aliment riche en principes plastiques.

Vers la fin du deuxième mois, la jument sort accompagnée de son poulain; elle commence à travailler pendant le troisième mois. A ce moment, on sèvre peu à peu le poulain en lui donnant du foin de premier choix. Pendant la première année, il ne mange guère que du foin, soit vert, soit sec. Pendant la deuxième année, on l'habitue peu à peu à l'avoine, à la paille et aux autres aliments des chevaux.

603. **Croissance des poulains.** Le poids d'un poulain est d'environ 50 kilogrammes à sa naissance; chaque jour il s'accroît : de un kilogramme, pendant l'allaitement ; de $0^k,6$, de trois mois à six mois; de $0^k,5$, de six mois à un an : de 0^k34 depuis un an jusqu'à trois ans, terme ordinaire de sa croissance.

CHAPITRE XIX

ESPÈCE BOVINE

I

ALIMENTATION DU BŒUF

Organisation du système digestif du bœuf.

Excurs. 67. *A la ferme.* Le maître montrera la bouche d'un bœuf ou d'une vache à ses élèves; il leur montrera le bourrelet de la mâchoire supérieure et

(1) D'après M. Boussingault, *Économie rurale.*

les incisives correspondantes de la mâchoire inférieure; les molaires à larges couronnes striées ; la langue rugueuse. Il leur fera remarquer que le bœuf mâche en faisa t aller sa mâchoire horizontalement, de droite à gauche et de gauche à droite, plutôt que verticalement.

Il leur expliquera à quels caractères (dents et cornes), on peut reconnaître approximativement l'âge d'un bœuf ou d'une vache.

Excurs. 68. *A la boucherie.* Le maître et ses élèves assist. ront à l'abattage d'un bœuf ou d'une vache. Profitant du travail du boucher, il leur fera connat're la position dans le corps des diverses pièces de boucherie en les désignant chacune par son nom vulgaire.

Expér. 171. Le maître ouvrira et montrera les divers organes digestifs et spécialement l'œsophage et les quatre estomacs du bœuf, la panse énorme, le bonnet et ses alvéole , le feuillet, la caillette. Il leur expliquera comment les aliments peuvent tomber dans la panse, comment le bol alimentaire se forme sous l'influence du cardia, comment il revient dans la bouche pour subir la mastication; comment enfin la matière suffisamment mastiquée et insalivée peut arriver au feuillet et à la caillette. Il mesurera la lon-gueur énorme des intestins.

172. Enfin, il profitera de cette excursion pour leur montrer la place du cœur, des poumons, du foie, du pancréas, de la rate, des reins et de la vessie.

604. Rumination. Le bœuf n'a d'incisives qu'à la mâchoire inférieure ; celles de la mâchoire supérieure sont remplacées par un bourrelet. Cette organisation ne lui permet pas de couper les herbes, mais seulement de les serrer, de les déchirer et de les arracher.

Il n'a pas de dents canines ; ses molaires sont larges et striées, le bœuf fait aller sa mâchoire inférieure horizontalement et non pas de haut en bas. Dans ce mouvement, le bœuf broie les aliments entre ses molaires; mais il ne peut introduire des aliments de grand volume entre ses mâchoires.

La langue du bœuf est rugueuse et lui permet d'attirer les longues herbes dans sa bouche.

La panse du bœuf est énorme (près de 200 litres), elle peut recevoir une grande quantité d'herbe ou de tout autre aliment; ils y arrivent sans être mâchés suffisamment; sa provision faite, le bœuf se couche tranquillement, fait revenir les aliments de la panse dans la bouche, par petites portions qu'il mastique et insalive à son aise. Quand ils ont été assez délayés, ils ne retournent plus à la panse, mais passent directement dans le feuillet, puis dans la caillette, et de là dans les intestins.

Le tube intestinal n'a pas moins de 60 mètres de longueur, trente fois la longueur du corps. Son volume total est de plus de 100 litres.

605. Aliments naturels du bœuf. D'après l'organisation de son système digestif, on voit que le bœuf est destiné par la nature à manger les herbes longues et molles. Son sabot large lui permet de marcher sur les sols humides et fangeux qui portent les gras pâturages. Son vaste estomac les engloutit en masses volumineuses ; grâce à la rumination et au grand développement de ses intestins, ces herbes sont digérées complétement et converties en une chair grasse et tendre qui semble faite tout exprès pour l'alimentation de l'homme.

On a observé que la rumination du bœuf ne s'effectue pas bien quand sa panse n'est pas pleine, que des animaux nourris de grains riches en principes plastiques, mais de peu de volume ne peuvent ruminer à leur aise, sont souvent atteints d'indigestion et en tous cas fatiguent beaucoup.

606. **Aliments des bœufs à la ferme.** En conséquence, si on n'a pas d'herbes fraîches (prairies ou prés) à donner aux bœufs, il faut les remplacer par des aliments aussi volumineux et aussi aqueux que possible, tels que des racines (betteraves, raves et navets), des tubercules (pommes de terre ou topinambours), des feuilles molles (de betteraves, de choux, de topinambours), des céréales en vert (seigle, maïs, colza), et des résidus industriels (pulpes de betteraves et de pommes de terre)... On peut aussi leur donner des pailles et des balles de céréales, mais ces aliments secs doivent êtres mêlés aux aliments aqueux, prairies, racines ou feuilles.

Les aliments de grand volume, capables de remplir la panse, sont les bases essentielles des rations d'entretien des animaux de l'espèce bovine. Mais, pour en obtenir des produits, le travail des bœufs, le lait ou les veaux des vaches, et pour engraisser ces animaux, il faut ajouter à la ration d'entretien des aliments plus riches en principes gras et plastiques, tels que les foins secs de prés ou de prairies, les graines de céréales et de légumineuses, les tourteaux de graines oléagineuses. Ces suppléments de ration doivent être d'un petit volume afin de ne pas emplir démesurément la panse déjà remplie par les aliments d'entretien.

. 607. **Rations des animaux de l'espèce bovine.** La ration d'entretien dépend du poids de l'animal (voyez § 582), le supplément pour le travail des bœufs doit être proportionné à la fatigue qu'ils ont à supporter (voyez § 585).

Le supplément de ration des vaches laitières est indiqué

(§ 587). Nous indiquerons (§ 617) les rations supplémentaires de bœufs et vaches à l'engrais ainsi que le régime qu'on leur fait suivre.

II

RÉGIMES DES ANIMAUX DE L'ESPÈCE BOVINE

608. Régime des bœufs de travail.

Excurs. 69. Ce régime dépend nécessairement des ressources de la région en prés naturels ou en résidus industriels. Il y a même des contrées, la Beauce par exemple, dont le climat ne permet pas d'employer les bœufs aux travaux des champs.

Il est de toute nécessité que le maître conforme son enseignement aux usages adoptés dans la contrée qu'il habite, et qu'il prenne en conséquence tous les renseignements nécessaires et utiles près des agriculteurs émérites de sa contrée.

609. Régime des bœufs dans le midi (1). Aliments. *En hiver*,

on donne du foin de pré ou de prairies artificielles (trèfle, luzerne ou sainfoin), des betteraves et de la paille de céréales. *En été* on emploie encore quelquefois ces prairies en vert, plus souvent on les donne secs. On fait consommer en vert le trèfle incarnat et du maïs fourrage.

Repas. En hiver on donne du foin, on fait boire, puis fourrager la paille. Après ce repas, les bœufs travaillent. Le soir, après le travail, ils font un repas semblable à celui du matin.

En été, dès trois heures du matin, on donne le foin, on fait boire et on envoie les bœufs au travail. A neuf heures on leur donne une légère ration de fourrage sec ou vert, on les fait boire et ils retournent au travail. Le soir on leur donne des fourrages verts à l'étable, ou on les laisse paître sur les prés.

En *Normandie*, ce sont les prés qui font presque tous les frais de la nourriture des bœufs. Ils reçoivent du foin sec à l'étable et paissent sur les prés.

610. Régime des vaches laitières dans le nord (2). *Hiver*.

Le foin de pré ou de prairie, l'hivernage (vesce et seigle coupés en vert et fanés), les racines ou tubercules et les pailles sont les aliments ordinaires.

On y joint, quand on le peut, des résidus industriels, les pulpes de betteraves des sucreries et des distilleries, les drêches de bière et de genièvre des brasseries.

Été. On fait consommer en vert de l'escourgeon et de la dravière (composée d'avoine et de fèves semées ensemble). On

(1) Renseignements de M. LAURENS, de l'Ariége.
(2) Renseignements de M. BAUCARNE-LEROUX, de Lille.

fait fourrager de la paille (hachée ou non) et on donne des tourteaux délayés dans les boissons.

611. Régime des vaches laitières en Beauce. — Système de stabulation permanente (1).

Régime d'été (du 15 avril au premier novembre.) 1° *Aliments.* On cultive des prairies artificielles de manière à obtenir une succession non interrompue de fourrages dans l'ordre suivant : seigle et escourgeon, luzerne première coupe, trèfle incarnat hâtif, trèfle incarnat tardif, sainfoin et trèfle violet, vesce d'hiver, luzerne deuxième coupe, vesce de printemps et pois de mars, pois de mai, maïs-fourrage, colza ou sarrasin, luzerne troisième coupe, feuilles de betteraves.

2° *Repas.* Le matin, après boire, on donne du fourrage vert mélangé de paille. A midi, on leur fait boire de l'eau où on délaie du son, puis on leur donne de la paille d'avoine à discrétion. Le soir, vers cinq heures, on les mène boire, puis on leur donne ensuite la même ration que le matin. Dans un grand nombre de fermes, le repas du soir est remplacé par le pâturage.

Régime d'hiver (du 1er novembre au 15 avril). Les *repas* sont aux mêmes heures et précédés de la boisson. On remplace les prairies vertes : le matin, par de la betterave fermentée avec des balles ou de la paille hachée ; et le soir, par des pommes de terre cuites et par des fourrages secs. Le son délayé dans l'eau et la longue paille d'avoine sont conservés pour le repas de midi.

612. Soins hygiéniques à donner aux vaches et aux bœufs.

Excurs. 70. Promenade aux étables pendant le service des animaux. Le maître en expliquera les détails à ses élèves.

L'étable doit être élevée et aérée convenablement. En hiver la température ne doit pas dépasser 15 à 18° ni baisser au-dessous de 10 à 12°. En été, par les chaleurs excessives, on laisse toutes les issues ouvertes, et on sort une partie des vaches.

Chaque bête doit avoir à l'étable une place suffisante pour se mouvoir et se coucher librement (de 3 à 4 mètres de long et de 1m. 50 à 2 mètres de large).

Tous les matins, l'étable doit être curée et la litière renouvelée. Le soir, pendant que les animaux vont boire, on recouvre leurs déjections de la paille qu'ils ont fourragée depuis midi.

Le vacher doit nettoyer le plus souvent possible les animaux,

(1) Renseignements de M. Daeux.

les laver et les étriller, et ne jamais laisser de bouse sécher sur leur peau. La santé de l'animal et les produits qu'il donne en dépendent essentiellement.

613. Produits des bœufs. Le bœuf nous donne sa chair et sa graisse pour notre alimentation ; ses os dont on fait le noir animal ; sa corne, travaillée par les couteliers; sa peau dont on fait le cuir.

Comme produits la vache nous donne son veau et son lait, le bœuf son travail.

L'un et l'autre font du *fumier* en abondance et d'excellente qualité.

III

ÉLEVAGE DES ANIMAUX DE L'ESPÈCE BOVINE

614. Alimentation des veaux.

Excurs. 71. Visite aux étables pour expliquer les soins donnés aux veaux et avoir tous les renseignements sur leur alimentation avant et après le sevrage.

On mène les vaches au taureau dès qu'elles en manifestent le besoin par leurs allures. Les vaches portent environ 300 jours. Elles continuent à produire du lait, mais vers la fin la quantité diminue peu à peu. On n'en continue pas moins à leur donner leur ration d'entretien et leur ration supplémentaire de production.

Les veaux tettent pendant les deux ou trois premières semaines ; le lait de la mère suffit. On fait téter jusqu'à cinq ou six semaines les veaux qu'on veut élever, mais on ajoute au lait de la mère d'autres aliments.

Au bout de quinze jours, on habitue les veaux à prendre de la farine, du son ou des tourteaux délayés dans l'eau ; on leur fait boire aussi du lait ou du petit lait mélangé et on les sèvre ainsi peu à peu. A trois semaines, le veau commence à manger du foin ; on lui choisit les premières qualités de trèfle ou de luzerne ; on lui en donne à discrétion pendant les premiers mois, puis peu à peu on le rationne suivant son appétit.

Vers la fin de la première année, il mange environ 4 kil. de foin par jour ou l'équivalent. Pendant la deuxième année on les habitue aux autres aliments des adultes, aux foins verts, aux pommes de terre, aux racines fermentées, etc. La ration doit aller en augmentant au fur et à mesure que les animaux grandissent ; elle atteint 8 à 10 kil. de foin ou l'équivalent.

Contrairement à la règle générale de l'alimentation des

jeunes animaux, les génisses destinées à devenir vaches laitières doivent être habituées de bonne heure à recevoir des aliments volumineux. Il faut en effet que leur estomac prenne des dimensions suffisantes pour recevoir dès la troisième année des quantités considérables d'aliments, condition nécessaire à la production du lait.

615. Croissance des veaux. En général, le veau pèse de 30 à 40 kil. à sa naissance ; pendant l'allaitement (jusqu'à six mois) il augmente d'environ 1 kil. par jour, puis cet accroissement quotidien diminue graduellement jusqu'à l'âge adulte.

IV

ENGRAISSEMENT DES BŒUFS ET DES VACHES

. **616. Importance de l'engraissement.** L'engraissement des animaux de l'espèce bovine est une des industries agricoles les plus importantes. La chair du bœuf et de la vache est en effet une des bases principales de l'alimentation de l'homme. Cette chair est d'autant plus tendre, plus facile à digérer et par suite meilleure que, l'animal est plus gras. L'agriculteur doit donc s'appliquer à mettre en bon état les bœufs et les vaches qu'il destine à la boucherie.

617. Aliments des animaux à l'engrais. Ils doivent être composés : 1° de la ration d'entretien ; 2° d'une ration supplémentaire destinée spécialement à engraisser l'animal.

1° *Ration d'entretien.* En principe, elle doit être donnée en aliments ordinaires, foin, prairies vertes, racines, paille, etc. Il faut en effet qu'elle contienne les principes azotés féculents et gras dans les proportions favorables à la respiration, à la transpiration et au renouvellement de la matière du corps de l'animal, de sa chair, de ses os et de tous ses tissus ; ces proportions sont celles du foin de pré qui est l'aliment naturel du bœuf. Il faut de plus que cette ration ait un volume suffisant pour remplir la panse, condition nécessaire pour la rumination.

2° *Ration d'engraissement.* Le supplément destiné à l'engraissement doit au contraire se composer d'aliments de petit volume, afin de ne pas emplir la panse démesurément, et faciles à digérer et à se transformer en chair et en graisse. Ils doivent être riches surtout : 1° en principes plastiques favorables à la formation de la chair ; 2° en principes gras qui assimilés, forment immédiatement la graisse. Ces aliments sont les tourteaux et les graines de légumineuses et de céréales.

On emploie dans le midi (1) des fèves concassées, des épis de maïs en vert, du son et des tourteaux de lin. Dans le nord (2) on utilise les résidus industriels, les drèches de bière et de genièvre, les tourteaux d'œillette et de lin. On emploie aussi les fèves concassées. Dans le centre, en Sologne (3), on donne du foin en quantité, de la farine de seigle ou d'orge, et des tourteaux quand on peut en avoir.

618. Des rations des animaux à l'engrais. Le poids de la ration d'entretien est celui que nous avons établi (§ 582).

Il n'y a pas de poids à déterminer pour le supplément destiné à l'engraissement. On s'applique à en faire prendre aux animaux la plus grande quantité possible en excitant et en ménageant leur appétit. La quantité de chair et de graisse formée est en effet proportionnelle au poids de l'excédant de nourriture qu'ils prennent; plus ils en prennent, plus leur engraissement est rapide et par suite plus il est économique. Nous citerons seulement quelques exemples.

619. Exemples de ration.

1° *Engraissement à l'orge moulue* (M. Magne) :

Ration d'entretien . .	Betteraves. .	10^k équivalent de	1^{k}8 de foin normal.
	Paille	2,500	—	0,6
	Foin.	10	—	10
Supplément d'engrais. .	Orge moulue.	7,5	—	13,8
			Total. . .	26^{k}2

2° *Engraissement plus intense aux tourteaux et à l'orge* (M. Magne) :

Ration d'entretien . . .	Betteraves. . .	20^k équivalent de 3^{k}6 foin normal.
	Paille	5	—	1.2
	Foin.	5	—	5
Supplément d'engrais. . .	Tourteaux. . .	3	—	12
	Farine d'orge	6	—	11,1
			Total. . .	32^{k}9

3° *Engraissement des bœufs au pâturage. — Système de Normandie :*

On se contente de mettre les bœufs à l'herbage où ils mangent à discrétion. Quand l'herbe est très-tendre ou mouillée on les met au sec. En général, une surface de 25 ares de bon pré suffit pour engraisser un bœuf en trois mois.

620. Soins hygiéniques. Le système de la stabulation permanente est particulièrement favorable à l'engraissement ; l'étable doit être aérée, mais rester un peu obscure. Elle doit être curée tous les matins et recevoir de la litière fraîche.

(1) M. Laurens, de l'Ariége.
(2) M. Beaucarne-Leroux.
(3) M. Ménard, de Huppemeau.

Cette litière doit être abondante et douce afin que les animaux se plaisent à rester couchés. Le soir, on remet une nouvelle couche de litière sur celle du matin.

On doit prendre toutes les précautions nécessaires pour que les animaux ne se tourmentent pas. Chaque matin on les étrille et on les lave. Ces soins conservent leur force et leur santé.

Ils doivent faire au moins quatre repas et toujours à heures fixes, telles que sept heures du matin, onze heures, trois heures et sept heures du soir.

A chaque repas on leur sert : 1° la ration d'entretien en foin, prairies ou racines, puis on les fait boire et enfin on leur sert, pour la bonne bouche, la ration d'engrais, grains ou tourteaux.

Une excellente pratique consiste à mettre à leur portée une auge toujours pleine d'eau.

621. Viande de boucherie. — Produits de l'engraissement. Un bœuf nourri avec 10 kil. d'aliments d'entretien et 15 à 20 kil. d'aliments d'engrais (le tout estimé en foin), croît d'environ 1 kil. par jour ; la durée de l'engraissement est de 100 jours environ.

Le kilogramme de poids vif revient en moyenne à 1 fr. (1). les bœufs donnent 56 % de viande nette par 100 de poids vif.

les vaches	47	—		—
les veaux	59	—		—

Plus le bœuf est gras, plus le rendement en suif et en viande de boucherie est considérable : on a vu des bœufs gras rendre jusqu'à 67 % de viande et 8 % de suif.

CHAPITRE XX

ESPÈCE OVINE

I

ALIMENTATION DES MOUTONS

622. Organes digestifs du mouton.

Excurs. 72. Le maître conduira ses élèves dans une bergerie. Il leur montrera la bouche d'une brebis et leur fera remarquer le bourrelet très-dur de sa mâchoire supérieure ; les dents incisives tranchantes de la mâchoire inférieure ; à quelque distance se trouvent les molaires larges et striées. Il leur expliquera comment on reconnaît l'âge d'un mouton d'après l'aspect de ses dents incisives.

(1) Boussingault, *Économie rurale.*

Exccrs. 73. Le maître conduira ses élèves à la boucherie; ils verront là tuer les moutons, les enfler pour enlever la peau, et dépécer l'animal. Ils verront sur place: 1o le cœur et les poumons; 2o l'estomac multiple, les intestins et les viscères abdominaux; 3o enfin la place des différentes pièces de boucherie dans le corps de l'animal.

Expér. 173 à 178. Le maître disséquera devant ses élèves: 1o l'œsophage pour leur montrer la fente qui ouvre dans la panse, et le conduit qui mène au feuillet; 2o la panse pour leur en montrer la curieuse organisation intérieure; 3o le bonnet et ses alvéoles; 4o le feuillet; 5o enfin la caillette; 6o il détachera le tube intestinal, le déroulera et le mesurera. Il expliquera les fonctions de tous ces organes.

623. Système digestif du mouton. Le mouton a un bourrelet très-dur et, en face, des incisives très-tranchantes; il peut avec elles couper les herbes courtes et sèches. Ses ongles solides et pointus, ses jarrets robustes lui permettent d'aller chercher les herbes qui croissent sur les coteaux abruptes et dans les terrains rocailleux. En agriculture, le mouton est le glaneur des herbes sauvages qui croissent dans les champs cultivés. Il faut réserver aux bœufs les herbes longues et molles, mais aux moutons appartiennent sans conteste les restes du bœuf, les herbes trop courtes qu'il ne peut saisir, les plantes trop dures, qu'il ne peut couper ni déchirer.

Les molaires larges et striées du mouton, animées de mouvements latéraux par les muscles puissants de sa mâchoire, lui permettent de broyer d'immenses quantités de ces herbes. Il les met en réserve dans sa panse volumineuse, les fait revenir bol à bol dans sa bouche pour les ruminer à son aise et, après les avoir insalivées et mastiquées, les fait passer dans le feuillet et de là dans la caillette. La panse du mouton (1) a 23 litres 4, le bonnet 2 lit., le feuillet 0 lit. 90 et la caillette 3 lit. 30.

Les intestins du mouton ont 15 litres de capacité et plus de 30 mètres de longueur, près de 40 fois la longueur de son corps; il peut, en conséquence, digérer facilement et complétement les herbes de toute nature.

624. Aliments du mouton. Les aliments naturels du mouton sont les herbes courtes et un peu sèches, les foins de toute nature, les grains et les pailles des céréales; on peut, pour une fraction de la nourriture, y ajouter des racines fermentées avec la paille. Il faut éviter de faire paître les moutons sur des herbes trop jeunes, car elles causent la météorisation ou gonflement de la panse. Les herbes trop mouillées occasionnent la cachexie ou

____

(1) Colin, *Physiologie*, IV, page 410.

pourriture. Il est bon, dans tous les cas, de leur donner de la paille sèche à fourrager, quand on les fait paître sur les prairies vertes.

625. Rations du mouton. Les rations d'entretien des moutons dépendent du poids des animaux. Elle doit être en général de 1 kil., 220 de foin normal (ou l'équivalent) pour un mouton de 60 kil., 1 kil. pour un mouton de 40 kil., 0.k. 700 ¦pour un mouton de 20 kil.

II
RÉGIME DES MOUTONS

626. Variation avec le climat. Il dépend des contrées agricoles.

> Excurs. 74. Les élèves, soit isolément, soit ensemble avec leur maître, suivront de point en point les travaux du berger dans les soins qu'il donne à son troupeau et en feront eux-mêmes une relation où ils s'attacheront spécialement à décrire les dispositions prises dans la bergerie pour la distribution des aliments et des boissons.

627. Régime des moutons dans le midi (2). *Moutons de montagnes. Hiver.* Ils vont paître dans la vallée tant que la glace ou la neige ne couvre pas le sol. Ils sont en outre nourris à l'étable avec du regain, des feuilles sèches et des marcs de raisin mélangés de son.

Été. Les moutons paissent sur la montagne de mai à octobre; c'est la nature qui fait tous les frais de la nourriture.

Moutons de plaine. Hiver. On mène paître les moutons toutes les fois que le temps le permet. On les nourrit à l'étable avec des feuilles d'arbre, de la paille de céréales, des fourrages secs. et des navets.

628. Régime des moutons dans le nord (3). On les fait paître dans les prairies, ou on leur donne à l'étable des fourrages secs, des fèves concassées, des pulpes de betteraves, des navets et des tourteaux quand on veut leur faire prendre de la graisse.

629. Régime des mérinos en Beauce (4). Dans cette contrée sèche et aride, les moutons ont naturellemeut une importance plus grande que les bœufs; ils sont l'objet des soins attentifs des agriculteurs.

Hiver. Ils reçoivent à l'étable, dès six heures du matin, une

(1) Pour rendre son enseignement utile le maître fera près des agriculteurs de sa contrée les démarches nécessaires pour connaître d'une manière précise les régimes alimentaires du mouton dans les différentes saisons.

(2) M. LAURENS, de Saverdun.

(3) M. BEAUCARNE-LEROUX, de Lille.

(4) M. DREUX, de Cormainville.

ration de paille de blé, environ 0 k., 5 par tête ; à huit heures,
0 k., 5 de paille, 0 k., 5 de luzerne ou trèfle. On ajoute pour
les brebis-mères 0 k., 5 de betteraves ou carottes fermentées
mélangées avec un peu de son ou de grain d'avoine ; à une heure
après midi, une ration de paille de blé comme le matin, et à
cinq heures du soir, 0 k., 5 de prairie sèche et 0 k., 5 de paille
de blé. Ils ont à l'étable de l'eau à discrétion mise dans des ba-
quets qui sont nettoyés et remplis chaque jour.

Printemps et été (de mai à août). L'agriculteur cultive pour
ses moutons comme pour ses vaches, des prairies vertes (seigle,
luzerne, trèfles incarnats, pois, vesces, etc.), qui se succèdent
sans interruption pendant cette période. Les bœufs ou vaches
paissent les premiers et après eux les moutons. Ils vont pâturer
le matin de huit à onze heures, et le soir de trois à six heures.
Ils reçoivent à l'étable de la paille de blé le matin, à onze
heures et le soir. Ils boivent à ces trois repas.

On doit les faire passer graduellement du régime d'hiver au
régime d'été. Lorsque l'herbe est trop mouillée, on nourrit les
moutons à l'étable avec de la paille et du foin sec.

Automne (août, septembre, octobre). Dès que les récoltes de
blé sont enlevées, les moutons parquent aux champs. On leur
porte à boire à leur parc. Ils se nourrissent surtout des herbes
qui poussent dans les chaumes de blé, d'orge et d'avoine ; rare-
ment il est nécessaire de les mener paître dans les prairies.
Pendant les jours de grande chaleur, on les rentre à l'étable de
onze heures à trois heures, et on leur fait fourrager un peu de
paille. On les fait coucher à l'étable pendant les nuits froides et
humides, quand la terre est trop mouillée. On doit les faire
passer graduellement du régime d'automne au régime d'hiver.

630. **Soins hygiéniques.** *Tenue des bergeries.* La santé des
moutons demande des soins incessants ; un bon berger est la providence du troupeau. Il ne faut pas oublier surtout que la nature
a destiné les moutons à vivre au grand air et non renfermés.

La bergerie doit être vaste, bien éclairée et aérée suffisam·
ment. Il est bon de faire partir du plafond des cheminées en
bois, dépassant le toit d'un mètre ; elles produisent une ven-
tilation régulière très-favorable à la santé des animaux.

La litière doit être abondante ; elle se compose des pailles de
blé qui ont été fourragées. Dans ce but, on leur en donne en
excès et de manière à ce que chaque mouton en ait au moins

1 kil. en hiver et un ¹/₂ kil. en été. Il ne faut pas laisser le fumier s'accumuler longtemps dans les bergeries, mais les curer au moins une fois chaque mois.

Les moutons ne peuvent marcher dans l'eau sans courir le risque d'être atteints de la maladie du piétin. Les bergeries doivent être établies sur un sol un peu élevé. On étale devant les portes un léger lit de paille pour qu'ils n'aient pas les pieds dans la boue Les tas de fumier doivent être assez éloignés.

631. Produits des moutons. Les produits principaux qu'on retire des moutons sont la laine (de 3 a 4 kil. suivant les animaux), la chair, la graisse et enfin du fumier. On utilise également les peaux, la corne et les os des moutons, et dans quelques contrées le lait des brebis.

III

ÉLEVAGE DES MOUTONS

632. Principes de l'élevage (1). Il est possible de perfectionner, sans recourir aux races anglaises, allemandes et espagnoles, les races des moutons que nous possédons en France. Il vaut mieux perfectionner une race bien acclimatée dans une région que d'y introduire celles d'autres contrées.

La sélection est la base essentielle du perfectionnement des races. On doit choisir des individus de formes bien régulières et bien prises, plutôt que des animaux de grande taille et mal bâtis. Le choix des mâles doit surtout être sévère, car le mâle plus que la femelle transmet son type à ses descendants.

633. Alimentation des mères. Pendant le mois qui précède l'agnelage et les trois mois d'allaitement, les mères reçoivent, par tête, 1 kil. de luzerne, et 1 kil. de carottes ou betteraves fermentées pendant trois jours avec des balles de céréales. On distribue en plus 12 feuillards de peupliers pour 100 têtes.

634. Alimentation des agneaux. Pendant les six premières semaines, les agneaux vivent exclusivement du lait de la mère. De six semaines à trois mois on donne par tête 0 kil., 250 d'avoine moulue ou concassée, et 0 kil., 100 de luzerne de première qualité. On augmente la ration d'un vingtième jusqu'à quatre mois, époque du sevrage. A partir de cette époque jusqu'aux fourrages verts, les agneaux séparés des mères reçoivent par tête 0 kil., 500 d'avoine, 0 k¹l., 250 de carottes, 0 kil., 250 de

---

(1) Renseignement de M. Noulet, de Châteaurenard (Loi et).

betteraves fermentées, 0 kil., 500 de luzerne de deuxième coupe, et la nuit de la paille à fourrager à discrétion.

Dès que les fourrages verts sont disponibles, ils les pâturent aux champs ou les reçoivent à l'étable suivant le temps. Ils ont toujours de la paille à discrétion.

A l'hiver, les agneaux (gandins et gandines) sont mis au régime des moutons. A deux ou trois ans, suivant les races, les femelles peuvent être mères. Les mâles sont châtrés vers deux mois et mis à l'engrais à deux ans.

IV

ENGRAISSEMENT DES MOUTONS

635. Principes. Pour engraisser les moutons, il faut les tenir chaudement à la bergerie et leur donner outre la ration ordinaire (équivalent de 1 kil. de foin par tête) en pailles, racines et foins, un supplément de ration composé d'aliments riches en principes azotés et gras.

Voici deux exemples donnés par M. Boussingault (1).

1er Exemple,	Regains de luzerne.	0^k 570 équiv. de 1^k 000 de foin normal.	
	Foin.............	0, 166	0, 166
M. Dailly.	Balles...........	0, 295	0, 200
	Son.:...........	0, 013	0, 020
	Tourteau........	0, 009	0, 040
	Pulpe de betterave.	4, 114	1, 381
		Total...	2^k 807

L'engraissement a duré 87 jours.

	Foin.............	0^k 546 équiv. au 0^k 546	de foin normal.
2e Exemple,	Tourteau........	0, 102	0, 410
	Pommes de terre..	0, 317	0, 110
M. Daurier.	Avoine...........	0, 104	0, 662
	Son mêlé........	0, 014	0, 021
	Féverole	0, 154	0, 678
		Total.....	2, 427

CHAPITRE XXI

ESPÈCE PORCINE

I

ALIMENTATION DES PORCS

636. Viandes de porc.

Excurs. 75. Le maître et ses élèves iront voir comment le charcutier tue, grille, vide et dépèce un porc. — Le maître décrira, sur la nature, les dents de l'animal, les incisives relativement petites, les canines trop grandes (défenses du

(1) *Économie rurale*, 2e vol., page 549.

mâle), les molaires semblables à celles de l'homme. Il leur montrera
l'estomac simple mais volumineux, les intestins moins développés que
ceux du mouton, la vessie d'un volume énorme.

Le charcutier montrera la position, dans le corps, des principales pièces
de viandes (jambons, côtelettes, lard, etc.) Il salera la viande et apprê-
tera devant eux les boudins, saucissons et saucisses.

Chaque élève fera la relation écrite de ce qu'il aura vu.

637. Appareil digestif. Le porc a des incisives aux deux
mâchoires; ses molaires sont, comme celles de l'homme, propres
à broyer la chair aussi bien que les herbes. Le porc est donc
omnivore.

Le mâle a des canines très-développées, sortant de la gueule;
il s'en sert pour se défendre et non pour déchirer ses aliments.
Son nez appelé boutoir est très-dur, et lui permet de fouiller la
terre pour y chercher des débris animaux à dévorer et des eaux
grasses et fangeuses à boire.

La capacité de son estomac (8 litres environ) lui permet d'en-
gloutir une assez grande quantité de nourriture, ses intestins
ont vingt litres de capacité et vingt mètres de longueur.

Le développement exceptionnel de sa vessie montre que ses
aliments doivent être très-aqueux.

638. Aliments des porcs. Le porc peut manger toutes sortes
de matières animales et végétales. Il préfère les aliments délayés
dans l'eau. Il aime le sang des abattoirs et tous les résidus de
boucherie; on peut même lui abandonner la chair des animaux
morts pourvu qu'elle ne soit pas encore putréfiée. Dans
les fermes, ses aliments les plus communs sont les résidus
de la laiterie (caillé et petit lait) et les eaux de vaisselle dans
lesquelles on délaie les épluchures de légumes, les déchets de
viande et de pain et tous les débris animaux et végétaux dont
ne voudraient pas les chiens et les chats eux-mêmes; avec le
porc on peut ne rien laisser perdre à la ferme, il fait de tout de
la chair et du lard. On dispose dans un coin de la cuisine un
seau ou un baquet pour recevoir les eaux grasses et les résidus
destinés aux porcs.

On donne encore aux porcs des pommes de terre cuites et
délayées dans l'eau; des racines fermentées (betteraves, carottes,
navets), des prairies vertes et des feuilles de choux et de betteraves.

Pour l'engraisser on emploie du son et des farines ou des
graines concassées, délayées dans l'eau grasse ou le petit lait.

On emploie surtout l'orge, le seigle, le maïs, les féveroles ou les pois, suivant les ressources de la contrée et du domaine.

639. Ration d'entretien. Pour entretenir les porcs en chair, il faut leur donner l'équivalent de 4 % de leur poids de foin normal (§ 582), mais en pratique on n'a jamais pour but d'entretenir seulement l'animal au même poids. On l'élève et on le met en chair jusqu'à huit ou neuf mois et aussitôt on le met à l'engrais.

II

RÉGIME DES PORCS

640. Repas des porcs. Les porcs font au moins trois repas par jour, le matin, à midi et le soir. La plupart de leurs aliments étant délayés dans l'eau, ils n'ont pas besoin de recevoir de boisson à part.

EXCURS. 76. Les élèves et leur maître iront voir à la ferme comment on prépare les aliments des porcs, à quelles heures on les sert, et comment on les soigne dans leur écurie.

641. Soins hygiéniques. Les jeunes porcs ont besoin de prendre l'air très-souvent. Dans le midi (1) on les mène paître dans les prairies toutes les fois que le temps le permet. Dans tous les cas, on doit faire sortir tous les jours la truie et ses petits dans la cour qui leur est réservée. Les porcs à l'engrais ne sortent de leur écurie que pendant le temps nécessaire pour renouveler leur litière.

La porcherie doit toujours être proprement tenue et la litière renouvelée chaque jour plutôt deux fois qu'une. Le porc doit y trouver une auge remplie d'eau, assez grande pour qu'il puisse s'y baigner, car la propreté est la meilleure condition d'un engraissement rapide et économique des porcs. Il est bon que l'écurie soit dallée afin qu'ils ne fouillent pas le sol. On y ménagera des rigoles pour faire écouler les urines dans la fosse à fumier.

642. Produits des porcs. Toutes les parties du corps sont utilisées. La chair et le lard sont les bases principales de l'alimentation des ouvriers de la ferme. Ses petits intestins et son sang servent à faire les boudins. La graisse des intestins fondue est le saindoux employé au graissage de roues de voiture. Sa chair hachée sert à faire des saucisses et des saucissons. Sa peau tannée est la matière des cribles. On fait des brosses avec ses soies.

(1) M. LAURENS, de Saverdun.

III
ÉLEVAGE DES PORCS

643. Alimentation des mères (1). On fait saillir les truies dès l'âge d'un an; elles donnent les meilleurs produits vers trois ou quatre ans. La durée de la gestation est de 115 jours; en la nourrissant bien, elle peut donner deux portées par an. Elle produit huit à dix gorets, quelquefois douze et même davantage.

Pendant l'allaitement, la truie doit recevoir une nourriture proportionnée au nombre des petits qu'elle doit nourrir. Pour 5 petits on donne chaque jour à Bechelbronn :

Pommes de terre cuites . .	11^{k}250	équivalent de 4^{k}000 de foin normal.
Seigle en farine.	1,225	2,110
Lait, crème et caillé. . .	6,005	3,090
En totalité. .		9^{k}210 de foin normal.

Après le sevrage, on diminue graduellement la ration des mères jusqu'à ne plus leur donner que l'équivalent de 3^k de foin.

644. Alimentation des gorets. Les gorets sont allaités pendant un mois environ, mais dès l'âge de quinze jours ils commencent à goûter aux aliments de la mère. On châtre les mâles à cinq semaines au moment du sevrage.

Quand ils sont sevrés, on leur donne par tête :

Pommes de terre cuites . .	2^{k}000	équivalent de 0^{k}700 de foin normal.
Farine de seigle.	0,100	0,170
Lait écrémé (caillé) . . .	0,600	0,300
En tout l'équivalent de. .		7^{k}870 de foin.

On modifie peu à peu ce régime en diminuant puis supprimant la farine et le lait et en augmentant la pomme de terre. On fait varier le nombre des repas : ainsi ils mangent d'abord six fois par jour, puis cinq, et à partir de trois mois ils mangent trois fois seulement. On ne leur donne plus alors que des pommes de terre cuites délayées dans des eaux grasses et peu à peu on fait monter l'équivalent à 2 kil., 2^k, 5 et même trois kil. de foin normal par tête.

Pendant l'allaitement, les gorets augmentent de 0^k, 240 par jour; après le sevrage, de 0^k, 20 seulement; à neuf mois ils pèsent environ 60^k et peuvent être mis à l'engrais.

IV
ENGRAISSEMENT DES PORCS

645. Ration des porcs à l'engrais. Dans une expérience faite

(1) Boussingault, *Économie rurale*, 2e vol., chap. VII. — L'éminent agronome a étudié à fond les questions de l'élevage et de l'engraissement des porcs. Nous résumons ici les faits qu'il a observés et les principes qui s'en déduisent.

par M. Boussingault, les porcs mis à l'engrais ont reçu chaque jour en moyenne (1):

```
Po mmes de terre  . . . .  4k87  équivalent de  1k510 de foin normal.
Seigle moulu  . . . . .    0,45                 0,770
Farine de seigle  . . . .  0,32                 0,690
Pois crus . . . . . . . .  0,34                 1,180
Eaux grasses. . . . · .    9,00 litres.         1,120
                 En tout l'équivalent de  . . .   5k470 de foin normal,
```

A peu près le double de la ration d'entretien.

L'engraissement a duré quatre-vingt-dix-huit jours ; les porcs ont augmenté chacun de 0k, 600 par jour ; avant l'engraissement ils pesaient en moyenne 65 kil., ils pesaient à la fin 111 kil., leur poids avait presque doublé.

Dans l'engraissement, les animaux augmentent à la fois en graisse, en chair, en peau et en os. Dans l'expérience précédente :

```
La graisse avait augmenté de 82 0/0 du poids de la graisse primitive.
La chair               de 77 0/0             chair primitive.
La peau                de 92 0/0             peau primitive.
Les os                 de 55 0/0             d'os primitifs.
```

EXCURS. 77. Le maître s'enquerra, près des éleveurs et des engraisseurs de porcs de la contrée, du régime qu'ils font suivre à leurs animaux et y conformera son enseignement.

646. Régime des porcs dans le midi.

1° *Élevage jusqu'à l'engrais. Hiver.* Matin et soir, on leur donne des feuilles de choux, des pommes de terre, des navets et du son délayés ensemble dans des eaux de vaisselle et de laiterie. Dans le milieu du jour, on les fait promener dans les prairies artificielles, notamment dans les trèfles incarnats.

Été. On diminue la ration donnée à l'étable : les élèves consomment presque exclusivement des fourrages verts.

2° *Engraissement.* Matin et soir, ration de pommes de terre mélangées de farine de maïs ou de seigle. A midi, ration de maïs ou de fèves concassées. Le tout délayé dans des eaux grasses.

647. Régime des porcs en Beauce (2).

On leur donne des eaux grasses où on jette tous les débris de la cuisine, et du petit lait où on délaie des pommes de terre cuites et de la farine d'orge.

CHAPITRE XXII

ESPÈCE GALLINE

I

ALIMENTATION DES POULES

648. Organes digestifs d'une poule.

EXPÉR. 179. Le maître disséquera une poule devant ses élèves. Il leur fera remarquer

---

(1) M. LAURENS, de Saverdun. — (2) M. DREUX, de Cormainville.

que l'animal n'a qu'une cavité pour le cœur, les poumons, l'estomac, le foie et les intestins. Il insistera sur l'organisation du système digestif et montrera successivement le bec, le jabot, le ventricule succenturié, le gésier et les intestins dans tout leur développement.

Le bec sert à prendre les aliments, ils passent de suite dans une poche appelée jabot où ils sont mis en réserve. De là, ils descendent peu à peu dans un renflement appelé ventricule succenturié, où ils s'imprègnent d'un liquide digestif, puis dans le gésier où ils sont triturés et réduits en pulpe. Cette pulpe est digérée et absorbée dans les intestins.

649. Aliments des poules. Les poules se nourrissent de toutes les espèces de graines qui se trouvent dans les fermes. Elles vont les chercher dans les pailles, dans les fumiers et jusque dans les excréments des bestiaux. Ce sont des glaneuses de graines, elles ramassent celles qui se perdent dans la ferme.

Elles mangent également de petits insectes ; elles grattent la terre pour découvrir et dévorer les vers et les larves d'insectes.

Les agriculteurs peuvent, au moyen de poulaillers mobiles, faire servir les poules à la destruction des larves des hannetons et des autres insectes nuisibles, en les conduisant dans les champs au moment des premiers labours. Enfin elles aiment aussi les herbes vertes qui contribuent à les maintenir en santé.

650. Ration des poules. On peut estimer à 0^k, 150 de foin ou l'équivalent, la ration d'entretien d'une poule ordinaire ; en moyenne 10 % de son poids. Les poules à l'engrais reçoivent, en supplément, de la pâtée de farine d'orge ou mieux de maïs quand on en a.

II

RÉGIME DES POULES ET AUTRES VOLAILLES

651. Basse-cour. Elle comprend les poules, les dindes, les oies, les canards, les pigeons, etc.

Excurs. 78. Le maître fera visiter à ses élèves la basse-cour d'une ferme et se fera expliquer le régime des diverses espèces de volailles qu'on y élève, poules, dindes, oies, canards, pigeons, etc. Il fera connaître et expliquera dans son enseignement les régimes auxquels on soumet les diverses espèces de volailles dans la région où il se trouve.

652. Régime des poules dans le midi (1). Ordinairement on les nourrit à la ferme avec des menus grains ou déchets provenant du nettoyage des graines de toute espèce. Elles ont un libre parcours à l'intérieur des cours et dans les champs qui avoisinent la ferme. On renouvelle leur eau chaque jour.

A l'automne, après l'enlèvement des récoltes, on les conduit aux

____

(1) M. LAURENS, de Saverdun.

champs où elles se nourrissent des grains tombés à terre, des herbes qui poussent dans les chaumes, des insectes et des vers.

653. Régime des poules en Beauce (1). Le plus souvent les poules restent à la ferme, elles vont chercher leur nourriture dans la cour, dans les écuries, les étables et les bergeries, et partout où elles trouvent à gratter et à picorer. Chaque matin on les appelle et on leur jette de menus grains, déchets des granges et des greniers. Chaque jour, surtout en hiver par les gelées, on renouvelle leur eau..

L'usage des poulaillers mobiles commence à se propager en Beauce ; leurs avantages *principaux* sont de faire ramasser les grains perdus dans les chaumes et de détruire les vers et les insectes.

III
ÉLEVAGE DES VOLAILLES

654. Élevage des poulets. Dès qu'une poule demande à couver, on lui confie douze à quinze œufs et on lui donne à discrétion, près de son nid, des graines de sarrasin et de céréales et de l'eau bien claire. Au bout de vingt-et-un jours les poulets sortent de l'œuf.

La mère soigne ses petits avec un dévouement extrême et de temps en temps les couvre pour les réchauffer.

On donne aux jeunes poulets des mies de pain, du millet et autres petites graines et de l'eau pour boire et se baigner. Au bout de quinze jours, ils trouvent leur nourriture dans la cour, sous la conduite de leur mère, ils la quittent à quatre ou cinq semaines.

IV
ENGRAISSEMENT DES VOLAILLES

655. Engraissement des poulets. On engraisse les poulets en les mettant dans des cages étroites où ils ne peuvent se retourner ; on leur donne à discrétion de l'eau. et des menus grains. Matin et soir on leur fait avaler des boulettes de farine d'orge, de seigle ou de maïs. Cela s'appelle *gaver les volailles.*

Quand un poulet ou un chapon est en bon état, quinze jours suffisent pour l'engraisser à point.

656. Engraissement des oies. Les oies ont une aptitude toute particulière à prendre la graisse. Elle s'accumule dans la masse des intestins, dans le foie et entre les muscles.

On se livre avec succès en Alsace à l'engraissement des oies.

(1) M. Dreux, de Cormainville.

Dans une expérience faite par M. Boussingault (1), six oies pesant ensemble 20 kil. ont été engraissées en un mois en recevant 386 gr. de maïs par jour et par tête. Après l'engraissement elles pesaient ensemble 31k, 020 ; elles avaient gagné 8k, 264 de graisse et 3k, 457 de chair et de sang. Phénomène curieux ; les os, le gésier et les diverses parties de l'intestin avaient diminué par l'effet de l'engraissement.

APPENDICE

ALIMENTATION DE L'HOMME

CHAPITRE XXIII (2)

I

ALIMENTS DE L'HOMME

Le premier soin de l'agriculteur doit être d'établir, pour ses ouvriers et pour lui, un régime alimentaire propre à entretenir la santé et les forces des travailleurs.

657. **Nature des aliments.** L'homme est *omnivore*, c'est-à dire qu'il peut manger de tout, animaux, plantes et minéraux.

658. **Aliments d'origine animale.** Les animaux domestiques, le bœuf, le mouton, le porc et les volailles lui fournissent la chair, la graisse, les œufs, le lait et le beurre. Ces aliments se divisent en deux classes :

1° *Les aliments plastiques* (chair, œufs) qui, composés surtout de principes azotés, fournissent au sang les matières propres à renouveler les fibres et le tissu cellulaire de notre chair, de nos os et de tous nos organes.

2° *Les aliments respiratoires* (graisses et beurre), dont les éléments brûlés dans la combustion respiratoire entretiennent la chaleur du corps ;

3° Le lait forme à lui seul une catégorie à part, il contient à la fois des principes plastiques et des principes respiratoires, de l'eau et des sels. C'est un aliment complet.

659. **Aliments végétaux.** Les principaux aliments que les plantes fournissent à l'homme sont :

1° Les graines du blé et des autres céréales qui nous donnent

---

(1) *Économie rurale*, 2ᵉ vol., page 607.

(2) Nous n'avons pas la prétention de traiter dans tous ses détails cette importante question, il faudrait un volume entier. Nous voulons exposer seulement quelques règles pratiques de l'alimentation rationnelle de l'homme.

le pain, le premier de nos aliments, et les légumes (pois, haricots, fèves, lentilles, etc.) que nous consommons en nature;

2° Les racines et tubercules, féculents ou sucrés, les pommes de terre, les carottes, les navets, les raves et radis, etc ;

3° Les tiges, les bulbes et les feuilles des oignons, des poireaux, des choux, des salades de toute espèce ;

4° Enfin les fruits de toute sorte, raisins, pommes, poires, etc.

Dans les produits végétaux dominent les principes *respiratoires*, les sucres, les fécules, les gommes et les mucilages; dans les fruits dominent les acides.

Cependant les produits des plantes contiennent aussi des principes azotés : le pain contient du gluten ; les graines des légumineuses et les mucilages des raisins, des feuilles et des fruits contiennent de l'albumine, de la fibrine et de la caséine. Ces principes sont digérés, passent dans le sang et peuvent servir à renouveler la matière des tissus du corps aussi bien que les viandes, les œufs et le lait.

660. **Aliments minéraux. — Sels.** L'eau est notre aliment minéral par excellence; elle nous fournit non seulement sa propre substance, mais encore les sels qu'elle contient (carbonate, sulfate et chlorures à base de chaux, de magnésie, de potasse et de soude). Ces sels contribuent au renouvellement de la matière de nos os. Les autres boissons, le vin, la bière, le cidre, nous fournissent également des sels minéraux.

Des sels se trouvent aussi dans les aliments animaux et végétaux. Enfin nous ajoutons à nos mets du sel marin pour en relever le goût et en faciliter la digestion.

661. **Quantité absolue des aliments à donner à l'homme.** Il n'y a pas de règle à poser dans ce cas. Cette quantité dépend des pertes, en principes carbonés et en principes azotés, que chaque individu peut éprouver, et par conséquent dépend de sa *constitution*, de l'*exercice* qu'il prend et des *travaux* qu'il fait. Les travailleurs des champs perdent plus de carbone et d'azote, et par conséquent ont besoin de manger davantage que les hommes dont la vie est sédentaire.

Cette quantité doit nécessairement être réglée par l'appétit; l'instinct et la raison doivent être ses guides.

La question importante est de déterminer dans quelles proportions il convient pour l'homme de prendre les aliments animaux et les aliments végétaux.

Les produits végétaux pourraient suffire à eux seuls pour l'homme, comme pour le bœuf ou le mouton; mais il faudrait que comme eux il en consommât de grandes quantités. Son estomac et ses intestins ne sont pas faits pour le régime exclusivement végétal.

Les produits animaux ne peuvent suffire seuls, leur usage exagéré occasionne la goutte, la gravelle, les inflammations intestinales, la consomption et une foule d'affections morbides; triste apanage des grands mangeurs de viande, que ne connaît pas heureusement le sobre travailleur des champs.

Il est donc nécessaire de savoir dans quelles proportions les animaux et les plantes doivent contribuer à notre alimentation. La nature de nos déjections, la composition du lait et les faits de la pratique vont nous l'apprendre.

II
RÉGIME DE L'HOMME — RAPPORT DU PAIN A LA VIANDE

662. **Rapport du poids des principes respiratoires et des principes plastiques dans les pertes du corps.** D'après les physiologistes allemands (Allen et Pepys), l'homme rejette chaque jour 250 grammes de carbone dans sa respiration; il y faut ajouter le carbone rejeté par les sécrétions (bile, etc), environ 50 gr., en tout 300 grammes, ce qui est le poids de carbone contenu dans $300 \times \frac{162}{72}$ ou 675 gr. de principes féculents et sucrés.

Un homme adulte rejette, d'après MM. Boussingault et Levy (1), 625 gr. d'urine et 125 de fécès, en tout 750 gr. d'excréments contenant 3 0/0 d'azote, ce qui donne en tout....... 22^{gr}, 50

Il faut y ajouter pour la transpiration .... 1 ^{gr}, 10

La perte totale est .... 23^{gr}, 60

c'est le poids d'azote contenu dans $236 \times \frac{15,7}{100}$ ou 150 gr. de principes plastiques (albuminoïdes).

Le rapport des principes respiratoires aux principes plastiques dans les pertes que subit son corps est donc $\frac{675}{150}$ ou 4, 5.

En conséquence, il faut que dans le régime alimentaire de l'homme, les principes respiratoires soient environ quatre fois et demie plus abondants que les principes plastiques.

663. **Rapport des principes plastiques aux principes respiratoires dans le lait des vaches.** Tous les faits d'observation prouvent que le lait des animaux et notamment celui des

(1) M. MICHEL LÉVY, *Hygiène publique*, 2ᵉ vol., page 731.

vaches est un aliment complet. Le lait, pris en quantité suffisante, peut entretenir indéfiniment la vie d'un homme; dans la vie pastorale d'autrefois, les hommes vivaient presque exclusivement du lait de leurs troupeaux.

Il faut en conclure que les aliments animaux et végétaux de l'homme doivent contenir les principes plastiques et les principes respiratoires dans les proportions où ils se trouvent dans le lait. Or, le lait de vache est composé, d'après M. Poggiale :

De caséine et albumine 38 %

De sucre de lait.. 52

De beurre............ 44

Mais le beurre, comme tous les autres principes gras, produit en brûlant une quantité de chaleur 2,7 fois plus grande que les fécules. 44 de beurre équivalent donc à $(44 \times 2,7)$ ou 118 de fécule qui avec 53 donne 170. Le rapport de ce nombre au poids de la caséine (38) est 4,5 environ.

En conséquence, un homme qui, pour son alimentation, ne consommerait que du lait, prendrait quatre fois et demie plus de principes respiratoires que de principes plastiques.

Ce qui est exactement le rapport des poids de ces principes qu'il rejette par sa transpiration et par ses déjections.

664. **Rapport des poids du pain et de la viande dans le régime alimentaire de l'homme.** En principe, l'homme doit réparer les pertes quotidiennes de son corps, c'est-à-dire en moyenne faire passer dans son sang 675 grammes de principes respiratoires et 150 grammes de principes plastiques.

Supposons que le pain soit le seul aliment qui lui fournisse ces deux principes. 1165 grammes de pain de froment fournissent les 675 grammes de fécules, dextrine et sucre nécessaires à un homme adulte, mais ils ne contiennent que 91 grammes de matières azotées. Si le pain devait lui fournir tout l'azote, il devrait en manger 2,000 grammes par jour ; son estomac et ses intestins se fatigueraient à digérer cette masse. Il vaut mieux joindre la viande au pain.

Supposons qu'il absorbe ses 1165 gr. de pain, quel poids de viande doit-il y joindre? Les 1165 gr. de pain lui fournissent déjà 91 gr. de principes plastiques. La viande doit donner les 59 grammes de principes plastiques nécessaires pour réparer la perte totale de 150 grammes. Or, la viande crue et sans os contient 20% de son poids de principes plastiques ; les 59 gr.

seront donc fournis par $59 \times \frac{100}{20}$ ou 295 gr. de viande. Les os forment environ $^1/_4$ de la viande de boucherie; il faudra donc environ 400 gr. de viande de boucherie, os compris, pour fournir 59 gr. de principes plastiques.

Le rapport normal du pain à la viande nécessaire à l'alimentation de l'homme est donc $\frac{1165}{295}$ ou 4. En conséquence, pour entretenir le corps dans les meilleures conditions de santé, il FAUT MANGER QUATRE FOIS PLUS DE PAIN QUE DE VIANDE (os déduits), ou trois fois plus de pain que de viande (os compris).

665. **Remarques sur l'influence des aliments accessoires.** 1° Nous avons raisonné sur le pain et la viande, mais d'autres aliments s'y ajoutent. D'un côté, les légumes de toute espèce, graines, feuilles et racines accroissent la masse des aliments respiratoires. Il en est de même de l'huile, du beurre et des graisses (voy. page 192 les équivalents du pain). D'autre part, le poisson, les œufs, le lait et le fromage fournissent comme les viandes des aliments plastiques. Ils font équilibre aux légumes et aux corps gras et ne changent pas sensiblement les proportions du pain à la viande (voir sect. III, les équivalents de la viande);

2° Cependant la viande de porc, très-riche en graisse, a une influence notable sur l'alimentation des ouvriers agricoles; elle accroît la masse de leurs aliments respiratoires. Cette influence est favorable, car les rudes travaux des champs activent la respiration, et augmentent les pertes du corps en carbone surtout. L'usage du lard permet de réparer ces pertes.

666. **Renseignements statistiques sur les rapports du pain à la viande.** Au lycée d'Orléans, dans une période de sept années (1862 à 1869), on a consommé 268, 200 kil. de pain. Dans la même période, on a consommé 70, 800 kil. de viande de boucherie (os déduits). Le rapport est 3, 7. Ce rapport n'a pas sensiblement varié pour chaque année de cette période.

Le rapport est un peu plus faible que le nombre 4 de la théorie, mais il faut songer qu'il s'agit dans cet établissement de nourrir des jeunes gens en pleine croissance qui ont besoin d'un supplément d'aliments plastiques pour suffire aux besoins de leur accroissement de poids.

667. **Conclusion.** Ces résultats confirment nos conclusions. *Pour entretenir la santé de l'homme, sans engraisser ni maigrir, il faut quatre fois plus de pain* (ou l'équivalent en prin-

11.

cipes respiratoires) *que de viande sans os* (ou l'équivalent en principes plastiques).

Quant à la quantité absolue des aliments qu'il faut prendre, elle varie avec les individus, et dépend, nous le répétons, de leur âge, de leur sexe, de leur tempérament et des travaux qu'ils ont à faire.

Pour faciliter l'application de ce principe, nous calculerons d'après les données de M. Payen les équivalents du pain et de la viande.

III

ÉQUIVALENTS DES ALIMENTS PAR RAPPORT AU PAIN ET A LA VIANDE

668. Équivalents du pain. On appelle équivalents des aliments par rapport au pain les poids des différents aliments qui contiennent autant de principes respiratoires (carbone) que 100 gr. de pain de froment.

669. Équivalents de la viande. On appelle équivalents des aliments par rapport à la viande les poids de ces aliments qui contiennent autant de principes plastiques (azote) que 100 gr. de viande de boucherie (sans os).

Nous donnons, d'après M. Payen, la table des équivalents des aliments de l'homme (voyez page 192).

Remarque. — Les équivalents marqués dans la table n'ont pas une valeur absolue, car la valeur alimentaire d'un produit change d'une variété de plante à l'autre; ainsi, par exemple, d'après les données de M. Boussingault, le navet blanc a pour équivalent 1200 et le navet jaune 600.

670. Usage pratique de la table des équivalents. Cette table sert à connaître les quantités de viande et de pain que peuvent remplacer les mets gras et maigres qu'on y joints chaque jour. Supposons qu'outre le pain et la viande on donne par homme 75 gr. de haricots, 250 gr. de pommes de terre, 100 gr. de beurre ou graisse, 300 gr. de lait, 60 gr. de morue, combien faut-il y ajouter de pain et de viande?

75 ^{gr} de haricots remplacent . . . . $\quad 75 \times \dfrac{100}{74}$ ou 101 ^{gr} de pain.

250 ^{gr} de pommes de terre remplacent. $\quad 250 \times \dfrac{100}{283}$ ou 88 ^{gr} de pain.

100 ^{gr} de graisse ou beurre . . . . $\quad 100 \times \dfrac{100}{25}$ ou 400 ^{gr} de pain.

En tout. . . 589 ^{gr} en nombre rond 600.

Il n'y aura plus à donner que 600 de pain au lieu de 1200.

300 gr de lait remplacent . . . . . $300 \times \dfrac{100}{526}$ ou 56 gr de viande.

60 gr de morue remplacent . . . . $60 \times \dfrac{100}{61}$ ou 93 gr de viande.

En tout. . 154 gr de viande.

Il n'y aura plus à donner que 146 gr de viande au lieu de 300.

671. Valeurs comparées des différents aliments de l'homme.

1° *Aliments respiratoires.* Les graines de céréales et de légumineuses fournissent des aliments de même valeur que le pain. La pomme de terre nourrit trois fois moins que le pain, et les racines et légumes six fois moins.

Les corps gras (huiles, beurres et graisses) sont quatre à cinq fois plus riches que le pain. Ces aliments deviennent indispensables dans les pays froids où, pour résister aux rigueurs des hivers prolongés, le corps a besoin de développer par la respiration une chaleur intérieure plus grande, et par conséquent de brûler plus de graisse. Aussi la consommation des graisses va-t-elle en augmentant de l'équateur au pôle.

En France, il faut, dans l'alimentation de l'homme, faire dominer en hiver les graisses (lard ou beurre) et en été les mets aqueux (racines et salades).

2° *Aliments plastiques.* A poids égal, la chair des volailles et du gibier, a le même pouvoir alimentaire que la viande de boucherie. Il en est de même de celle des poissons ; sans doute leur goût est moins relevé que celui des viandes, mais ils sont aussi nutritifs, *c'est un maigre qui vaut presque du gras.*

Les haricots, les pois et les lentilles sont, à poids égal, aussi riches que la viande en matières azotées ; mais pour les digérer complétement, il faut avoir la patience de les mastiquer avec soin et de les insaliver abondamment. Dans ces conditions, ils nourrissent autant que la viande.

Le lait est moins riche, mais il est plus facile à digérer. En en prenant un litre et demi par jour, il porte autant de profit que 300 gr. de viande et 300 gr. de pain réunis.

Les fromages et les œufs sont riches en principes plastiques ; ils sont, avec les haricots, la viande des pauvres, comme la pomme de terre est leur pain.

Les corps gras, le lard lui-même, sont les aliments les plus pauvres en principes plastiques, c'est au point qu'on maigrirait promptement si on ne mangeait que du lard sans pain ni viande.

TABLEAU

DES ÉQUIVALENTS DES ALIMENTS PAR RAPPORT AU PAIN ET A LA VIANDE (1)

I Aliments fournis par les végétaux (2)		EAU	PRINCIPES RESPIRATOIRES		POIDS DES ALIMENTS capables de produire autant de chaleur que 100 de pain	PRINCIPES PLASTIQUES — MATIÈRES azotées protéiques	POIDS des aliments contenant autant de PRINCIPES PLASTIQUES que 100 de viande de boucherie (sans os)	CELLULOSE et LIGNEUX INERTES	ÉLÉMENTS MINÉRAUX SELS
			principes féculents et sucrés	principes gras					
	Pain de munition	35	54,0	1,50	100	7,8	256	0,8	0,9
	Pain blanc de Paris	36	54,0	1,20	101	7,0	285	0,9	0,9
	Farine de froment	12,5	70,8	1,40	78	14,2	140	0 3	0,8
	Farine de seigle	14,2	66,7	3,00	77	13,8	144	0,5	1,5
GRAINES de CÉRÉALES	Orge	13	63,7	2,80	81	13,4	149	2,5	4,5
	Avoine	14	61,5	5,50	75	11,9	168	4,1	3,9
	Maïs	17	61,9	7,00	70	12,5	160	1,5	1,1
	Sarrasin	13	64,0	3,90	77	13,1	150	3,5	2,5
	Riz	14,6	76,0	0,50	75	7,5	266	0,9	0,5
GRAINES de LÉGUMINEUSES	Fèves de marais	16	51,5	1,50	104	24,4	81	3,0	3,6
	Haricots blancs	15	48,8	3,00	96	26,9	74	2,8	3,5
	Lentilles	12,5	55,7	2,50	92	25,0	80	2,1	2,2
	Pois	8,9	59,6	2,00	89	23,9	83	3,6	2,0
FÉCULENTS PURS	Chataignes pelées fraiches	49,2	42,2	3,00	114	3,0	666	0,8	1,8
	Pommes de terre	75,9	20,2	0,20	283	2,5	800	0,4	0,8
RACINES et FEUILLES CHARNUES	Carottes	86	10,9	0,17	504	1,5	1333	0 8	0,6
	Navets	86,1	10,8	0,15	517	1,0	1250	0,4	0,9
	Choux pommés	90,1	5,3	0,90	731	2,3	869	0,6	0,8
	Betteraves	87,8	7,9	0,10	713	1,3	1530	1,7	0,7
FRUITS	Pommes	83,6	12,5	0,05	464	1,0	2000	2,8	0,1
	Groseilles	81,3	17,0	»	344	0,91	2222	»	»
	Figues fraiches	66,0	33,8	»	173	2,66	740	»	»
	Pruneaux	26,0	63,0	»	92	4,74	425	»	»
BOISSONS	Vin	90	9,0	»	650	0,10	2 000	»	»
	Bière forte	90	11,2	»	522	0,52	4000	»	»
	Eau-de-vie	49	90,0	»	65	0,0	infini	»	»
	Huile	2	»	96,00	28	traces	infini	»	»

II Aliments fournis par les animaux		EAU	principes féculents et sucrés	principes gras	POIDS DES ALIMENTS	PRINCIPES PLASTIQUES	POIDS des aliments	CELLULOSE	ÉLÉMENTS SELS
	Beurre frais	14	»	82	23	4,16	476	»	»
	Lard	20	»	71	27	7,67	259	»	»
	Lait de vache	86,5	5,2	4,4	313	3,8	526	»	»
	Lait de chèvre	83,6	7,8	4,1	291	4,5	444	»	»
	Fromage de Brie	58	21,8	5,6	134	14,6	136	»	»
	Fromage de Gruyère	40	13,5	24,0	68	32,5	61	»	»
	OEuf (blanc et jaune)	80	»	7,0	278	12,3	162	»	»
POISSONS DÉSOSSÉS (3)	Sardines à l'huile en boîte	46	»	9,36	208	39,0	51	»	7,9
	Raie	74,5	»	0,47	4178	25,0	80	»	1,7
	Anguille de mer	69,9	»	5,02	387	25,6	77	»	1,1
	Morue salée	47	»	0,38	5318	32,6	61	»	21,2
	Harengs salés	49	»	12,71	153	20,2	99	»	16,4
	Harengs frais	70	»	10,03	194	12,0	166	»	»
	Maquereau	68,3	»	6,76	288	24,3	82	»	1,8
	Sole	86,4	»	0,25	8357	12,4	162	»	1,9
	Brochet	77,5	»	0,60	3250	21,1	94	»	1,3
	Carpe	76,5	»	1,09	1772	22,6	88	»	1,3
	Barbillon	89,3	»	0,21	9750	10,2	196	»	0,9
	Goujon	76,9	»	2,67	731	18,0	110	»	3,4
	Ablettes	72,9	»	8,03	242	18,1	110	»	3,2
	Anguille de rivière	62,1	»	23,87	81	13,0	153	»	0,7
	Saumon	71,7	»	4,85	403	13,6	147	»	1,3
	Limande	79,4	»	2,05	959	18,8	106	»	1,9
	Viande de boucherie (4)	78	»	2,0	975	20,0	100	»	2,8
	Bouillon gras	98,5	»	variable	variable	1,2	1600	»	9,1

(1) Payen. *Traité des subsistances alimentaires*, page 304. — (2) Les données des farines, graines, fécules et racines sont empruntées à M. Boussingault (*Économie rurale*, page 356). Les autres chiffres sont calculés d'après les données de M. Payen (loc. cit.). — (3) Les poissons (excepté les goujons et les ablettes) ont été désossés comme la viande. Les proportions des arêtes diffèrent peu de celles des os dans les animaux et les matières azotées sont les mêmes en moyenne. — (4) La graisse varie de 2 à 20 0/0 ; nous avons supposé en prenant 2 0/0 que l'on considère à part la graisse que l'on peut séparer mécaniquement.

672. Boissons de l'homme. — Proportions de vin et d'eau.

Les boissons sont aussi nécessaires à l'homme que les aliments. Il lui faut, en moyenne, 1200 gr. d'eau par jour, sans compter celle qu'il absorbe avec le pain, la viande et ses autres aliments.

La meilleure boisson pour les hommes adultes est un mélange de vin et d'eau en parties égales ou plus généralement un liquide fermenté (vin, cidre, bière, etc.), contenant de 5 à 6 % d'alcool. Cependant les proportions de vin et d'eau doivent varier avec l'âge, avec le sexe et avec le tempérament des individus. Les enfants doivent mettre les deux tiers d'eau dans leur vin et les vieillards un tiers seulement.

FIN

PETIT

DICTIONNAIRE AGRICOLE

DONNANT LA SIGNIFICATION DES

TERMES ET EXPRESSIONS TECHNIQUES

EMPLOYÉS DANS CET OUVRAGE

A

Abattre. Tuer un bœuf, un cheval.

Abdomen. Ventre, cavité renfermant l'estomac, et les intestins.

Abdominal. Appartenant à l'abdomen.

Absorption. Fonction des plantes et des animaux. Absorption des liquides du sol par les racines — absorption des produits de la digestion par les vaisseaux qui les portent au sang.

Acétates. Sels de l'acide acétique.

Acides. Composés chimiques s'unissant aux bases pour former des sels. La plupart sont formés d'oxygène et d'un autre corps simple qui leur donne son nom; exemples :

Acide acétique. Acide du vinaigre.

Acide azotique. Acide de l'azote, acide du salpêtre.

Acide carbonique. Acide du charbon.

Acide citrique. Acide du jus de citron.

Acide chlorhydrique. Acide formé de chlore et d'hydrogène.

Acide malique. Acide du jus de pomme.

Acide nitrique. Voyez acide azotique.

Acide oxalique. Acide du jus d'oseille.

Acide phosphorique. Acide du phosphore.

Acide silicique. Acide de la silice, matière des cailloux.

Acide sulfurique. Acide du soufre.

Acide tartrique. Acide du tartre ; matière de la lie de vin.

Adulte. Dont la croissance est achevée. Ex. : animal adulte.

Aération. Propriété de condenser l'oxygène de l'air. Ex : sol *aéré* par les labours.

Agents. Corps ou fluides capables d'exercer une action.

Agents atmosphériques. Eléments actifs de l'air.

Agents chimiques. Causes produisant des actions chimiques.

Agents physiques. Causes des phénomènes physiques.

Agents des fermentations. Corps déterminant les fermentations.

Agnelage. Epoque de la naissance des agneaux.

Air. Gaz de l'atmosphère.

Air souterrain, air contenu dans la terre des champs.

Albumine. Matière du blanc d'œuf.

Albuminoïdes. Corps d'une nature chimique analogue à celle de l'albumine.

Alcali. Bases verdissant le sirop de violettes; ex : potasse, soude, ammoniaque.

Alcalins, ayant la propriété des alcalis.

Alcali-terres. Nom commun donné à la chaux, à la baryte et à la magnésie.

Alcaloïdes. Alcalis organiques : quinine, morphine, nicotine, etc.

Alcool. Principe de l'eau-de-vie.

Aliments. Nourriture des animaux.

Aliments plastiques. Propres à faire la chair (*albuminoïdes*).

Aliments respiratoires. Brûlés dans la respiration (*hydro-carbonés*).

Aliments gras. Contenant un excès de corps gras ; propres à l'engraissement.

Aliments salins. Contenant un excès de sels utiles à l'alimentation.

Allonge. Tube de chimie, s'adaptant aux cornues.

Alternance. Système dans lequel on cultive tour à tour dans le même champ, les plantes des divers groupes agricoles.

Alumine. Base chimique de l'argile et de l'alun.

Alun. Sulfate de potasse et d'alumine.

Amandine. Matière albuminoïde des amandes.

Amendements. Opérations changeant la nature des terres. Ex. : drainage, — irrigations, — marnages, — chaulages, — terreautages, — phosphatages.

Ameublir. Rendre la terre plus meuble, soulever et diviser le sol arable.

Amiante: minéral en fils incombustibles.

Ammoniaque. Base chimique, alcali volatil.

Ammoniacal, ayant de l'ammoniaque.

Ammoniaco, composé où l'ammoniaque est jointe à une autre base.

Analyse. Opération de chimie, séparation des éléments d'un corps.

Appareil. Pièces de chimie disposées pour une expérience:

Appétence. Ex. : Vif désir de prendre les aliments :

Aqueux. Contenant de l'eau.

Arable. Labourable.

Araire. Charrue sans roues.

Arôme. Vapeur d'une odeur agréable.

Argile. Matière de la glaise, corps composé d'alumine et de silice.

Argileux, contenant de l'argile.

Argilo-sableux. Contenant de l'argile et du sable.

Artificiel. Fait de main d'homme. Opposé à naturel, existant dans la nature.

Assainir les terres. Détruire les matières putrides ou acides qui les rendent impropres à la végétation.

Assimilable. Pouvant servir à former la matière d'une plante ou d'un animal.

Assise. Couche de pierre, de sable ou d'argile de grande étendue à l'intérieur de la terre.

Assolement. Partage des terres d'une ferme en soles.

Atmosphère. Couche d'air entourant le globe.

Atmosphère souterraine. Air contenu dans les terres arables.

Auge. Bassin où mangent les porcs.

Avoine. Plante, grain de cette plante.

Azotates. Sels de l'acide azotique.

Azote. Élément de l'air.

Azoté. Contenant de l'azote.

B

Bail — baux. Contrats de fermage.

Balles. Paille entourant les graines des céréales dans leur épi.

Banc. Couche géologique. Voyez *assise.*

Barrière. Pièce de bois séparant deux animaux.

Baryte. Base chimique analogue à la chaux.

Bascule. Balance pour peser les animaux.

Base — en chimie : Oxyde pouvant former un sel avec les acides. *En science :* fondement d'une série de faits ou de conséquences.

Bas-fonds. Terrains en forme de cavités.

Battage. Opération agricole pour séparer les grains de leurs tiges.

Beauce. Contrée agricole, (partie d'Eure-et-Loir, du Loiret et de Loir-et-Cher).

Bétail — bestiaux. Animaux domestiques des fermes.

Betterave. Plante — sa racine.

Bière. Boisson d'orge fermentée.

Bile. Liquide secrété par le foie.

Binaire. Composé de deux corps simples.

Binage. Labour pour désherber.

Bismuth. Métal, — *nitrate de bismuth.* Réactif pour le dosage des phosphates.

Blanc. Degré de chaleur du feu. Fer chauffé à blanc.

Blé. Céréale, son grain.

Blé de saison. Semé avant l'hiver.

Blé de mars. Semé au printemps.

Bœufs. Animaux domestiques.

Bol alimentaire. Aliments mastiqués et avalés d'une bouchée.

Bonnet. Partie de la panse des bœufs et des moutons.

Botanique. Etude scientifique des plantes.

Bottelage. Opération agricole de la mise en botte des foins de prairies.

Bouillies. Mets: ex. bouillie de sarrasin, de maïs, de farine.

Bouillie de chaux, chaux délayée dans l'eau.

Bourgeon. Germe des plantes, d'où partent des branches nouvelles.

Bourrelet des bœufs et moutons. — Partie antérieure de leur mâchoire supérieure tenant lieu de dents incisives.

Bouse. Déjections des bœufs.

Boutoir. Groin des porcs.

Bovine. Espèce bovine. Animaux de l'espèce des bœufs.

Brasseries. Usines où se fabrique la bière.

Brebis. Femelle du mouton.

Bride. Harnais du cheval.

Broie. Outil pour broyer le chanvre.

Brouette. Petit charriot à main.

Broyeurs. Instruments à broyer les grains.

Bruyères. Plantes des landes incultes.

Budget agricole. Compte des dépenses et des produits de la ferme.

Bulbes. Oignons de quelques plantes.

Burette graduée. Instrument de chimie pour le dosage des corps.

Buttage. Opération agricole, tassement de la terre sur les pieds des plantes.

Buttoirs. Instruments de buttage.

C

Cachexie. Maladie du bétail, pourriture.

Caillé. Lait aigri et tourné.

Caillette. Partie de l'estomac des animaux ruminants.

Calcaire. (nom) minéral à base de chaux. Ex. : pierre à bâtir, craie, marne, etc.

Calcaire. (adj.) qui contient du calcaire. Ex. : terres calcaires.

Calcination. Action de calciner.

Calciner. Chauffer un corps à l'abri de l'air, dans un vase fermé.

Caméline. Plante fournissant de l'huile.

Canal digestif. Ensemble des organes de la digestion, de la bouche à l'anus.

Canine. (Adj.) de chien — *dents canines.* Voisines des incisives.

Cannabinée. Famille botanique du chanvre.

Capsule. Ustensile de chimie.

Caractères. En chimie propriétés chimiques qui distinguent un corps des autres corps. — *En hist. nat.* organisation ou propriétés distinctives.

Carbonates. Sels de l'acide carbonique. Ex. : *carbonate de chaux* composé d'acide carbonique et de chaux.

Carbone. Élément des charbons.

Carie. Maladie des céréales (blé, maïs, etc.)

Caséine. Matière du fromage.

Castrer. Oter les parties génitales.

Cellulose. Principe des tissus des plantes.

Cendres d'une plante. Résidu de sa combustion, comprenant l'ensemble de ses matières minérales.

Centésimal. Parties exprimées en centièmes.

Chair des fruits. Parties que l'on mange.

Chaleur. Agent qui échauffe les corps.

Chaleur animale. Source de la chaleur naturelle du corps.

Champ. Pièce de terre.

Champ d'expériences. Terrain consacré aux expériences de culture.

Chanvre. Fibres textiles de cette plante.

Chapon. Poulet castré.

Charbons. Matières contenant du carbone. *Charbon de bois* extrait du bois. — *Charbon de terre.* Houille extraite de la terre.

Charbon. Maladie des animaux — maladie des céréales.

Charrée. Résidu de cendres lessivées.

Charrues. Instruments d'agriculture

Charrue sous-sol. — Creusant le sillon après la charrue ordinaire.

Châtrer. Castrer les agneaux.

Chaulage. Opération agricole ayant pour objet d'amender les terres arables avec de la chaux.

Chaux. Oxyde de calcium, base d'un grand nombre de sels — matière des mortiers.

Chaux vive. Chaux n'ayant pas subi l'action de l'eau.

Chaux éteinte. Combinée à l'eau.

Chaux sodée. Mélange intime de chaux et de soude.

Chaux hydraulique. De nature à servir aux constructions sous l'eau.

Chenevis. Graines de chanvre, — *huile de chenevis* — retirée de ces graines.

Chénopodées. Famille botanique de la betterave et des épinards.

Chevaline. (Adj.) se rapportant au cheval. Ex. : Espèce chevaline.

Chiendent. Plante parasite — sa racine.

Chimique. (Adj.) se rapportant à la chimie.

Chlore. Élément du sel de cuisine ; corps désinfectant et décolorant.

Chlorhydrates. Sels de l'acide chlorhydrique.

Chlorhydrate d'ammoniaque. Composé d'acide chlorhydrique et d'ammoniaque.

Chlorophyle. Matière verte des feuilles.

Chlorures. Composés de chlore et des métaux.

Chlorure de sodium. Nom chimique du sel de cuisine, composé de chlore et de sodium.

Choux. Plante agricole et horticole —

Choux-navets. Plante agricole.

Cidre. Boisson de pommes ou de poires fermentées.

Ciguë. Plante ; son jus est un poison.

Cime. Partie supérieure d'une branche d'un arbre, d'une fleur.

Circulation. Parcours du sang dans les animaux et de la sève dans les plantes.

Classe. Groupe naturel.

Classes de terres. Terres ayant des propriétés agricoles semblables.

Climat. Nature de l'air d'une contrée caractérisée surtout par son degré de chaleur et d'humidité.

Cochon. Porc.

Cœur. Organe de la circulation du sang.

Collection. Ensemble d'individus réunis.

Collet des racines. Partie où s'attachent les feuilles des racines alimentaires.

Collier. Harnais des chevaux.

Colmatage. Irrigation avec des eaux chargées de principes fertilisants.

Colza. Plante agricole fournissant une huile à brûler.

Combinaison. Union chimique de deux corps.

Compacte. (Adj.) Impénétrable à l'air et à l'eau.

Complémentaire. (Adj.) Qui sert à compléter un corps ou un ensemble de corps.

Composé. Corps formé de deux autres plus simples.

Composées. Famille botanique des marguerites.

Composition. État physique ou chimique d'un corps.

Compost. Sorte d'engrais fait de débris de plantes.

Concasser. Broyer grossièrement. Ex. : concassage des graines pour la nourriture des animaux.

Concentration. Réunion de plusieurs objets au même point.

Condensation. Réunion d'un corps à la surface d'un autre corps.

Condiment. Espèce d'aliments toniques.

Conine. Alcaloïde de la ciguë.

Conservation des engrais. Pouvoir des éléments de la terre de retenir les principes fertilisants des engrais.

Consistance des terres. Propriété de se durcir, de se mettre en mottes.

Constitution élémentaire des corps — nature et proportions de leurs éléments.

Contre-poison. Médicament empêchant leurs effets funestes sur les animaux.

Coque. Coquille d'un œuf — se dit aussi de l'enveloppe des graines des légumineuses et des crucifères.

Corne. Matière des cornes, des ongles, et des sabots des animaux.

Cornues. Vases en verre ou en grès employés par les chimistes.

Corps gras. Graisses, beurres et huiles.

Cosse. Gousse des légumineuses et silique des crucifères.

Côtes. Os de la poitrine.

Couche arable. Couche de terre attaquable par la charrue.

Coup de fouet. Action des engrais qui raniment promptement la végétation.

Coup de herse. Opération du hersage.

Coupes des prairies. Récoltes de ces plantes — 1re coupe, 2e coupe d'une année.

Coupe-racines. Instrument pour couper les racines et les tubercules.

Couper un animal — le castrer.

Couronne des dents. Partie dépassant la gencive.

Cours des denrées. Leur valeur au marché.

Coutre. Partie d'une charrue — espèce de couteau placé en avant du soc.

Couver. Se dit des oiseaux restant sur leurs œufs.

Craieux. Contenant de la craie.

Création d'un pré. Etablissement d'un pré sur un nouveau terrain.

Crible. Instrument pour nettoyer les grains. Peau percée de trous.

Croissance d'un animal. Epoque de son développement.

Crucifère. Famille botanique des choux, des navets, du colza, etc.

Cueillette. Récolte des fruits, des graines et de tout produit se prenant à la main.

Cuir. Peau tannée — employée pour faire les harnais.

Culture. Opération faite pour obtenir des produits utiles.

Culture des terres. Travail des terres.

Culture des plantes. Soins donnés pour leur végétation.

Culture (grande.) Exploitation d'une grande étendue de terres arables.

Culture (petite.) Petite exploitation.

Culture améliorante. Rendant la terre plus fertile.

Culture épuisante. Rendant la terre moins fertile.

Culture extensive. Avec peu d'engrais pour l'étendue cultivée.

Culture intensive. Avec beaucoup d'engrais et de soins pour chaque partie.

Culture rationnelle. Basée sur la nature des terres et sur les besoins particuliers des plantes.

Curage — nettoyage. Ex. : curage des étables, bergeries, écuries, etc. ; — curage des puits, mares, étangs, fossés, etc.

Cuscute. Plante parasite des prés.

Cutanée. Se rapportant à la peau.

Cuves. Grands tonneaux ouverts pour recevoir l'eau ou laver le linge.

D

Débilitant. Affaiblissant le tempérament.

Déboisement. Opérations pour enlever le bois d'un terrain qu'on veut mettre en culture.

Débris des tissus. Résidus des organes renouvelés par le sang.

Décantation. Séparation d'un liquide du dépôt qui s'y est formé ; elle se fait très-bien au moyen du siphon.

Décoction. Résultat de l'action de l'eau bouillante sur une matière organique.

Décolletage d'une racine. Enlèvement du collet, partie supérieure portant les feuilles.

Décomposition chimique. Séparation des éléments d'un corps composé.

Défenses. Dents du porc sortant de la gueule.

Défoncement d'une terre ; labour profond attaquant le sous-sol.

Défrichement. Destruction d'une lande, d'un bois ou d'une prairie, pour mettre la terre en culture.

Degrés. Mesures.

Degrés de chaleur. Mesure de la température.

Degrés alcoométriques. Mesure de la proportion d'alcool d'un corps.

Déjections. Excréments des animaux.

Délayer. Etendre un corps dans l'eau.

Délétères. Adj. gaz agissant sur le système nerveux et pouvant donner la mort.

Délier (se). Tomber en poussière. Se dit par ex. de la marne pulvérisée sous l'influence de l'air et de la pluie.

Dépaissance. Bœufs ou moutons au pâturage.

Dépôt (chimie). Précipité déposé au fond d'un liquide. — (Géologie) couche de sédiments formée dans la terre.

Dépresser (Culture.) Enlever les plants trop rapprochés.

Déraciner. Enlever les racines restées en terre. Ex. : déraciner une bruyère, une luzernière.

Dérobé. Récoltes dérobées. Plantes cultivées après une récolte principale, dans la même année.

Déroquer. Défricher ; se dit spécialement des prairies artificielles, des luzernière .

Désherber. Enlever les herbes parasites d'une plante cultivée.

Désinfecter. Détruire les gaz, vapeurs ou exhalaisons infectes.

Dessication Opération de chimie pour enlever complètement l'eau d'un corps.

Dextrine. Produit chimique dérivé de la fécule.

Diarrhée. Maladie intestinale déterminant des évacuations abondantes.

Didactique. Propre à l'enseignement.

Digestif. Pouvant être digéré.

Digestif (système ou *appareil).* Organes de la digestion.

Discrétion. A discrétion, tant qu'on en veut, se dit des aliments donnés, en excès, au bétail.

Dise te (a). Variété de betteraves.

Dissolution. Liquide contenant un corps dissous ; ex. eau surrée.

Dissoudre. Faire une dissolution, de sucre dans l'eau, par exemple.

Distilleries. Usines où on distille.

Distilleries agricoles. Usines où on extrait l'alcool des grains, des betteraves, etc.

Distiller. Réduire un liquide en vapeurs et faire condenser ces vapeurs.

Distribution des aliments. Servir les repas du bétail.

Domestique, adj. Qui a lieu dans la maison, dans les intérieurs.

Dominateur. Se dit d'un élément dont l'influence est plus grande que celle des autres.

Dosage. Opération chimique pour déterminer la proportion exacte d'un élément dans un corps.

Dose d'un engrais. Quantité employée par hectare.

Drain. Tuyau poreux servant à l'écoulement intérieur de l'eau des terres arables.

Drainage. Opération de la pose des drains ; effet général de ce système.

Dravière. Fourrage composé d'avoine et de fèves cultivées ensemble.

Drèche. Résidu des brasseries, germe des grains d'orge.

E

Eau acidulée. Contenant un peu d'acide ; — alcaline, à réaction alcaline ; — aérée ; — contenant de l'air.

Eau-de-vie. Liqueur alcoolique.

Eaux grasses. Contenant des corps gras, comme l'eau de vaisselle.

Eaux potables. Bonnes à boire.

Ébouter un plant. Couper le bout de sa racine avant de le planter.

Écangue. Outil pour teiller le lin.

Échantillon de terre. Terre choisie comme représentant la nature d'un terrain qu'on veut soumettre à l'analyse ou à l'expérience.

Échauffant, adj. Aliment échauffant le sang ou irritant l'estomac.

Écobuage. Grillage d'une terre pour en amender les propriétés agricoles.

Économie animale. Système des fonctions de l'organisme.

Économie domestique. Administration des affaires d'intérieur.

Économie rurale. Administration des affaires d'un domaine.

Écorce. Pelure du tronc et des branches d'un arbre ou d'un arbuste.

Écrémer. Enlever la crème du lait ; ôter la meilleure partie d'un produit.

Écurie. Habitation des chevaux ; collection de chevaux d'un maître.

Effervescence. Dégagement vif d'un gaz.

Égoutter une terre. En faire sortir l'eau.

Égréner. Séparer le grain d'un épi ou d'une tige.

Élaboration (botanique). Fonction des plantes. Élaborer la sève, la rendre propre à la nutrition de la plante.

Élément. Partie essentielle d'un corps ou d'un produit ; corps simple.

Élémentaire, adj. Se rapportant aux éléments. *Composition élémentaire.* Nature et proportions des éléments d'un corps.

Élevage. Opération agricole pour élever les animaux domestiques, chevaux, bœufs, moutons, porcs, etc.

Embranchements. Groupes naturels de corps. Ex : embranchements des terres.

Enfouir. Mettre dans la terre arable.

Engrais. Matières mises dans les terres pour servir à l'alimentation des plantes cultivées.

Engrais animaux. D'origine animale.
— azotés. Contenant de l'azote.
— calcaires. A base de chaux.

Engrais chimiques. Produits chimiques employés comme engrais.

Engrais complémentaires. Ajoutés au fumier pour le compléter.

Engrais concentrés. Contenant beaucoup d'éléments fertilisants sous un petit volume.

Engrais frais. Récemment préparés.

Engrais liquides. En dissolution ou en suspension dans l'eau.

Engrais minéraux. Formés de sels.

Engrais nouveaux. Récemment employés.

Engrais organiques. D'origine animale ou végétale.

Engrais supplémentaires. Donnés en plus de la fumure ordinaire.

Engrais végétaux. Tirés des plantes.

Engraissement du bétail. Alimentation destinée à le mettre en graisse.

Ensemencer une terre. Y semer les graines de plantes cultivées.

Enterrer une semence ou un engrais. Les mettre dans la terre.

Entonnoir en verre. Servant en chimie pour filtrer les corps.

Entretien de la fertilité d'une terre. Opération pour la rendre féconde. — *Rations d'entretien.* Quantité d'aliments nécessaire pour nourrir un animal sans l'engraisser.

Épaisseur d'une terre. Profondeur de la couche labourable.

Épineux. Qui a des épines, difficile.

Épi. Partie portant les graines des céréales.

Épluchures. Résidus des légumes préparés pour l'alimentation.

Épuiser une terre. Lui enlever, par les récoltes, plus d'engrais que les fumures ne lui en restituent.

Équarrir un animal. Enlever la peau et préparer le cadavre.

Equivalents. Poids de différents corps produisant des effets semblables.

Equivalents chimiques. Poids des corps simples, des acides et des bases, qui produisent des effets chimiques semblables.

Equivalents des aliments du bétail. Poids pouvant remplacer 100 de foin.

Equivalents des engrais. Poids remplaçant 1000 k. de fumier.

Ergot. Maladie des céréales, du seigle spécialement.

Escourgeon. Espèce d'orge, semée à l'automne.

Espèce. Animaux ou plantes provenant de mêmes pères. Ex. *bovine* : taureaux vaches, etc. ; *canine* : chiens ; *chevaline* : chevaux ; *féline* : chats ; *galline* : volailles, poulets et autres ; *ovine* : béliers, brebis, montons ; *porcine* : verrats, truies et cochons.

Essences. Produits végétaux ; essence de térébenthine, produit des pins.

Essentielles. Provenant des essences.

Essieux. Barres de fer soutenant les voitures et supportées par les roues.

Estomac. Organe principal de la digestion chez les animaux.

Etable. Habitation des bœufs et des vaches.

Etanche, adj. Se dit d'un bassin ne perdant pas l'eau.

Etang. Réservoir d'eau naturelle.

Etuve. (chimie). Petit four pour dessécher les corps à la température de l'eau bouillante.

Euphorbe. Plante sauvage, parasite.

Evacuations. Déjections animales.

Excédants d'engrais. Excès de matières fertilisantes données par les fumures.

Excitants. Aliments excitant l'appétit ; — des *engrais.* Sels hâtant leur décomposition.

Excrémentitiel. Faisant partie des excréments.

Excrétions. Sécrétions inutiles au corps et destinées à en sortir.

Exhalaisons. Miasmes ou vapeurs exhalées des corps ou des matières organiques.

Exhalation. Fonction des animaux.

Exploitation. Domaine cultivé par un agriculteur.

Exposition d'un terrain. Au nord ou au sud, à l'est ou à l'ouest.

Externe, adj. Extérieure.

Extirpateur. Espèce de charrue pour détruire les mauvaises herbes.

Extraction d'un corps. Opération pour le retirer du produit qui le contient.

Extraits. Corps retirés d'un produit. Extrait de campêche ; matière colorante retirée de ce bois.

F

Famille (botanique). Ensemble de plantes ayant la même organisation.

Fanes. Tiges des plantes oléagineuses et des légumineuses ayant porté graine.

Farines. Matières des graines de céréales et autres plantes féculentes.

Faucille. Petite faulx à main.

Faucher. Couper avec la faulx.

Faulx. Instrument pour couper les céréales.

Fécule. Principe des farines. *Amidon.* Fécule du blé et des céréales.

Féculentes, adj. Contenant des fécules.

Feldspaths (minéraux). Silicates alumineux.

Fenaison. Opérations pour faire faner les foins et les récolter.

Ferrugineux. Contenant du fer.

Ferments. Agents des fermentations ; espèces de plantes microscopiques.

Fermentation. Décomposition sous l'influence des ferments.

Fermentation sucrée. Fermentation dont le produit est du sucre.

Fermentation alcoolique. Fermentation dont le produit est de l'alcool.

Fermentation acide. Fermentation dont le produit est un acide.

Fermentation putride. Fermentation dont le produit engendre des gaz infects.

Fermenté, adj. Produit contenant des ferments ou provenant de fermentation ; *boissons fermentées*: vin, bière, cidre.

Fermentescible, adj. Matières contribuant à la fermentation.

Fertilisation. Action de rendre une terre plus fertile, par les amendements, par les engrais, etc.

Fétide, adj. Odeur fétide, engendrée par la putréfaction.

Feuillard. Feuilles d'arbres données en nourriture au bétail ou mises en compost.

Feuilles alimentaires. Servant à la nourriture comme celles de choux et de betteraves.

Feuillet. Partie de l'estomac des ruminants.

Féverolles. Plantes agricoles de la famille des légumineuses.

Fèves. Plantes légumineuses.

Fibres. Filaments de la chair.

Fibres végétales. Filaments organiques des plantes ; abondants dans les bois.

Fibreux. Qui contient des fibres.

Fibrine. Matière des fibres de la chair.

Filasse. Fibres textiles retirées du chanvre ou du lin.

Filtrer (chimie). Séparer un liquide du solide qu'il tient en suspension.

Filtre. Corps poreux servant à filtrer.

Filtre (*papier à.*) Sans colle, perméable, servant à filtrer.

Fléau. Instrument pour battre les récoltes.

Fleur. Partie des plantes où se forme la

graine; *plante en fleur* dans la saison où elle porte des fleurs.

Florin. Débris de foins produits par le battage.

Fœtus. Jeune, dans le ventre de la mère.

Foie. Viscère sécrétant la bile.

Foin. Produit des prairies fanées.

Foin vert. Prairie verte donnée en pâture.

Foin normal. Foin de pré pris comme terme de comparaison pour estimer la valeur des aliments du bétail.

Foncière. Tenant au fonds de la terre. Ex.: *Richesse foncière* en engrais.

Fonctions. Actes de la vie accomplis par les organes d'un animal ou d'une plante.

Fonds d'une terre. Sa valeur naturelle en agriculture..

Fonds de terre. Domaine exploité dans son ensemble.

Force musculaire. Force qu'un animal doit à ses muscles et qu'il emploie pour mouvoir les corps.

Force vitale. Par laquelle le corps accomplit ses fonctions organiques.

Fosse à purin. Réservoir étanche où le purin est réuni et conservé.

Fossiles. Restes d'animaux ou de végétaux d'un autre âge géologique, conservés dans la terre.

Fourche. Instrument agricole à deux ou trois dents.

Fourrage. Foins, paille ou fanes donnés en nourriture au bétail.

Fourrage-racine. Racine ou tubercule servant à l'alimentation du bétail.

Franche. Terre franche, qui n'a pas de défaut naturel.

Friche. Herbes parasites, sans valeur.

Froid, adj. Terres froides, peu actives dans la décomposition des engrais.

Fromages. Produits des laiteries.

Froment. Espèce de blé cultivé en grand.

Fumer une terre. Y mettre des engrais, fumier ou autres.

Fumiers. Engrais faits avec les litières du bétail.

Fumier gras. Riche en déjections.

Fumier fait. Fermenté, bon à employer.

Fumier long. Se tenant sans se dépecer.

Fumier court. Se divisant en petits morceaux.

Fumeterre. Espèce de plante nuisible.

Fumure. Opération agricole; engrais. *demi-fumure,* moitié de la dose ordinaire de l'engrais.

G

Gadoue. Engrais; déjections de l'homme étendues d'eau et fermentées.

Galles. Noix de Galles, excroissances formées sur les chênes.

Galline. Espèce galline: poules, canards, oies et autres volailles.

Gangrène. Maladie — décomposition locale des chairs; pourriture des organes.

Garance. Plante agricole; couleur.

Gâté, adj. Décomposé; se dit des fruits, racines, foins et autres aliments.

Gâteau. Pâte non levée, cuite au beurre. Ex.: gâteaux de maïs, de sarrasin.

Gaz. Corps au même état que l'air.

Gaz asphyxiants. Gaz ne pouvant servir à la respiration.

Gaz délétères. Gaz empoisonnant par leur action sur le système nerveux.

Gaz putrides. Gaz infects, provenant de matières en putréfaction.

Gaz pestilentiels. Gaz apportant des germes de peste.

Gaz combustibles. Gaz pouvant brûler dans l'air, comme le gaz d'éclairage.

Gaz comburants. Gaz faisant brûler les corps comme l'air.

Gélatine. Produit de l'action de l'eau bouillante sur le tissu cellulaire des animaux.

Génisse. Jeune vache.

Gentiane. Plante de médecine.

Genre (botanique). Groupe d'espèces semblables.

Gerbées. Paille de seigle préparée pour faire les liens des gerbes.

Gerbes. Bottes de céréales avec les épis.

Germe. Partie des graines donnant naissance à la plante en se développant.

Germination. Actes du développement du germe.

Gésier. Estomac musculeux des oiseaux.

Glaise. Terre argileuse plastique dont on fait les briques.

Glaiseux. Formé de glaise.

Glaner. Récolter les épis perdus — se dit aussi des moutons pâturant dans les champs après les récoltes.

Globe jaune. Variété de betterave.

Globe terrestre. La terre tout entière.

Globules de graisse. État d'un corps gras en suspension dans un liquide Ex.: Globules du beurre dans le lait.

Globules du sang. Partie solide du sang.

Glucose. Sucre de fécules fermentées.

Gluten. Principe azoté des farines.

Glutine. Principe du gluten.

Gommes. Produits de certaines plantes délayables dans l'eau.

Gomme élastique. Caoutchouc.

Gomme gutte. Espèce de résine; couleur de peinture.

Gorets. Petits du porc.

Gousse. Enveloppe des graines des légumineuses. Ex.: Gousse de pois, de haricots.

Goutte. Maladie de l'homme.

Graine. Partie des plantes — servant à les reproduire.

Grains. Graines des céréales, terme commercial.

Graisses. Corps gras solides.

Grange. Lieu où les récoltes sont serrées.

Gravelle. Maladie de la vessie.

Gravier. Sable grossier.

Grillage (chimie). Chauffage d'un corps à l'air pour en brûler la partie combustible. Grillage des porcs.

Guéret. Terre labourée et non ensemencée.

Gueretage, ou *guertage.* Labour après une récolte, pour mettre la terre en guéret.

H

Hache-pailles. Instrument pour couper les pailles.

Hâtif. (adj.) Plante mûre de bonne heure.

Hémorrhagie. Perte de sang.

Herbes parasites. Vivant aux dépens des plantes cultivées.

Herbes mauvaises pour le bétail.

Herbes bonnes à pâturer.

Herbivores. (adj.) Animaux se nourrissant spécialement d'herbes.

Herse. Instrument agricole.

Herser. Faire passer la herse sur les champs.

Hivernage. Labour fait avant l'hiver — foin composé de vesce et de seigle.

Houes. Instruments à main ou à cheval pour détruire les herbes, pour labourer entre les vignes, etc.

Huiles. Corps gras liquides.

Huiles essentielles. Essences.

Humidité. Qualité agricole des terres — propriété de retenir l'eau de pluie.

Humifère (adj.) Etat des terres possédant du terreau propre à être transformé en humus.

Humus. Produit de la décomposition du terreau et des engrais organiques.

Hydraulique (chaux.) Propre aux constructions sous l'eau.

Hydrogène. Corps simple — un des éléments de l'eau.

Hydro-carboné. (ad.) Composé d'hydrogène et de carbone.

Hygiénique (adj.) Propre à entretenir la santé.

I

Igname. Plante à tubercules alimentaires.

Immédiats. Voyez principes immédiats.

Imperméable. Se dit d'une terre que l'air et l'eau ne peuvent pénétrer.

Incisives. Dents de devant des mâchoires.

Inculte. Se dit d'une terre non cultivée.

Indigo. Matière colorante de l'indigotier.

Inerte. Sans activité. — *Engrais inerte.* Qui ne fournit pas de produits utiles aux plantes.

Infiltration. Pénétration de l'eau dans les matières terreuses.

Inflammation. Irritation nerveuse des organes.

Insalivation. Fonction de la digestion. — mélange de la salive avec les aliments.

Insalubre. Se dit des terres contenant des gaz nuisibles à la végétation. — *Air insalubre.* Mauvais pour la respiration.

Insectes. Classe d'animaux. — *Insectes nuisibles.* — Attaquant les récoltes.

Insectivores. Animaux se nourrissant d'insectes.

Insolubles (chimie). Corps ne se dissolvant pas dans l'eau ou un autre liquide.

Intempéries. Circonstances atmosphériques contraires aux biens de la terre.

Intensité. Degré d'action ou de force.
     — de la chaleur. Degré de la température.
     — de la lumière. Degré des effets lumineux.

Interne (adj.) A l'intérieur du corps.

Intestinal. Qui est dans les intestins.

Intestins. Boyaux, organes de la digestion.

Irrigation. Système de circulation de l'eau dans les terres cultivées.

Issues des animaux. Résidus des boucheries et des abattoirs.

J

Jabot. Poche des oiseaux, sous la gorge, où les aliments sont en réserve.

Jambons. Morceaux de porc préparés et conservés à la fumée.

Jachères. Terres laissées sans culture.

Jarret. Partie inférieure de la jambe.

Javelle. Partie d'une gerbe non liée.

Joug. Pièce de bois servant à atteler les bœufs.

Journée d'ouvrier. Salaire ; durée du travail.

Jus de fumier. Liquide qui s'y forme.

L

Labour. Division de la terre à la charrue, à la houe ou à la bêche.

Labour profond. A plus de 20 centimètres de profondeur.

Labour ordinaire. De 12 à 20 cent.

Labour superficiel. A moins de 12 cent.

Labour à demeure. Le dernier avant de semer.

Laineux. Ayant la forme de la laine.

Laiteux. Du lait, ayant la nature du lait.

Lait de chaux. Chaux délayée dans beaucoup d'eau.

Landes. Terres incultes, abandonnées aux plantes sauvages.

Lard. Graisse de porc formée sous la peau.

Larve. Ver qui deviendra insecte; Ex.: *Larves de hanneton,* vers blancs.

Lavage des terres. Pluies abondantes entraînant les produits utiles des engrais.

Lavage des foins. Pour ôter la poussière.

Laxatifs. Matières favorisant l'évacuation intestinale.

Légumes. Fruits d'une famille de plantes, haricots, pois, fèves, lentilles, etc., aliments végétaux.

Légumine. Principe immédiat des légumes, analogue à l'albumine.

Légumineuses. Famille des plantes ayant pour fruits des légumes.

Lentilles. Graine de la plante de ce nom.

Lessive. Eau qui a passé sur les cendres et en a dissous les sels solubles.

Lévigation. Lavage des terres pour séparer l'argile du sable.

Liens. Paille apprêtée pour lier les gerbes.

Ligne de plantes. Ex. : semer en ligne ; mettre en ligne les plantes coupées.

Ligneux. Matière incrustante des fibres du bois.

Lignine. Principe du ligneux.

Limon. Espèce de terre arable ; dépôt formé au fond des étangs.

Lin. Plante textile ; ses fibres.

Liqueur titrée. Liquide contenant un composé chimique en proportions connues.

Litière. Paille mise sous les animaux.

Lizier. Déjections du bétail étendues d'eau.

Looms. Nom anglais des limons.

Longe. Corde ou lanière pour attacher ou tenir les chevaux.

Lumineux. De lumière. Ciel lumineux ; où le soleil brille.

Lupuline. Espèce de luzerne ; minett.

Lutte. Saillie des brebis.

Luzernière. Champ de luzerne.

M

Macération. État d'une matière se désagrégeant dans un liquide.

Machine. Instrument formé de l'assemblage de plusieurs pièces et outils.

Machine à battre les grains.

Mâchoires. Appareil portant des dents ; outils servant à saisir les objets.

Madia. Plante à graines oléagineuses.

Magnésie. Base chimique voisine de la chaux ; contre-poison des acides.

Maïs. Espèce de céréale ; ses graines.

Manège. Attelage de chevaux pour mouvoir une machine.

Marc de raisin. Résidu de la presse à vin.

Marécage. Terrain couvert d'eau, où végètent des plantes naturelles.

Mares. Réservoirs où s'accumulent les eaux de pluie.

Margarine. Principe des corps gras.

Marnage. Opération agricole pour amender une terre avec la marne.

Marne. Amendement des terres, riche en calcaire pulvérulent.

Mastication. Action de broyer les aliments dans la bouche en les insalivant.

Matière. Substance pesante des êtres du globe, terme quelquefois mis pour produits (voyez ce mot).

Matières azotées. Contenant de l'azote.
— *animales.* Provenant des animaux.
— *carbonées.* Où le carbone domine.

Matières organiques. Provenant des animaux ou des plantes.

Matières minérales. Formées de minéraux.
— *végétales.* Provenant des plantes.

Matières colorantes. Servant dans l'industrie à colorer les corps.

Maturité. État où les plantes sont bonnes à récolter.

Mauvaises herbes. Plantes nuisibles aux plantes cultivées.

Médicaments. Remèdes pour l'homme ou les animaux.

Membranes. Tissus cellulaires du corps ;

Membranes muqueuses, sécrétant des liquides intérieurs.

Membranes séreuses, enveloppant les organes, cœur, poumons, etc.

Menus-grains. Grains de qualité inférieure ou d'importance secondaire.

Mérinos. Variétés de moutons à laine courte et serrée.

Merl. Sable de mer servant à l'amendement des terres.

Méteil. Seigle et froment cultivés ensemble.

Météorisation. Gonflement de la panse des animaux à la suite de pâturages.

Météorologie. Science des phénomènes atmosphériques.

Méthode. Manière raisonnée d'étudier les faits naturels ou de pratiquer des opérations en vue d'un but à atteindre.

Meuble. Terre meuble. Qui se divise ou se pulvérise facilement.

Meule. Pile de foin, de gerbes, ou de bottes entassées.

Millet. Espèce de plante ; sa graine.

Minéraux. Corps contenus dans la terre, non doués de vie.

Minette. Lupuline, espèce de luzerne.

Molaires. Dents à couronne plate, du fond de la bouche.

Morphine. Alcaloïde du jus de pavot ; de l'opium ; du laudanum.

Mortier. Ustensile de chimie pour pulvériser les corps.

Mottes. Fragments de terre durcie soulevés par la charrue.

Mousses. Espèces d'herbes sèches croissant dans les landes et au pied des arbres.

Moutarde. Plante fourragère ; sa graine.

Mouton. Bétail ; bélier castré ; s'emploie aussi pour désigner l'espèce ovine, béliers et brebis.

Mouture. Orge et blé cultivés ensemble ; leurs grains envoyés au moulin.

Moyettes. Tas de gerbes disposés pour faire sécher les plantes.

Mucilage. Décoction de matières végétales, épaisse et gommeuse.

Mulot. Rat des champs.

Muqueuse. Peau intérieure de la bouche, du tube intestinal, du nez, des oreilles et des yeux.

Mûrir. Se dit des labours dont la terre soulevée subit l'influence de l'air.

Munition. Provision ; *pain de munition,* pain de soldats.

Muscles. Chair vivante ; organes moteurs des membres.

Musculeux. Des muscles ; vigoureux.

N

Nature des corps (chimie). Éléments dont ils sont formés.

Navets. Plantes à racine alimentaire.

Navette. Plante oléagineuse.

Nielle. Maladie des céréales.

Nitrates. Sels de l'acide nitrique ou azotique (voyez azotates).

Nitrification. Transformation des matières organiques azotées en nitrates.

Nivellement. Opération mathématique ; détermination des différences de hauteur de la surface d'un terrain.

Noir animal. Résidu de la calcination des os, employé à raffiner le sucre.

Noirs. Noir animal des raffineries utilisé en agriculture.

Noix de Galles. Excroissance des chênes fournissant de l'acide tannique.

Nutrition. Fonction des animaux et des plantes ; renouvellement de leurs tissus.

O

Œillette. Espèce de pavot. *Huile d'œillette.* Extraite des graines de ce pavot.

Œsophage. Canal conduisant les aliments de la bouche à l'estomac.

Oignons. Organe charnu, comestible.

Oisons. Javelles d'avoine.

O. éagineux. Renfermant de l'huile.

Oléine. Principe immédiat des corps gras.

Ombellifères. Famille des carottes, du persil et des autres plantes qui ont leurs fleurs en ombelles.

Omnivores. Animaux se nourrissant de matières animales et végétales à la fois.

Oreille. Partie de la charrue renversant la terre.

Organes. Parties d'un animal ou d'une plante chargées d'une fonction nécessaire à la vie.

Organique, adj. Des organes ; produit par un organe. *Chimie organique,* étude des produits des organes.

Organisation d'un travail. Dispositions prises et opérations faites pour le faire méthodiquement.

Orge. Céréale ; ses graines.

Oseille. Plante de jardin ; ses feuilles.

Osseux. Des os ; où les os abondent.

Ovine. Des moutons. *Espèce ovine,* espèce des moutons, brebis et béliers.

Oxalates. Sels de l'acide oxalique. *Oxalate d'ammoniaque,* composé d'acide oxalique et d'ammoniaque. *Oxalate de chaux,* composé d'acide oxalique et de chaux.

Oxydant, ad. Corps qui peut fournir de l'oxygène aux autres.

Oxydation. Action d'oxyder un corps.

Oxydes. Composés de l'oxygène avec les autres corps. Ex. : oxyde de fer, composé d'oxygène et de fer.

Oxyde basique. Oxyde qui peut s'unir à un acide pour former un sel.

Oxydes terreux. Bases des sels qui forment les terres. Ex. : alumine de l'argile, chaux du calcaire.

Oxyder un corps. Lui fournir de l'oxygène pour le transformer en oxyde.

Oxygène. Élément de l'air qui fait respirer les animaux, brûler les corps, rouiller les métaux.

P

Paille. Tige des céréales. — *Longuepaille.* La tige entière. — *Menue paille* Débris de la tige, balles.

Paître. Manger dans les champs.

Panais. Espèce de plante voisine de la carotte.

Pancréas. Viscère voisin de l'estomac.

Pancréatique. Suc pancréatique. Liquide fourni à la digestion par le pancréas.

Panse. Partie la plus volumineuse de l'estomac des ruminants.

Pansement. Soins de propreté donnés aux animaux, aux chevaux surtout.

Papavéracées. Famille des pavots.

Papier de tournesol. Papier imprégné de la couleur bleue du tournesol. *Papier rouge.* Le même, rougi par l'action d'un acide.

Paralysé. Ne pouvant plus agir.

Parc. Enceinte où séjournent les moutons, dans les champs.

Parcage. Opération agricole ; faire parquer les bestiaux.

Parquer. Faire séjourner les moutons aux champs pour fumer le terrain.

Patate. Espèce de plante analogue à la pomme de terre.

Pâte. Farine pétrie avec l'eau ; argile pétrie dans la main.

Pâture. Nourriture donnée au bétail.

Pâturage. Champ de prairies ou herbes bonnes à pâturer.

Pâturer. Paître sur un pâturage.

Pauvre. Manquant du nécessaire ; se dit des terres qui n'ont pas assez d'engrais naturels.

Peigner. Se dit du chanvre et du lin pour en extraire les fibres textiles.

Pelletage. Opération agricole ; changer de place un tas de grain en le remuant à la pelle.

Pente. Inclinaison de la surface du sol.

Perméable. Se dit d'une terre quand l'air, l'eau et la chaleur peuvent y pénétrer.

Pertes d'un corps. Matières qui en sortent. Ex. : *perte d'engrais* d'un sol.

Phénomène. Fait scientifique caractérisé et déterminé (en physique, en chimie ou en histoire naturelle).

Phosphates. Sels de l'acide phosphorique. Ex. : *phosphate de chaux,* composé d'acide phosphorique et de chaux ; *phosphate de fer,* composé d'acide phosphorique et d'un oxyde de fer, etc.

Phosphore. Corps simple ; élément des os, des urines, de la matière nerveuse.

Physiologie. Etude des fonctions vitales des animaux et des plantes.

Physique. Etude des agents naturels, pesanteur, chaleur, électricité, magnétisme, son et lumière. — Adj. Se dit des faits étudiés par la physique.

Pied d'une plante. Partie de la tige tenant à la terre.

Pierre. Fragments assez volumineux des corps solides.

Pierre calcaire. Pierre composée de sels de chaux.

Piétin. Maladie du pied des bestiaux.

Pioche. Outil pour fouiller le sol.

Pipette. Instrument de chimie pour prendre un volume déterminé de liquide.

Pisciculture. Élevage des poissons.

Place dans la rotation. Se dit des plantes qui se succèdent sur le même terrain, à tour de rôle.

Planches de terre. Bandes bombées séparées par des sillons.

Planter. Mettre en terre des jeunes plantes.

Plants. Jeunes pousses destinées à être plantées.

Plantoir. Instrument pour planter.

Plastique. Qui peut se pétrir et prendre forme sous les doigts.

Platine. Métal dont on fait des capsules et des creusets à l'usage des chimistes.

Plâtras. Débris de plâtres, de démolition, employés comme engrais.

Plomber. Tasser la terre par des roulages.

Pois. Plante légumineuse. — *Pois de mars.* Semés en mars. — *Pois de mai.* Semés en mai.

Poison. Corps capable de donner la mort. — *Contre-poison,* remède contre les poisons.

Polygonées. Famille botanique du sarrasin.

Pommes de terre. Plante ; ses tubercules.

Pompe à purin, pompe construite pour monter le purin de la fosse.

Porcelet. Jeune porc.

Porcine. Du porc ; espèce porcine.

Portée. Durée de la gestation des femelles ; nombre de leurs petits.

Porte-graine. Plantes réservées pour donner de la graine.

Position (topographie). Rapport de position d'un terrain avec les terrains voisins, ou de sa pente avec le soleil.

Potable. Bon à boire. Ex. : *eau potable.*

Potasse (chimie). Base alcaline des cendres de bois, du salpêtre, etc.

Potasse caustique. Potasse non combinée à un acide.

Potasse ordinaire. Potasse combinée à l'acide carbonique.

Poudrette. Engrais préparé avec des déjections de l'homme ou des débris d'animaux.

Poulailler. Habitation des poules.

Poulain. Jeune cheval.

Poulaitte. Déjections des poules.

Pouliner. Faire un poulain (jument).

Poumons. Organe de la respiration remplissant la poitrine.

Pourriture. Décomposition spontanée engendrant des gaz putrides ; maladie du bétail.

Pousses. Jeunes plantes sortant de terre.

Poussier. Débris de plantes en poussière.

Poussins. Petits de la poule.

Prairies. Plantes cultivées pour donner des foins et des pâtures.

Prairie annuelle. Durant un an.

Prairie permanente. Durant plus d'un an.

Prairies artificielles. Luzerne, trèfle, sainfoin, etc.

Prairies naturelles. Près persistants.

Pratique (Adj.) — praticable ; usuel.
Expérience pratique. Savoir acquis en pratiquant.
Résultats pratiques. Obtenus dans une opération agricole ou autre.

Praticien. Opposé à théoricien ; *agriculteur praticien,* qui cultive lui-même sa terre.

Précipité (chimie). Corps solide naissant dans un liquide par la réaction chimique d'un autre liquide ou d'un gaz.

Préparations. Opérations chimiques pour obtenir les corps qu'on veut étudier.

Presse. Machine à comprimer les produits pour en faire sortir les liquides.

Principes (science). Lois servant de base au raisonnement ; faits fondamentaux d'où dépendent d'autres faits.

Principes immédiats. (chimie organique). — Composés définis qui se trouvent dans les produits des organes des animaux et des plantes.

Principes acides. Ayant les propriétés des acides.

Principes albuminoïdes. Semblables à l'albumine.

Principes alcalins. Ayant les propriétés des alcalis.

Principes azotés. Contenant de l'azote.

Principes gras. Principes des corps gras.

Principes hydro-carbonés. Formés d'hydrogène et de carbone.

Procédés d'analyse. Opérations et dispositions pour faire une analyse.

Procédés de culture. Opérations disposées pour cultiver des plantes.

Produits. Matières obtenues dans l'industrie.

Produits agricoles. Obtenus par l'agriculture.

Produits animaux. Fournis par les animaux.

Produits végétaux. Fournis par les plantes.

Produits organiques. Fournis par les organes des animaux et des plantes.

Produits acides. Où dominent les acides.

Produits alcalins. Où dominent les alcalis.

Produits féculents. Où dominent les fécules.

Produits sucrés. Où domine le sucre, etc.

Produits chimiques. Corps obtenus par la chimie.

Produits minéraux. Corps inertes extraits de la terre.

Profondeur d'un labour. Profondeur à laquelle la charrue pénètre.

Proportions chimiques. Rapports de poids des éléments d'un composé chimique.

Propriétés. Qualités spéciales d'un corps.

Propriétés chimiques d'un corps. Réactions chimiques qu'il exerce sur les autres corps.

Propriétés agricoles d'une terre. Ses qualités spéciales pour la culture.

Protéine. Principe immédiat commun aux matières albuminoïdes.

Pucerons. Insectes parasites des plantes.

Puits. Trou profond creusé pour retirer de l'eau, de la marne ou toute autre matière utile à l'homme.

Pulpes. Résidus végétaux des distilleries, brasseries, féculeries, etc.

Pulvérulent. A l'état de poussière.

Purin. Jus écoulé des tas de fumier.

Putréfaction. Décomposition spontanée des produits organiques engendrant des gaz infects.

Putride. De putréfaction; *Odeur putride.* Provenant de matières en putréfaction.

Q

Qualités agricoles. Propriété des terres favorables aux plantes cultivées.

Quartz. Espèce de minéral formée de silice.

R

Races d'animaux. Variétés assez stables pour transmettre leurs caractères à leurs descendants.

Racines. Partie des plantes ramifiée dans le sol et y puisant la sève.

Racines-mères. Nées de la graine elle-même.

Racines adventives. Nées des racines ou des tiges après les racines-mères.

Racines alimentaires. Plantes dont les racines peuvent servir de nourriture.

Raffinage. Épuration d'un produit. Ex. : raffinage des cassonades de sucre.

Raffinerie. Usine de raffinage.

Raies. Sillons de la charrue; plantes en ligne.

Raies (faucher en). En étendant en ligne les plantes coupées.

Ramer une plante. Mettre des baguettes où s'attachent ses tiges; Ex. : haricots.

Ramification. Multiplication des branches ou des racines d'une plante.

Rate. Viscère placé à droite de l'estomac.

Ration. Quantité d'aliments donnée chaque jour à un animal.

Ration d'élevage. Ration de la mère ou du jeune.

Ration d'engraissement. Ration d'un animal à l'engrais.

Ration d'entretien. Pour entretenir ses forces et sa santé sans l'engraisser.

Ration de produits. Pour obtenir un produit, lait ou œufs, ou laine, etc.

Ration de travail. D'un animal qui travaille.

Rationner. Limiter la quantité de nourriture.

Raves. Espèces de plantes, leur racine.

Rayon. Distance du centre à la circonférence d'un cercle.

Réactif. Corps employé pour produire un phénomène chimique.

Réaction chimique. Phénomène d'où résulte la transformation chimique des corps.

Rechausser une plante. Remettre de la terre à son pied.

Regain. Deuxième coupe des prairies.

Régime alimentaire. Choix des aliments et des boissons; règlement des repas.

Région agricole. Étendue du territoire où les cultures sont semblables.

Reins. Organes de la sécrétion des urines.

Rendement d'une récolte. Quantité obtenue par hectare.

Repiquage. Action de transplanter les jeunes pousses d'un semis.

Reproduction du bétail. Élevage des jeunes animaux.

Reproducteurs. Animaux choisis pour perpétuer leur race.

Réservoir d'eau. Étang artificiel; mare.

Résidus de réaction chimique. Corps inutiles formés dans cette réaction.

Résines. Produits de certaines plantes; matière des vernis.

Respirable. (adj.) Se dit de l'air propre à la respiration.

Respiration. Fonction des animaux, revivification de leur sang dans les poumons.

Respiratoire. (adj.) De la respiration.

Restitution des engrais. Principe agricole : rendre à une terre, par les engrais, les éléments de fertilité enlevés par les récoltes.

Riche en engrais. (adj.) Se dit d'une terre qui contient des engrais en abondance.

Roche géologique. Couche minérale, de même nature sur une grande étendue.

Roche calcaire. Couche de calcaire.

Roche siliceuse. Où la silice domine.

Rotation des cultures. Succession des plantes sur le même terrain.

Rouille. Maladie des céréales. Oxydation des métaux à l'air.

Rouissage. Désagrégation du chanvre ou du lin dans l'eau.

Rouge. Etat physique d'un métal chauffé au feu de forge.

Rouge-blanc. Température du feu.

Rouleau. Instrument agricole.

Rouleau-irrigateur. Instrument pour rouler et arroser tout à la fois.

Roulage. Opération faite avec le rouleau, dans les terres arables.

Rumen. Partie de la panse des ruminants.

Ruminants. Animaux qui ruminent : bœufs, moutons.

Rumination. Action de ruminer.

Ruminer. Ramener les aliments de la panse dans la bouche pour les mâcher de nouveau.

Rutabaga. Variété de choux-navet.

S

Sable. Grains indélayables dans l'eau.

Sable siliceux. Grains de silice.

Sable calcaire. Grains de calcaire.

Sable feldspathique. Grains de roches primitives.

Sables consistants. Formant mottes.

Sables friables. Ne formant pas motte.

Sables noirs. Imprégnés de terreau.

Sableux. Formé de sable.

Sablo-argileux. Formé de sable et d'argile.

Sablo-calcaire. Formé de sable et de calcaire.

Sablo-humifère. Formé de sable et de terreau.

Sabot. Pied du cheval ou d'autres animaux de même genre.

Safran. Plante cultivée pour ses fleurs.

Saillir. Se dit des chevaux et des porcs.

Sain. Terre saine. Ne contenant pas de matières nuisibles à la végétation.

Saindoux. Graisse de porc apprêtée.

Sang. Liquide du corps circulant dans les vaisseaux, artères et veines.

Santé. Etat du corps au point de vue de ses fonctions.

Sapinières. Bois de pins et autres arbres verts.

Sarcloges. Opérations agricoles pour aérer et désherber les plantes en pleine végétation.

Sarclée. Plantes sarclées. Plantées en lignes et soumises au sarclage.

Sardine. Poisson. Aliment.

Sarrasin. Plante agricole cultivée pour ses graines.

Saucisse. Viande de porc enveloppée dans ses membranes séreuses.

Saucisson. Viande de porc contenue dans ses intestins.

Schiste. Argile calcinée, à l'état d'ardoise.

Sec. Terres sèches. Se desséchant rapidement. — *Aliments secs.* Légumes, fruits, etc., desséchés.

Sécrétions. Liquides retirés du sang par les organes spéciaux : foie, pancréas, reins, etc.

Sédiments. Matières des couches géologiques du globe, formées sous l'eau.

Sédiments terreux. Délayables comme la terre arable.

Seigle. Céréale ; ses graines.

Sel. (chimie) Composé d'un acide et d'une base.

Sel ammoniac. Chlorhydrate d'ammoniac, formé d'acide chlorhydrique et d'ammoniac.

Sels ammoniacaux. Sels à base d'ammoniaque et à acide quelconque.

Sels calcaires. Sels à base de chaux.

Sel marin. Sel de cuisine, retiré de la mer, composé de chlore et de sodium.

Sélection. Choix des animaux destinés à la reproduction.

Semailles. Action de semer les plantes agricoles.

Semences. Graines choisies pour être semées.

Semer à la volée. Répandre les semences en les jetant à la main.

Semer en ligne. Répandre les semences en ligne droite, à l'aide du semoir.

Semis. Plantes résultant d'une graine semée et destinées à être replantées.

Semoir. Machine à semer les grains.

Serfouette. Instrument pour désherber.

Sève. Liquide circulant dans les plantes.

Sevrage. Epoque où les petits ne se nourrissent plus du lait de la mère.

Silicates. Sels de l'acide silicique.

Silicate d'alumine. Composé d'acide silicique et d'alumine.

Silicate de potasse. Composé d'acide silicique et de potasse.

Silice. Minéral formé d'acide silicique.

Siliceux. Qui contient de la silice.

Silique. Enveloppe des graines des crucifères.

Sillon. Raie suivie par la charrue.

Syphon. Instrument pour décanter un liquide d'un vase dans un autre.

Soc. Partie de la charrue détachant et soulevant la terre.

Sodium. Métal de la soude. Elément du sel de cuisine.

Soies. Poils du porc.

Soins de culture. Opérations faites pour favoriser la végétation d'une plante agricole.

Soins hygiéniques. Donnés aux animaux pour entretenir leur santé.

Sol. Partie supérieure de la terre.

Sol arable. Partie des terres travaillée par la charrue.

Solanées. Famille botanique de la pomme de terre.

Sole. Etendue de terrain consacrée à la culture des plantes agricoles du même groupe, et recevant les différents groupes à tour de rôle chaque année.

Sologne. Contrée agricole, située entre la Loire et le Cher.

Solubilité. Propriété de pouvoir se dissoudre dans un liquide, comme le sucre dans l'eau.

Son. Résidu des farines de céréales provenant de l'écorce du grain.

Soude. Alcali formé de sodium et d'oxygène, base des savons ordinaires.

Soufre. Corps simple, partie inflammable des allumettes.

Source. Origine de l'eau d'une rivière. *Eau de source.* Eau sortant de terre.

Sous-sol. Partie d'une terre arable située sous celle que la charrue travaille.

Spathes. Paille entourant les épis de maïs.

Stabulation. Etat du bétail restant à l'étable sans pâturer dans les champs.

Statistique. Relevés numériques des produits de l'agriculture ou de l'industrie.

Stéarine. Principe chimique des graisses.

Stimulant. Se dit d'un aliment excitant l'appétit.

Stramoine. Plante vénéneuse de la famille des solanées.

Substance. Matière des corps.

Suc. Liquide des animaux et des plantes.

Suc gastrique. Sécrétion de l'estomac.

Suc pancréatique. Sécrétion du pancréas.

Suc intestinal. Sécrétion des intestins.

Suc laiteux. Sécrétion de certaines plantes.

Succulents. Se dit des mets agréables au goût.

Sucrerie. Usine d'extraction du sucre.

Sucres. Principes des plantes semblables au sucre ordinaire.

Suif. Graisse retirée des bœufs et des moutons.

Sulfates. Sels de l'acide sulfurique.

Sulfate d'ammoniaque. Composé d'acide sulfurique et d'ammoniaque.

Sulfate de baryte. Composé d'acide sulfurique et de baryte.

Sulfate de chaux. Composé d'acide sulfurique et de chaux.

Sulfate de cuivre. Composé d'acide sulfurique et d'oxyde de cuivre.

Sulfate de fer. Composé d'acide sulfurique et d'un oxyde de fer.

Sumac. Espèce de plante, riche en tannin.

Superphosphates. Sels résultant de l'action d'un acide sur les phosphates.

Support. Ustensile pour soutenir les appareils de chimie.

Suspension, corps en suspension. Qui se tiennent au milieu d'une masse liquide sans s'y déposer.

Sylviculture. Culture des forêts.

Système. Idées ou opérations adoptées dans un but déterminé.

Système cultural. Mode et procédés de culture.

T

Tabac. Plante ; son produit.

Talus. Amas de terres entourant une place réservée (la fosse à fumier par ex. pour empêcher la pluie d'y circuler.)

Tan. Ecorce de chêne pulvérisée.

Tannin. Matière active du tan.

Tannique (acide). Principe immédiat du tan.

Tardif. Se dit d'un produit agricole mûr après la saison ordinaire.

Tartre. Matière de la lie du vin.

Tas de fumier. Fumier mis en tas pour subir la fermentation.

Tassement d'un sol. Roulage pour comprimer la partie supérieure.

Taureau. Mâle de l'espèce bovine.

Teillage. Opération pour séparer les fibres textiles du chanvre ou du lin.

Teinture de tournesol. Matière colorante bleue retirée de cette plante.

Tempérament. Constitution vitale du corps d'un animal.

Température. Degré de chaleur d'un corps.

Ténacité. Propriété d'une terre de retenir les racines attachées.

Ternaire (chimie). *Composé ternaire.* Formé de trois éléments.

Terrain (agriculture). Etendue de terre limitée et caractérisée.

Terrain (géologie). Couches de sédiments du globe formées à la même époque.

Terrassement. Transport de terre.

Terreau. Matières organiques en voie de décomposition dans la terre.

Terreautage. Apport de terres riches en terreau, dans un champ cultivé.

Terres. Matières délayables dans l'eau.

Terres arables. Couches supérieures de la terre propres à la culture.

Terres fortes. Demandant beaucoup de force pour être cultivées (glaises).

Terres légères. Donnant peu de tirage (sableuses ou calcaires).

Terres franches. Saines et favorables à la culture.

Terres à blé, à luzerne, etc. Favorables à la culture de ces plantes.

Terres noires, blanches, etc. Ayant cette couleur.

Terres de bruyères. Terrain où ont longtemps végété des bruyères.

Terres de landes. Depuis longtemps incultes.

Terres de jardin. Engraissées par le jar-
dinage.

Terres glaises. Très-argileuses; plastiques, propres à faire des poteries.

Terre végétale. Terre engraissée et cultivée, propre à la végétation.

Textiles. Se dit des plantes qui fournissent
la matière des tissus : chanvre, lin, etc.

Tige. Partie des plantes.

Tinctorial. Propre à la teinture.

Tissus organiques. Trames des organes
des animaux.

Tissu cellulaire. Où dominent les cellules,
ex. (peau).

— *fibreux.* Où dominent les fibres
ex. (chair).

— *séreux.* Contenant la graisse.

— *nerveux.* Contenant la matière nerveuse.

— *osseux.* Tissu des os.

Titré. Voyez liqueurs titrées.

Toit. Habitation des porcs.

Tôle. Fer en lames ou feuilles.

Tombereau. Chariot planchéié, employé
dans les fermes.

Tonique. Fortifiant pour les organes intérieurs.

Tonne. Gros tonneau pour porter l'eau
aux champs; poids de 1000 kilogrammes.

Topinambour. Plante cultivée pour ses
tubercules et son feuillage.

Topographie. Rapport de position des
surfaces d'un vaste terrain.

Tourbe. Amas de débris de plantes à demi
décomposées.

Tourbière. Marécage contenant de la
tourbe.

Tournesol. Plante fournissant une couleur
bleue employée par les chimistes (voy. z
teinture).

Tourteau. Résidu de graines oléagineuses soumises à la presse.

Traits. Cordes ou chaînes des attelages.

Tranchées. Coliques, maladie des animaux.

Transpiration. Sécrétion de la peau ;
sueur ; gaz et vapeurs exhalés par les
poumons et par la peau.

Trèfle. Plante de prairies (légumineuse).

— *violet.* A fleurs violettes.

— *incarnat.* A fleurs rouges.

Trez. Sable de mer employé comme engrais.

Truie. Femelle du porc.

Tubes en verre, employés en chimie pour
conduire et recueillir les gaz.

Tubes entonnoirs. Terminés par un entonnoir pour verser les liquides.

Tubercule. Partie souterraine d'une tige
où s'accumulent des produits féculents.
Ex. : pomme de terre.

Turneps. Espèce de rave.

Tuyau de drainage (voyez drain).

U

Usines agricoles. Etablissements où on
retire, des produits de la terre, des matières utiles, fécules, sucre, eau-de-vie.

V

Vache laitière. Propre à donner du lait.

Vache grasse. Mise à l'engrais.

Vacher. Homme soignant les vaches.

Valeur agricole. Importance ou prix pour
l'agriculture.

Van. Instrument de nettoyage des grains.

Vannage. Séparation des pailles du grain.

Vannes. Eaux vannes ; eaux chargées
de déjections humaines.

Vapeurs. Etat gazeux des liquides.

Veau. Petit de la vache.

Végétal. Plante.

Végétation. Vie des plantes; fonctions
qu'elles accomplissent pendant leur développement.

Véler. Faire veau.

Vers. Animaux semblables au ver de terre.

Vers blancs. Larves de hanneton.

Versoir. Partie de la charrue renversant
la terre soulevée par le soc.

Vert. Aliment, prairies non fanées.

Vesce. Plante agricole, légumineuse.

— *d'hiver.* Semée avant l'hiver.

— *de printemps.* Semée au printemps.

Vessie. Organe, réservoir des urines.

Vif. Poids vif. Poids d'un animal vivant.

Vidanges. Déjections de l'homme retirées
des fosses d'aisances.

Vides. Places restant entre les plantes,
assez grandes pour recevoir d'autres
plantes.

Vin. Boisson fermentée du raisin.

Vinaigre. Vin fermenté devenu acide.

Violettes. Plante. *Sirop de violettes.* Extrait des violettes; couleur verdissant
par l'action des alcalis.

Viscères. Organes intérieurs, tels que cœur,
foie, estomac.

Viticulture. Art de cultiver la vigne.

Vitriol. Sulfate de cuivre.

Vitriolage. Préparation des semences de
blé au moyen du vitriol.

Volailles. Oiseaux de basse-cour.

Volée. Semailles à la volée. Semences
jetées à la main.

Vrilles. Excroissance des tiges, s'enrou-
lant autour des supports. Ex. vigne.

Y

Yeux. Bourgeons des plantes.

Z

Zoologie. Etude des animaux.

Zoologiste. Savant s'occupant de zoologie.

Zootechnie. Art d'élever et de soigner les
animaux.

TABLE DES CHAPITRES

PREMIÈRE PARTIE
PLANTES AGRICOLES

PREMIÈRE SECTION — TERRES ARABLES

CHAPITRE Ier

Conditions de la fertilité des terres. Fonctions de la vie souterraine des plantes. — Conditions nécessaires à l'accomplissement de ces fonctions. — Qualités essentielles des terres arables.   5

CHAPITRE II
CLASSIFICATION DES TERRES ARABLES

I. *Sol et sous-sol.* Définition des terres arables — épaisseur. *Sol.* Ses rôles dans la végétation — ses qualités agricoles. *Sous-sol.* Son influence — perméabilité des sous-sols . . .   7

II. *Éléments des terres.* Sable, argile, calcaire et terreau — leurs qualités agricoles   9

III. *Classification agricole.* Proportions des quatre éléments dans une terre parfaite — tableau de classification   11

Analyse des terres. Détermination des classes   13

CHAPITRE III
CULTURE RATIONNELLE DES TERRES DES DIVERSES CLASSES

I. *Terres franches.* Caractères spécifiques — amendements — procédés de culture   16

II. *Terres argileuses.*   —   —   16

III. *Terres argilo-sableuses.*   —   —   17

IV. *Terres argilo-calcaires.*   —   —   18

V. *Terres argilo-humifères.*   —   —   19

VI. *Terres sableuses.*   —   —   20

VII. *Terres sablo-argileuses.*   —   —   21

VIII. *Terres sablo-calcaires.*   —   —   22

IX. *Terres sablo-humifères.*   —   —   22

X. *Terres calcaires.*   —   —   23

XI. *Terres humifères.*   —   —   24

XII. *Influences secondaires.* Climat — position topographique — nature du sous-sol — état de culture   24

CHAPITRE IV
AMENDEMENTS DES TERRES ARABLES

I. *Classification.* Amendements mécaniques, physiques et chimiques   26

II. *Fossés d'assainissement.* Fossés et rigoles à ciel ouvert — effets — avantages et inconvénients   26

III. *Drainage.* Établissement — effets — avantages   27

IV. *Irrigation.* Pratique — effets — avantages 29
V. *Écobuage.* Pratique — effets 30
VI. *Amendements physiques.* Sableux — argileux — humifères —
terreautages 31
VII. *Marnage.* Marnes, nature, richesse, analyse — pratique des
marnages, leurs effets — *sables de mer* 32
VIII. *Chaulages.* Chaux : propriétés — analyse, — pratique des
chaulages — leurs effets 34
IX. *Amendements chimiques.* Plâtras — charrées — cendres . 35
X. *Phosphatages.* Phosphates, nature, analyse, emploi des phos-
phates — leurs effets — superphosphates 37

CHAPITRE V
OPÉRATIONS MÉCANIQUES DE LA CULTURE

I. *Labours.* Charrues — leurs effets — labours de défoncement,
ordinaires et superficiels 39
II. *Hersages.* Herses — hersages — effets 40
III. *Roulages.* Rouleaux — effets des roulages 41
IV. *Sarclages et binages.* Sarclage des plantes — ses effets —
binage des terres en jachères — extirpateurs 42
V. *Buttage.* Instruments — effets 43
VI. *Mise en culture des landes.* Opérations — amendements —
aménagement 43
VII. *Déboisement.* Opérations — amendement — mise en culture. 44
VIII. *Défrichement des prairies.* Mise en culture — retour en
rotation 45

SECONDE SECTION — ALIMENTATION VÉGÉTALE
CHAPITRE VI
CONDITIONS CHIMIQUES DE LA FERTILITÉ DES TERRES

I. *Agents de la végétation.* Agents de la décomposition des engrais — éléments de passage dans les plantes. 46
II. *Éléments des matières végétales.* Éléments organiques et minéraux — proportions du carbone, de l'oxygène et l'hydrogène — dosage de l'azote — dosage des acides et des bases
dans les cendres — tableau de la composition des plantes agricoles 47
III. *Éléments fournis par l'atmosphère.* Rôle des éléments de
l'air dans la végétation — composés azotés de l'atmosphère. 52
IV. *Éléments fournis par la terre.* Poids d'azote, d'acides minéraux et de bases enlevés à la terre par les récoltes — analyse
chimique des terres.
Amélioration des terres par les excédants d'engrais.
Entretien de leur fertilité par la restitution des engrais . . 55

CHAPITRE VII
ENGRAIS

I. *Fumier de ferme.* Confection des fumiers — conservation de
leurs produits utiles — composition chimique — analyse —
emploi des fumiers — insuffisance des fumiers de ferme — engrais complémentaires et supplémentaires 58

II. *Engrais d'origine animale.* Déjections de l'homme et du bétail poudrettes — gadoue — guanos naturels et artificiels et emploi de ces engrais   61
III. *Engrais d'origine végétale.* Litières — composts — engrais verts — résidus industriels. . . . . - .   62
IV. *Engrais minéraux.* Sels d'origine organique — phosphates — cendres. — *Engrais chimiques.* Sels ammoniacaux — nitrates — sels de potasse, de chaux, de magnésie, etc. *Emploi exclusif des engrais chimiques* — ses inconvénients — rôle spécial des engrais d'origine minérale   63
Tableau des équivalents des engrais   68

CHAPITRE VIII
ROLE DES ENGRAIS DANS LES TERRES ARABLES

I. *Principes organiques des engrais.* Décomposition de ces principes par la nitrification et par les fermentations   70
II. *Première phase.* Fermentation alcaline et sucrée   70
III. *Deuxième phase.* Fermentation alcoolique.   71
IV. *Troisième phase.* Fermentation acide   71
V. *Quatrième phase.* Putréfaction — son influence funeste . .   72
VI. *Produits des décompositions.* Gaz de l'atmosphère souterraine — humus — composition et rôle — Terreau — ses éléments.   73
VII. *Conservation des produits utiles.* Gaz et vapeurs — sels alcalins — phosphates — éléments du terreau   75
VIII. *Conclusions.* Préparation des terres arables pour y favoriser la végétation — assainissement — amendements — aération — fumures.   76

TROISIÈME SECTION
CULTURE DES PRINCIPALES ESPÈCES DE PLANTES AGRICOLES

CHAPITRE IX
CÉRÉALES

I. *Froment.* Labours — fumures — semailles — maladies — soins pendant la végétation — récolte — rendements — produits — leurs usages.   77
II. *Seigle et méteil.* —   82
III. *Escourgeon ou orge d'hiver.* —   83
IV. *Orge de printemps.* —   83
V. *Avoine.* —   85
VI. *Maïs.* —   86
VII. *Sarrasin.* . —   88

CHAPITRE X
LÉGUMINEUSES A GRAINE

I. *Féveroles.* Labours — fumures — semailles — récolte — rendements — produits   90
II. *Haricots* —   91
III. *Pois.* —   91
IV. *Lentilles.* . —   92

CHAPITRE XI
PRAIRIES ET PATURAGES

I. *Prés.* Création — soins — fumures — récolte — rendement —
   produits   93
II. *Luzerne.* Plantation.   —   94
III. *Sainfoin.*   —   96
IV. *Trèfle.*   —   97
V. *Pâturages annuels.* Seigle — maïs — trèfles incarnats —
   trèfle violet — sainfoin — lupuline — vesces et pois — moutarde   98

CHAPITRE XII
FOURRAGES RACINES

I. *Betteraves.* Labours, fumures, semailles, sarclage, récolte,
   rendements, produits.   102
II. *Carottes.*   —   104
III. *Navets, choux-navets et raves.*   —   105
IV. *Choux.*   —   106
V. *Pommes de terre.*   —   107
VI. *Topinambours.*   —   109

CHAPITRE XIII
PLANTES INDUSTRIELLES

I. *Colza.* Labours, fumures, semailles, sarclages, récolte, ren-
   dements, produits   110
II. *Chanvre.*   —   Teillage du chanvre.   112
III. *Lin.*   —   Teillage du lin. . .   114
CHAMP D'EXPÉRIENCES DES ÉCOLES PRIMAIRES RURALES   115

CHAPITRE XIV
ROTATION DES CULTURES ET ASSOLEMENTS

I. *Aménagement d'un domaine.* Emplacements des étangs, des
   bois, des vignes, des prés, et des plantes agricoles   117
II. *Principe de l'alternance.* Alternance des espèces, des familles
   botaniques et des groupes de plantes agricoles.   118
III. *Rotation des cultures.* Rotations triennale, quadriennale, et
   autres — Exemples   120
IV. *Assolements.* Influences à satisfaire dans la composition des
   soles. — Cadre d'assolement quadriennal — Equilibre des
   cultures dans cet assolement.   123
V. *Equilibre des fumures* dans l'assolement quadriennal —
   nécessité des engrais complémentaires du fumier de la ferme.   127

SECONDE PARTIE
LES ANIMAUX DE LA FERME

PREMIÈRE SECTION — RÈGLES DE L'ALIMENTATION DU BÉTAIL

CHAPITRE XV
ALIMENTS DU BÉTAIL

I. *Principes immédiats des animaux.* Pertes du corps par l'exhalation et par les sécrétions.   128

II. *Classification des principes alimentaires.* Plastiques — respiratoires — gras — salins. 130
III. *Produits végétaux.* Leurs principes plastiques — respiratoires — gras — minéraux — toniques — inertes — nuisibles. 132
IV. *Alimentation des animaux.* Rapport de poids des principes respiratoires aux principes plastiques 136
V. *Équivalents des aliments.* Comparaison au foin de pré. Tableau des équivalents. 137
VI. *Composition des rations.* D'après les équivalents — choix des aliments 139

CHAPITRE XVI
PRÉPARATION ET DISTRIBUTION DES ALIMENTS

I. *Influence du volume, de l'état et de la forme des aliments.* Moyens pratiques de remédier aux inconvénients qu'ils présentent 145
II. *Condiments.* Rafraîchissants — astringents — toniques — excitants — influence du sel sur l'alimentation du bétail . . 147
III. *Boissons.* Eaux de puits, de rivières, d'étangs, de mares, de pluie, de sources — distribution des boissons 149
IV. *Repas du bétail.* Distribution des aliments — repos pendant les repas 151
V. *Variété des aliments.* Son utilité — changements de régime. 152

CHAPITRE XVII
RATIONS ALIMENTAIRES DU BÉTAIL

I. *Rations de diverses espèces.* Méthodes théorique et expérimentale pour déterminer les rations. 152
II. *Rations d'entretien.* Coëfficients de ration — leur variation avec l'espèce et avec le poids des animaux 154

SECONDE SECTION — RÉGIME ALIMENTAIRE DU BÉTAIL

CHAPITRE XVIII
ESPÈCE CHEVALINE

I. *Système digestif du cheval.* Ses aliments naturels 161
II. *Régime des chevaux.* Soins hygiéniques, pansement — produits 163
III. *Elevage.* Soins à donner aux juments et aux poulains. . . . 165

CHAPITRE XIX
ESPÈCE BOVINE

I *Système digestif du bœuf.* Rumination—aliments naturels. . 145
II. *Régime des bœufs.* Soins hygiéniques—produits. 168
III. *Elevage.* Alimentation des veaux. 170
IV. *Engraissement.* Rations d'engraissement—soins hygiéniques. 171

CHAPITRE XX
ESPÈCE OVINE

I. *Système digestif du mouton.* Rumination—aliments naturels. 173

II. *Régime des moutons.* Soins hygiéniques—produits. 175
III. *Élevage.* Alimentation des agneaux 177
IV. *Engraissement.* Rations d'engraissement. 178

CHAPITRE XXI
ESPÈCE PORCINE

I. *Système digestif des porcs.* Ses aliments naturels. 178
II. *Régime des porcs.* Soins hygiéniques. 180
III. *Élevage.* Alimentation des truies et des gorets 181
IV. *Engraissement.* Ration des porcs à l'engrais. 181

CHAPITRE XXII
ESPÈCE GALLINE

I. *Système digestif* de la poule—ses aliments naturels. . . . 182
II. *Régime des volailles.* Soins hygiéniques—produits 183
III. *Élevage des poulets.* Alimentation des poulets. 184
IV. *Engraissement des poulets* et des oies 184

APPENDICE

CHAPITRE XXIII
ALIMENTATION DE L'HOMME

I. *Aliments de l'homme.* Aliments animaux, végétaux et minéraux 185
II. *Régime de l'homme.* Rapport du pain à la viande—il faut
manger quatre fois plus de pain que de viande 187
III. *Équivalents des aliments.* Par rapport au pain et à la
viande 190

DICTIONNAIRE AGRICOLE. 195

CHATILLON-SUR-SEINE. — IMPRIMERIE E. CORNILLAC